KB237293

레온하르트 오일러의

대수학 원론

레온하르트 오일러의 대수학 원론

레온하르트 오일러의

대수학 원론

최초의 현대적인 대수학 교과서

살림Math클래식01

레온하르트 오일러 지음 | **김성숙** 외 옮김

Elements of Algebra 1765

살림Math

옮긴이 서문

레온하르트 오일러(Leonhard Euler)는 1707년 4월 15일 스위스 바젤에서 태어났다. 그는 수학사에 가장 많은 업적을 남긴 천재 수학자로 불린다. 2007년은 오일러의 탄생 300주년이 되는 해여서 러시아, 프랑스, 스위스 등 세계 각국에서 오일러 탄생 300주년을 기념하는 국제 행사 학회와 세미나가 열렸다.

우리나라도 스위스 대사관 주최로 기념 세미나를 열었다. 강연자는 스위스 제네바 대학교 수학과 게르하르트 바너 교수였는데 강의 주제는 '오일러의 삼각함수 발견에서 MP3, JPEG까지'였다. 바너 교수는 현재 많은 사람이 사용하는 MP3와 JPEG는 오일러가 처음으로 만든 삼각함수를 사용하여 파일 크기를 줄여서 만든 것이라고 강의했다. 또한 매우 큰 이미지 파일을 JPEG 방식으로 압축할 때도 삼각함수를 쓴다고 한다. 이 모든 것이 오일러 공식 $e^{i\pi} + 1 = 0$이 있기 때문이라고 말하며 이 공식은 "역사상 가장 아름다운 공식이며 오일러가 없었다면 현대 과학기술의 근원이 되는 많은 이론은 발달하지 못했을 것"이라고 하였다.

　이런 시점에 오일러의 말년의 저서인 『대수학 원론(Elements of Algebra)』이 한국어로 번역되어 나온다는 것은 큰 의미가 있다.

　이 책은 오일러가 1765년 독일어로 저술하였으나 1770년에 러시아어로 처음 출판되었다. 1822년 휴렛(J. Hewlett)이 오일러의 탄생 100주년을 기념하여 영어로 번역하였다. 현대 수학에서 보면 너무 쉬운 내용을 나열한 것 같지만, 그 당시에는 수, 비, 덧셈과 뺄셈 등의 수학적 개념에 대한 표기법이 지금처럼 확립되지 못했던 시기였음을 생각할 때 이 책의 저술은 시기적절하였을 것이다.

　이 책을 읽는 독자들은 타임머신을 타고 약 250년 전으로 돌아가 그 당시 수학의 천재로부터 멋진 강의를 듣는다는 마음으로 읽어 주기를 바란다. 오일러는 수학적 표기법의 중요성을 인식하여 많은 수학 기호를 고안하여 사용하기 시작했다. 이 책은 역사적으로 현대와 같은 수학적인 기호를 사용하여 수식을 표현한 첫 책이다.

　이 책은 1822년 영문본의 내용 중에서 책 1권만 번역하였고, 주석은 다듬어 본문을 읽는 데 흐름이 끊이지 않게 하고 책의 분량이 너무 많아지는 것을 피하고자 하였다.

이 책의 영어 번역본에 있는 상당히 많은 계산 실수와 오타를 한국 역자들이 번역을 하면서 맞게 고쳤다. 이 책의 편집과 출판을 맡아준 살림출판사 여러분께 감사를 표한다. 번역에 이상이 있거나 매끄럽지 못한 부분이 있으면 양해를 부탁바라며 아래의 메일 주소 중 하나로 연락을 주시면 감사히 받아 더 나은 번역본이 되도록 다듬어 나갈 것이다. 독자 여러분의 질정을 바란다.

2010년 12월

옮긴이 일동

sskim@pcu.ac.kr, jykim@cu.ac.kr, sokim@handong.edu,

ckpark4g@gmail.com, skh@ewha.ac.kr, ksjung@konyang.ac.kr

차례

제1부

결정 양의 분석에 대하여

제1장 단항식[1]을 계산하는 다양한 방법

1.1. 수학 전반에 대하여

1 증가하거나 감소할 수 있는 것을 크기(magnitude) 또는 양(quantity)이라고 한다. 따라서 돈의 합은 양이다. 왜냐하면 돈은 증가하거나 감소할 수 있기 때문이다. 무게나 이 같은 성질을 가진 다른 것도 마찬가지이다.

2 이 정의에 따르면 어떤 양 또는 크기의 종류는 너무나 다양하여 그것을 어떤 한 규칙에 따라 계산할 수는 없다. 바로 이 점 때문에 수학은 여러 종류로 나뉘며, 각각은 특별한 종류의 크기를 다룬다. 일반적으로 수학이란 '양의 과학(science of quantity)' 또는 '양을 측정하는 방법을 연구하는 과학'이다.

3 어떤 양을 측정할 때는 측정 대상과 유사한 성질을 지닌, 이미 그 측정치가 알려진 다른 물질의 양을 함께 고려해야 한다. 예를 들어 돈의 양을 재고자 한다면 우리는 그 돈의 가치를 크라운(crown), 뒤카(ducat), 또는 그 외의 동전으로 나타내어 그 돈이 각각 얼마만큼의 동전에 해당하느냐에 따라 총 가치를 나타낼 수 있다. 같은 이치에서 어떤 물건의 무게를 재고자

---

1) 역자 주 : 이때에는 단항식(mononomial)이라는 용어를 사용하기 전이다. 원어에는 단항식의 의미로 Simple quantity(간단한 수량)를 쓰고 있으나 독자들이 이해하기 쉽게 현대어로 번역하였다.

한다면 파운드(pound)나 온스(ounce) 등 무게를 나타내는 단위를 사용하여 측정하고자 하는 물건의 무게가 각 단위 양의 몇 배에 해당하는지 보여 주어야 한다. 길이 역시 마찬가지로 피트(feet) 같은 단위를 사용해서 나타 내야 할 것이다.

4 따라서 모든 종류의 크기를 측정하거나 결정하는 방법을 요약하면 다 음과 같다. 측정하고자 하는 것과 같은 종류의 어떤 알려진 크기를 임의로 정하고, 그것을 단위라고 간주한다. 그다음 이 알려진 단위에 대해 제안된 크기의 비율을 결정한다. 이 비율은 항상 수로 표현한다. 그러므로 수는 한 단위를 임의로 정했을 때 1 크기에 대한 다른 크기의 비율이다.

5 이로부터 모든 크기는 수로 표시한 것으로 보인다. 모든 수리과학의 기초는 수의 과학이라는 완전한 논리와 계산에 필요한 다양한 방법을 정확 히 검토한 것에 기반하고 있다.

이러한 수학의 기본적 영역은 이른바 해석학 또는 대수학[2] 이라고 한다.

6 따라서 대수학에서는 양을 표현하는 수를 다룰 뿐 양의 다양한 종류는 다루지 않는다. 양의 다양성은 수학의 다른 분야에서 다루는 주제이다.

7 산수는 특히 수를 다루므로 '이른바 수의 과학(science of number properly so called)'이라고 할 만하다. 그러나 이 과학은 일상에서 흔히 쓰는

---

2) 영문역자 주 : 여러 수학자는 해석학(Analysis)과 대수학(Algebra)의 차이를 규명하였다. 해석
  학이란 모든 수학적 연구를 이해하는 데 도움이 되는 일반적인 규칙들을 결정하는 방법을
  이해하는 것이고, 대수학은 그 결과물을 실제에 적용할 때 이용하는 방법이다. 이는 M. Bezout
  가 쓴 『대수학』의 서문에서 정의한 내용이다.

계산의 몇 가지 방법만을 의미한다. 반면 대수학은 이와 달리 수를 이용한 법칙과 계산할 때 존재할 수 있는 모든 가능성을 포괄적으로 다루는 것이다.

1.2. 더하기 부호와 빼기 부호의 설명

8 어떤 주어진 수를 다른 수에 더할 때 $+$ 기호를 사용한다. 이 기호는 더하는 수 앞에 두고 이를 더하기(plus)라고 읽는다. 따라서 $5+3$ 이라는 표시는 5라는 수에 3을 더한 것을 의미하며, 이 경우 계산 결과는 8이다. 마찬가지로 $12+7$ 은 19이고, $26+16$ 은 42, $25+41$ 은 66 등이다.

9 더하기 부호 $+$ 는 여러 수를 함께 연결해서 나타낼 때에도 사용한다. 예를 들어 $7+5+9$ 는 7이라는 수에 5를 더하고, 그 후에 9라는 수를 더해서 총 21이라는 수를 만들어 냈다는 것을 의미한다. 다음 수식도 마찬 가지로 수를 더하면 그 결과는 51이다.

$$8+5+13+11+1+3+10=51$$

10 앞서 말한 사항들은 모두 분명하다. 여기에 한 가지 덧붙인다면, 대수 학에서 수를 일반화하기 위해서는 수를 a, b, c, d 와 같은 문자로 나타내야 한다는 점이다. 그러므로 $a+b$ 라는 표시는 어떤 두 수의 합을 나타내며 a 와 b 라는 문자로 표시한 이 수들은 매우 클 수도, 작을 수도 있다. 마찬가 지로 $f+m+b+x$ 는 4가지 문자로 표시한 수의 합을 표시한 것이다. 따라서 만약 문자로 표시된 수들이 무엇인지 알고 있다면 그 수식의 합 또는 값을 늘 찾아낼 수 있어야 한다.

11 이와 반대로, 만약 어떤 주어진 수를 다른 수에서 뺀다면 이 계산은 $-$라는 부호로 표시되며 빼기(minus)를 의미한다. 이 부호는 빼는 수의 앞에 놓인다. 그러므로 $8-5$는 수 8에서 수 5를 덜어낸다는 의미며, 이 연산의 결과는 3이다. 마찬가지로 $12-7$은 5, $20-14$는 6 등과 같다.

12 하나의 수에서 여러 개의 수를 뺄 때도 있다. 예를 들어 $50-1-3-5-7-9$를 생각해 보자. 이 수식에서 보면 우선 50에서 1이 빠져 49가 남고, 그 남은 값에서 다시 3의 값이 빠져 46이 남으며, 여기에서 5가 빠져 41이 남고, 7이 빠져 34가 남으며, 마지막으로 9가 빠져 25가 남는다. 따라서 이 수식의 값은 25다. 그런데 여기에서는 1, 3, 5, 7, 9라는 수를 빼는 것이므로 이 수의 합인 25를 처음 값 50에서 한 번에 빼도 결과는 같을 것이다. 즉, 최종 나머지 값은 앞과 마찬가지로 25이다.

13 더하기 부호 $+$와 빼기 부호 $-$를 사용해 이와 유사한 식의 값을 계산하는 것 역시 쉽다. 예를 들어 다음 수식을 보자.

$$12-3-5+2-1=5$$

이 식의 값은 $+$부호가 앞에 붙은 수들의 합을 따로 구한 다음, 그 값에 $-$가 붙은 수들의 합을 빼면 쉽게 구할 수 있다. 12와 2의 합은 14이고 3, 5, 1의 합은 9이므로, 14에서 9를 빼면 5가 나온다.

14 앞에서 언급한 예들을 보면, 수식 안에서 어떤 수 앞에 $+$ 또는 $-$의 부호가 그대로 붙어 있는 한 그 수들의 나열 순서는 매우 임의적이라는 것을 알 수 있다. 따라서 $12+2-5-3-1$이나, $2-1-3-5+12$ 또는 $2+12-3-1-5$, 그리고 그 외에도 같은 수들을 이용한 어떤 다른

순서의 식이라도 그 최종 값은 같다. 여기에서 주의해야 할 점은 처음 수식에서 맨 앞에 놓인 12가 수식의 중간에 올 때 그 앞에 $+$ 부호가 붙는다는 점이다.

15 이러한 계산식들을 일반화하여 수 대신 문자를 넣어도 역시 마찬가지로 쉽게 이해할 수 있다. 예를 들어 다음과 같은 식을 보자.

$$a - b - c + d - e$$

이 식에서 a와 d라고 표시된 수의 값을 합한 뒤 b, c, e로 표시된 수의 값을 빼면 된다는 사실은 이미 충분히 이해했을 것이다.

16 이러한 수식에서 반드시 고려해야 할 사항은 각 수 앞에 어떤 부호가 붙느냐 하는 것이다. 대수학에서는 늘 수와 그 수에 해당하는 부호를 함께 고려해야 한다. 여기에서 $+$ 부호가 붙은 값은 양수(positive quantities)라고 하고, $-$ 부호가 붙은 것은 음수(negative quantities)라고 한다.

17 어떤 사람의 재산을 측정하는 방법은 지금까지 우리가 논의한 식을 설명할 때 아주 적절한 예이다. 어느 한 사람이 실제로 소유하고 있는 양을 양수로, 즉 $+$ 부호를 사용해서 나타내고, 그가 가진 빚은 음수, 즉 $-$ 부호를 사용해서 나타낸다. 따라서 어느 한 사람이 100크라운을 가지고 있고 50크라운의 부채를 지고 있다면 그의 실제 소유는 $100 - 50$으로, 또는 동등하게 $+100 - 50$으로 나타낼 수 있다. 즉, 50이다.

18 음수가 부채이고 양수가 실제 소유이므로, 여기에서 음수는 무(無)의 상태보다 더 적다. 따라서 어떤 사람이 자기 소유는 아무것도 없고 50크라

운의 부채를 지고 있다면, 그의 총 소유는 무의 상태보다 50크라운 더 적은 상태다. 만약 어떤 이가 그에게 빚을 갚으라고 50크라운을 선물로 주었다면 그는 이전보다는 돈이 있는 상태임에도 불구하고 결국 여전히 총 소유는 0이다.

19 그러므로 이와 같은 견지에서 볼 때 양수는 당연히 무의 상태보다 많은 것을 의미하고 음수는 무의 상태보다 적은 것을 의미한다. 0에다 1을 더하면, 즉 무에다 1을 더하면 양수가 되고 그 값에 계속해서 1을 더한다면 연속해서 양수의 값을 얻을 수 있다. 이것이 자연수(natural numbers)라고 하는 일련의 수들의 기원이다. 다음과 같은 일련의 수들이 그것이다.

$$0, \ +1, \ +2, \ +3, \ +4, \ +5, \ +6, \ +7, \ +8, \ +9, \ +10, \ \cdots$$

이렇게 해서 무한대 값까지 얻을 수 있다.

그러나 여기에서 연속해서 덧셈을 계속하는 대신 반대 방향으로 끝없이 1을 뺀다면 다음과 같이 음수들이 나열될 것이다.

$$0, \ -1, \ -2, \ -3, \ -4, \ -5, \ -6, \ -7, \ -8, \ -9, \ -10, \ \cdots$$

이렇게 무한으로 지속 가능하다.

20 앞에서 다룬 양수와 음수를 함께 묶어 정수(integers)라고 한다. 따라서 정수는 0을 기준으로 크거나 작다. 정수는 분수나 그 외에도 앞으로 다룰 다른 종류의 수와 구분된다. 예를 들어 50이라는 값은 49라는 값보다 크며 두 수 사이의 값, 즉 49보다 크고 50보다 작은 값을 가진 수들은 무수히 존재한다. 길이가 각각 49피트와 50피트인 두 선을 생각하면, 49피트보다 길고 50피트보다 짧은 길이를 갖는 선을 무수히 많이 그릴 수

있다.

21 대수학에서 매우 중요히 여겨야 할 원칙은 지금까지 언급한 것처럼 음수가 분명히 그 값을 가지고 있다는 점이다. 물론 다음과 같이 말할 수는 있다.

$$+1-1, \ +2-2, \ +3-3, \ +4-4, \ \cdots$$

위의 값들은 모두 0과 같다. 그리고 $+2-5$는 -3과 같다.

만약 어떤 사람이 2크라운을 가지고 있고 5크라운의 빚을 졌다면 그는 현재 돈을 가지고 있지 않을 뿐 아니라 3크라운을 빚진 상태이다. 마찬가지로 $7-12$는 -5이며, $25-40$은 -15이다.

22 이러한 사항을 일반화시켜 수가 아닌 문자로 나타내도 역시 마찬가지다. 따라서 0 또는 무(無)라는 값은 $+a-a$의 값과 항상 같다. 그러나 만약 $+a-b$의 값을 구하고 싶다면 다음과 같은 2가지 경우가 있을 수 있다.

우선 a가 b보다 큰 값이라고 가정해 보자. 그렇다면 b는 a의 값에서 빼야 하며 그 남은 값(이 값 앞에는 물론 $+$가 붙을 수 있다)이 바로 우리가 구하는 답이다.

그런데 a가 b보다 작은 값이라고 해 보자. 여기에서는 작은 값을 가진 a를 b에서 빼야 하며, 그 남은 값은 음수가 되어 앞에 $-$부호를 붙여야 한다.

1.3. 단항식의 곱셈에 관하여

23 2개 이상의 같은 수를 계속 더하여 그 합을 얻고자 할 때도 간단히

계산할 수 있다. 예를 들어 다음과 같다.

$$a+a\text{는 } 2\times a\text{와 같고}$$
$$a+a+a\text{는 } 3\times a$$
$$a+a+a+a\text{는 } 4\times a$$

$\times$는 곱을 나타내는 기호다. 같은 방식으로 곱하기의 개념을 나타낼 수 있다. 다음 예를 보자.

$$2\times a\text{는 2곱하기 } a\text{를 하거나, } a\text{를 2배한 것이고}$$
$$3\times a\text{는 3곱하기 } a\text{를 하거나, } a\text{를 3배한 것이며}$$
$$4\times a\text{는 4곱하기 } a\text{를 하거나, } a\text{를 4배한 것이다.}$$

24 어떤 문자로 표현한 수에 다른 수를 곱할 경우, 그 문자 앞에 곱하는 수를 표시함으로써 간단히 나타낼 수 있다. 다음의 예를 보자.

$$a\text{에 20을 곱한 경우는 } 20a\text{라고 나타내며}$$
$$b\text{에 30을 곱한 경우는 } 30b\text{라고 나타낸다.}$$

같은 원리로 c를 한 번만 취한다면(c에 1을 곱한다면) $1c$가 되고, 이는 c와 같은 값이다.

25 위의 값에 다른 수들을 곱할 때도 매우 쉽다. 예를 보자.

$$\text{2 곱하기 } 3a\text{를 하거나 } 3a\text{를 2배 하면, } 6a\text{가 된다.}$$
$$\text{3 곱하기 } 4b\text{를 하거나 } 4b\text{를 3배 하면, } 12b\text{가 된다.}$$
$$7x\text{에 5를 곱하면 } 35x\text{가 된다.}$$

위에서 구한 값에 다른 수들을 원하는 대로 곱할 수 있다.

26 곱하는 수도 문자로 나타나 있다면, 그 문자를 다른 문자 바로 앞에 둔다. 따라서 b에 a를 곱하는 경우 그 곱은 ab로 나타낼 수 있으며, pq는 q라는 수에 p라는 수를 곱한 값이 될 것이다. 또한 pq에 다시 a를 곱한다면 그 값은 apq가 될 것이다.

27 여기에서 우리는 문자들의 나열 순서가 차이를 만들지 않는다는 사실을 발견할 수 있다. 따라서 ab는 ba와 같은 것이며, b에 a를 곱한 값은 a에 b를 곱한 값과 같다. 이를 이해하려면 간단히 a와 b라는 문자에 3과 4라는 수를 대입해 보면 된다. 3곱하기 4는 4곱하기 3과 같다.

28 문자에 수를 대입할 때 문자의 표기 방법처럼 수를 바로 나란히 배열할 수는 없다는 사실은 쉽게 이해할 수 있을 것이다. 왜냐하면 3 곱하기 4를 34라고 쓴다면, 12가 아니라 엄연히 다른 값인 34를 갖기 때문이다. 수들을 곱할 때 곱하는 수들 사이에 $\times$라는 기호나 하나의 점을 써서 수들을 분리해야 한다. 따라서 3×4, 또는 $3 \cdot 4$는 3곱하기 4를 의미하며, 그 값은 12다. 마찬가지로 1×2는 2와 같고, $1 \times 2 \times 3$은 6이 된다. 같은 방식으로, $1 \times 2 \times 3 \times 4 \times 56$은 1344가 되며, 마찬가지로 $1 \times 2 \times 3 \times 4 \times 5 \times 6 \times 7 \times 8 \times 9 \times 10$은 3628800이 된다.

29 같은 방식으로 $5 \cdot 7 \cdot 8 \cdot abcd$라는 식의 값도 구할 수 있다. 이는 5에 7을 곱하고, 그 값에 다시 8을 곱한 뒤 다시 구한 값에 3개의 수 a, b, c를 곱하고, 마지막으로 d를 곱한다. 또한 $5 \cdot 7 \cdot 8$이라는 표현 대신 그 곱의 값인 280을 쓸 수도 있다. 왜냐하면 5곱하기 7을 하여 35를 구하고 여기에 8을 곱하면 280을 얻기 때문이다.

30 둘 이상의 수를 곱한 결과는 곱(products)이라고 하며, 그 곱한 수들이나 각 문자들을 인수(factors)라고 한다.

31 지금까지 곱셈에서 양수만을 다루었으므로 이 곱의 값들은 당연히 양수가 될 것이다. $+a$에 $+b$를 곱한 값은 분명 $+ab$가 된다. 그러나 $+a$와 $-b$의 곱과 $-a$와 $-b$의 곱의 값은 따로 따져 보아야 한다.

32 우선 $-a$에 3 또는 $+3$을 곱해 보자. $-a$를 빚을 진 값을 표현한 것으로 본다면, 이것은 그 빚을 3배 진 것이다. 이 값은 3배 커지므로, 결국 구하고자 하는 값은 $-3a$가 된다. 따라서 만약 $-a$에 $+b$를 곱한다면 $-ba$라는 값 또는 그와 같은 값인 $-ab$라는 값을 구할 수 있다. 결론적으로 어떤 양수에 음수를 곱하는 경우, 그 값은 음수가 된다. 그러므로 다음과 같은 규칙을 도출할 수 있다. $+$에 $+$를 곱하면 플러스 값이 되고, 이와 달리 $+$에 $-$를 곱하거나 $-$에 $+$를 곱하면 $-$, 즉 마이너스가 된다.

33 이제 $-$에 $-$를 곱하는 경우만 남았다. 예를 들어 $-a$에 $-b$를 곱한다고 하자. 두 문자들을 곱한 값이 ab가 된다는 사실은 명백하다. 그런데 이 수의 앞에 $+$부호를 붙여야 하는지 $-$부호를 붙여야 하는지가 고민될 것이다. 당연히 두 부호 중에서 하나만 선택해야 한다. 결론부터 말한다면 $-$부호는 붙일 수 없다. 앞에서 이미 증명한 바와 같이 $-a$에 $+b$를 곱한 것이 $-ab$였으므로, 이와 다른 $-a$와 $-b$의 곱은 당연히 이와 반대의 값을 가질 것이다. 따라서 답은 $+ab$다. 결론적으로 다음과 같은 규칙을 도출할 수 있다. $-$에 $-$를 곱하면 그 값은 $+$가 되며, 이와 마찬가지로 $+$와 $+$를 곱할 때에도 역시 $+$가 된다.[3]

---

3) 영문역자 주 : 일반적으로 대수학자들이 내 놓은 규칙을 상세히 설명하면 다음과 같다. 우선

$+a$에 $+b$를 곱하면 그 값은 $+ab$라는 사실은 쉽게 이해할 수 있다. 만약 $+a$를 b보다 작은 수, 예를 들어 $b-c$와 곱한다면 그 값은 당연히 ab보다 작을 것이다. 간단히 말해서 c를 a에 곱한 것을 ab에서 빼야 하므로 $a\times(b-c)$는 $ab-ac$와 같아야 한다. 따라서 $a\times-c$는 $-ac$라는 등식이 성립한다. 만약 $(a-b)$와 $(c-d)$라는 두 수를 곱하는 경우라면, 이 값이 $(a-b)\times c$, 즉 $ab-bc$보다는 작은 값을 가질 것이라는 사실을 알 수 있다. 곧 $ab-bc$에서 $(a-b)\times d$를 빼야 한다. $(a-b)\times(c-d)$를 풀어 쓸 때 $ac-bc-ad$까지 이해할 수 있을 것이고, 그다음 $-b\times-d$의 값에 어떤 부호를 붙여야 하는지가 문제일 것이다. 여기에서 다시 우리가 구하는 값이 $ab-bc$에서 $(a-b)d$를 뺀 값인데 이 빼야 하는 값은 ad보다 작다. 그런데 ad를 빼면 빼야 하는 값에서 bd만큼의 값을 더 뺀 것이므로 bd를 더해야 한다. 따라서 $+$기호를 붙여야 한다. 결론적으로 $-b\times-d$는 $+bd$라는 값을 가진다. 다시 말해 음(minus)과 음(minus)을 곱하면 양(plus)이 된다. §272와 §273을 참고하라.

곱셈은 자칫 덧셈보다 값을 훨씬 크게 하는 연산으로 오해할 수 있으나, 이 연산은 단지 하나의 주어진 수를 여러 배 취하는 것뿐이다. 따라서 9×3은 9를 3번 취한 것을 의미하며 여기에서 곱셈의 정도는 3이다. 또한 $9\times\dfrac{1}{2}$은 9를 절반만 취했다는 의미이며, 여기에서 곱셈의 정도는 $\dfrac{1}{2}$인 것이다. 곱셈에서는 2개의 인수가 존재하며 이들을 피승수와 승수라고 한다. 곱셈에서 수들의 위치를 바꾸어도 그것의 값은 여전히 같다. 예를 들어 $9\times3=3\times9$이며 $9\times\dfrac{1}{2}=\dfrac{1}{2}\times9$이다. 곱셈에 의해 값이 증가하는 것과 마찬가지로 줄어드는 경우도 물론 있다. 예를 들어 $9\times\dfrac{1}{2}=4\dfrac{1}{2}$, $9\times\dfrac{1}{9}=1$, $9\times\dfrac{1}{900}=\dfrac{1}{100}$ 등이다. 대수학의 원칙에서도 역시 같은 경우가 있다. 예를 들어 $a\times b=ab$이므로 $-9\times3=-27$이다. -9를 3번 곱했으므로 값은 -27이다. 같은 방식으로 인수를 바꾸어 양수 3에 -9를 곱한다고 해도 역시 마찬가지 결과가 나온다. 그러므로 양수를 음의 방향으로 곱을 취하거나 음수를 양의 방향으로 곱을 취하면 음수인 곱을 얻는다.

이러한 생각을 바탕으로 이 주제를 다르게 풀이해서 2개 음수 값의 곱이 양수가 되는 것을 증명할 수도 있다. 우선 대수적 양은 0을 중심으로 양쪽으로 무한을 향해서 지속적으로 어떤 비율로 증가한다고 보고 그 수열의 적은 일부를 취해서 그 수에 같은 수, -2를 모두 곱해 보기로 하자.

5	4	3	2	1	0	-1	-2	-3	-4	-5
-2	-2	-2	-2	-2	-2	-2	-2	-2	-2	-2
-10	-8	-6	-4	-2	0	$+2$	$+4$	$+6$	$+8$	$+10$

여기에서 우리는 처음 나열한 수열이 반대로 뒤집히고 비율이 2배가 되었다는 사실을 알 수

34 위에서 설명한 규칙은 다음과 같이 좀 더 간단히 설명할 수 있다.

같은 부호를 곱하는 경우는 $+$를 붙이고, 서로 다른 또는 반대의 부호를 붙이는 경우에는 $-$를 붙인다. 예를 들어 $+a$, $-b$, $-c$, $+d$를 곱할 때, 우선 $+a$와 $-b$를 먼저 곱하면 그 값은 $-ab$가 되고, 여기에 $-c$를 곱하면 다시 그 값은 $+abc$가 되며, 마지막으로 이 값에 $+d$를 곱하면 $+abcd$가 된다.

35 부호가 없는 경우에는, 어떤 수들을 곱하여 그 값이 나왔는지를 보면 된다. 예를 들어, ab라는 수에 cd라는 수를 곱하면 그 값은 $abcd$가 될 것이며, 이는 ab에 먼저 c를 곱하고 그 값에 다시 d를 곱하는 것과 같다. 이 식에 임의의 수를 대입해서 36에 12를 곱한다면 12는 3과 4를 곱한 값이므로 36에 먼저 3을 곱하고 그 값인 108에 다시 4를 곱해서 432를 구할 수 있다.

36 따라서 만약 $5ab$에 $3cd$를 곱하고자 한다면 이를 $3cd \times 5ab$라는 식으로 나타낼 수 있다. 그런데 곱셈에서 수의 나열 순서는 차이가 없으므로, 앞의 식과 같은 경우에는 수를 앞에다 쓰고 뒤에다 문자를 써서 나타낼 수 있다. 즉, 앞의 식의 값은 $5 \times 3abcd$, 또는 3과 5를 먼저 곱해 $15abcd$로 나타낼 수 있다. 이와 같이 수를 앞에, 문자를 뒤에 표시하는 것은 수식에서는 관례이기도 하다.

있다. 이 문제를 좀 더 설명하기 위해 1과 0 사이에 있는 분수들의 수열을 한번 생각해 보자. 끝없이 작아진 분수의 마지막 것에 -2를 곱하면 곱이 거의 0에 가까울 것이다. 이후에 만일 승수가 중간 지점, 즉 0을 넘어가서 0과 -1 사이의 아무리 작은 수일지라도 그것과 곱하면 곱이 양수가 되는 것이 확실하다. 그렇지 않고는 그 수열은 더 지속할 수 없다. 따라서 음수를 음수 방향으로 가지면 그 수는 음수의 성질을 버리고 양수로 바뀐다는 사실을 알 수 있다. 그러므로 $+ \times - = -$ 이지만, $- \times -$는 그와 반대로 $+$가 된다. §176, §177을 참고하라.

따라서 $12pqr$에 $7xy$를 곱할 때, 이를 우선 $12 \times 7pqrxy$, 그리고 $84pqrxy$로 나타낼 수 있다.

1.4. 인수와 관련한 전체 수 또는 정수의 본질

37 우리는 지금까지 둘 이상 수들의 곱으로 만든 값을 살펴보았다. 여기에서 곱한 수들을 인수(factors)라고 한다. 즉, 4개의 수를 곱한 값인 $abcd$의 인수는 a, b, c, d이다.

38 많은 수가 이러한 둘 이상 인수들의 곱으로 만들어진다. 예를 들어 4는 2×2이고 6은 2×3, 8은 $2 \times 2 \times 2$, 27은 $3 \times 3 \times 3$, 그리고 10은 2×5 등이다.

39 그러나 한편으로 2, 3, 5, 7, 11, 13, 17, …은 인수의 곱으로 나타낼 수 없다. 이 수들은 1과 자신의 곱 외에는 표현이 불가능하다. 예를 들어 2는 1×2라고만 나타낼 수 있으며 그 외의 다른 수들과의 곱으로는 나타낼 수 없다. 그러나 1과 곱한 수들은 언제나 그 값이 원래의 수와 같으므로 1을 그 수의 인수라고 간주하는 것은 적절하지 않다.

2, 3, 5, 7, 11, 13, 17, … 같이 인수들로 나타낼 수 없는 모든 수를 소수(simple 또는 prime numbers)라고 한다. 한편 4, 6, 8, 9, 10, 12, 14, 15, 16, 18, …과 같이 인수들로 나타낼 수 있는 수는 합성수(composite numbers)라고 한다.

40 소수는 특별히 주목할 만하다. 왜냐하면 소수는 둘 이상 수의 곱으로

나타낼 수 없기 때문이다. 다음은 소수를 연속적으로 나열한 것인데 다음 사실을 관찰하는 것은 특히 가치가 있다.

$$2,\ 3,\ 5,\ 7,\ 11,\ 13,\ 19,\ 23,\ 29,\ 31,\ 37,\ 41,\ 43,\ 47,\ \cdots\ ^{4)}$$

이 수들은 어떤 일정한 규칙을 따르지 않으며 수들 간의 간격은 클 때도 있고 작을 때도 있는 것처럼 일정치 않다. 아직까지 아무도 소수들이 어떤 법칙을 따르고 있는 것인지 아닌지를 발견하지 못했다.

41 모든 합성수는 인수의 곱으로 나타낼 수 있다. 여기에서 인수란 앞에서 언급한 소수이다. 만약 소수가 아닌 인수가 있다면, 그 인수는 항상 둘 또는 그 이상의 소수의 곱으로 다시 분해할 수 있다. 예를 들어 30이라는

---

4) 영문역자 주: 1부터 100000까지의 모든 소수는 다음에서 다룰 약수 부분에서 다시 등장한다. 1부터 101000까지의 소수표는 크루거(M. Kruger)가 할레에서 출간한 독일어 저서 『대수학에 관한 고찰』에 나온다. 크루거는 이 표를 이 수들을 계산했던 피터 예거(Peter Jaeger)라는 사람에게 받았다. 람베르트(M. Lambert)는 102000까지의 소수들을 구했고 이를 1770년 베를린에서 출판한 『대수 및 삼각수 표』에 추가하여 발표했다. 이 저서는 수학의 여러 분야에서 사용되는 다양한 표를 함께 다루고 있는데, 여기에서 다루기에는 조금 길다.

파리 왕립과학원(Royal Parisian Academy of Sciences)은 드 로라투아(P., Mercastel de L'Oratoire)와 뒤 투르(M. du Tour)가 기증한 이 소수들의 목록을 소장하고 있으나 일반인에게 공개하지는 않는다. 이 내용은 외국 연구보고(Foreign Memoirs)의 Vol. V에 언급된 바 있고 Presidial Court의 명예 고문인 데 우르메(M. Rallier des Ourmes)의 저서에 참조된 바 있으며 이 저서에서 저자는 쉽게 소수를 구하는 방법을 설명하였다.

같은 저서에서 우르메는 "피제수가 제수의 배수이고 따라서 나머지 없이 나눠질 때의 나눗셈의 새로운 방법과 완전제곱의 근을 구하는 새로운 방법"이라는 표제에서 새로운 공식을 소개하고 있다. 이 방법은 사실 유용하다기보다는 흥미롭다고 할 수 있으며, 일반적인 셈의 방법과는 완전히 다르다. 그것은 매우 쉽고, 다음과 같은 특이성을 가지고 있다. 몫이나 근에 있는 숫자만큼 많은 숫자가 피제수나 거듭제곱의 오른쪽에 있음을 안다고 하면, 그것들을 배제시키는 숫자들을 지나가서 몫을 구할 수 있다는 것이다. 우르메는 곱이나 거듭제곱의 수식을 종결시키는 수를 숙고하다가 이 새로운 방법을 고안해 내었는데, 이 수들을 고려하는 것이 유용하다고 본인도 언급한 바가 있다.

수는 5와 6의 곱이며 여기에서 6은 분명히 소수가 아니고 2와 3의 곱이다. 따라서 30을 $5 \times 2 \times 3$ 또는 $2 \times 3 \times 5$, 즉 소수만의 곱으로 나타낼 수 있다.

42 소수로 분해할 수 있는 합성수를 다시 보면 이 수들 간에도 매우 다양한 차이가 있다. 어떤 수들은 2개 소수들의 곱으로, 어떤 수들은 3개, 그리고 어떤 수들은 수많은 소수의 곱으로 나타낼 수 있다. 예를 들면 다음과 같다.

4는 2×2와 같음	6은 2×3과 같음
8은 $2 \times 2 \times 2$와 같음	9는 3×3과 같음
10은 2×5와 같음	12는 $2 \times 3 \times 2$와 같음
14는 2×7과 같음	15는 3×5와 같음
16은 $2 \times 2 \times 2 \times 2$와 같음	등

43 이와 같이 어떤 수를 분해하는 방법을 찾는 것은 어렵지 않다. 예를 들어 360이라는 수가 있다고 하자. 우리는 이 수를 2×180이라고 나타낼 수 있다. 여기에서 180은 다시 2×90으로 나타낼 수 있으며 그다음은 다음과 같다.

$$90 = 2 \times 45$$
$$45 = 3 \times 15$$
$$15 = 3 \times 5$$

따라서 360이라는 수는 $2 \times 2 \times 2 \times 3 \times 3 \times 5$와 같이 소수들의 곱으로

표현할 수 있다. 이 모든 수를 곱하면 360이 된다.

44 이것을 보면 소수로 다른 수를 나눌 수 없다는 것을 알 수 있다. 또한 합성수의 인수들을 찾을 때는 그 수를 이루고 있는 소수를 찾는 것이 가장 쉽고 정확한 방법임을 알 수 있다. 이때 나눗셈(division)이라는 연산이 필요하다. 따라서 다음 단원에서는 바로 연산의 규칙을 살펴볼 것이다.

1.5. 단항식의 나눗셈

45 하나의 수를 둘, 셋, 또는 그 이상의 똑같은 양으로 나누고자 할 때 이 연산을 나눗셈(division)이라고 하며, 이 연산을 통해 나눈 값의 크기를 구할 수 있다. 예를 들어 12라는 수를 3개의 똑같은 양으로 나누고자 할 때 각 부분의 수는 4가 됨을 알 수 있다.

다음은 이 연산에서 사용하는 용어들이다. 분해하거나 나누는 수들을 피제수(dividend)라고 하며, 이때 찾은 서로 같은 양을 가진 부분들의 개수를 제수(divisor)라고 한다. 또한 나눗셈으로 결정되는 부분 중 하나의 크기를 몫(quotient)이라고 한다. 앞의 예에서 보면 다음과 같다.

12는 피제수

3은 제수

4는 몫

46 앞의 공식에 따라 어떤 수를 2로 나눌 때, 또는 똑같은 값으로 둘로 가를 때, 두 부분 중 하나, 즉 그 몫을 2배 하면 본래의 수와 같다. 마찬가지

로 어떤 수를 3으로 나눴을 때 구한 몫을 다시 3배 하여 본래의 값을 구할 수 있다. 일반적으로 몫에 그 제수를 다시 곱하면 언제나 본래의 피제수를 구할 수 있다.

47 나눗셈은 몫을 구하는 연산이다. 이때 그 몫을 다시 제수와 곱하면 본래의 피제수를 구할 수 있다. 예를 들어 35를 5로 나눈다면 이것은 5와 곱했을 때 35라는 값을 가질 수 있는 수를 구하는 것이다. 5에 7을 곱해야 35가 되므로, 이 수는 7이다. 이 과정은 다음과 같은 증명으로 나타낼 수 있다. 5는 35 안에 7번 들어갈 수 있다. 또한 5 곱하기 7은 35이다.

48 그러므로 피제수라는 값은 다음과 같이 설명할 수 있다. 피제수의 인수 중 하나는 제수가 되고 그 외는 몫이 된다. 따라서 63을 7로 나눈다면, 7을 63의 인수로 잡고 7과의 곱이 63이 되는 다른 인수를 찾으면 된다. 그러면 7×9가 바로 구하는 식이 되며 결론적으로 9가 63을 7로 나눴을 때의 몫이 된다.

49 일반적으로 ab라는 수를 a로 나눌 때 그 몫은 b이다. a에 b를 곱했을 때 본래의 피제수인 ab를 구할 수 있기 때문이다. 또한 ab를 b로 나눴을 때 그 몫이 a라는 것도 분명하다. 모든 나눗셈에서는 피제수를 몫으로 나누면 그 제수를 구할 수 있다. 24를 4로 나누면 6을 구할 수 있는 것처럼 24를 6으로 나누면 4를 구할 수 있다.

50 나눗셈의 연산은 피제수를 2개의 인수로 나타내는 과정으로, 하나는 제수이고 다른 하나는 몫이다. 예를 들어 피제수 abc가 있다고 하자. 이를 a로 나누면 bc가 나온다. 여기에서 a를 bc에 곱하면 abc가 나온다. 같은

방식으로 abc를 b로 나누면 그 값은 ac이다. 또한 abc를 ac로 나누면 b가 나온다. 또 다른 간단한 예를 들어보자. $12mn$을 $3m$으로 나누면 $4n$이라는 값이 나온다. 또한 $3m$을 $4n$으로 곱하면 다시 $12mn$이 나온다. 그리고 이 같은 수 $12mn$을 12로 나누면 그 몫은 mn이다.

51 모든 a라는 수를 $1a$ 또는 a라고 나타낼 수 있으므로 $1a$ 또는 a를 1로 나누면 그 몫은 본래의 수 a와 같다. 반대로 같은 수 a 또는 $1a$라는 수를 a로 나누었을 때 그 몫은 1이 될 것이다.

52 종종 피제수를 두 인수의 곱으로 나타낼 수 없을 때가 있다. 즉, 제수로 나눌 수 없는 것이다. 이때는 앞에서 한 방법으로 할 수 없다.

예를 들어 24를 7로 나눈다고 하자. 우선 7은 24의 인수가 아니다. 7×3은 21이어서 24보다 작고 7×4는 28이므로 24보다 크다. 여기서 이 나눗셈의 몫은 분명 3보다는 크고 4보다는 작다. 그러므로 그 몫이 정확히 몇인지를 구하려면 분수(fractions)라는 수를 사용해야 한다. 분수에 대해서는 다음 단원에서 다룰 것이다.

53 이 연산에서 참 몫에 가장 가까운 자연수를 찾았다면 이제 분수로 넘어가는 것이 상례이나 여기서는 그 전에 나머지(remainder)에 주목해 보고자 한다. 7은 24 안에 3번 들어갈 수 있으므로 나머지는 3이다. 7을 3번 더하면 21이고 이 수는 24보다 3만큼 작기 때문이다. 다음과 같은 예도 같은 방식으로 생각할 수 있다.

$$
\begin{array}{r}
6)\ 34\ (5 \\
30 \\
\hline
4
\end{array}
$$

이 경우 제수는 6이고 피제수는 34, 몫은 5, 그리고 나머지는 4이다.

$$9) \quad 41 \quad (4$$
$$\underline{36}$$
$$5$$

여기에서는 제수가 9, 피제수가 41, 몫이 4, 그리고 나머지는 5이다. 나머지가 있는 경우에 적용되는 규칙은 다음과 같다.

54 제수를 몫에 곱하고 그 값에 나머지를 더하면 그 결과는 피제수이다. 이는 나눗셈을 증명하는 방법이며 이를 통해 이 계산이 정확한지 그렇지 않은지를 판단할 수 있다. 따라서 앞에서 살펴본 2개의 예 중 처음 예시에서, 6에 5를 곱하면 30이고 여기에 나머지인 4를 더하면 34, 즉 피제수를 구할 수 있다. 나중 예에서도 이와 마찬가지로 제수인 9에다 몫인 4를 곱하면 36이고 여기에 나머지인 5를 더하면 피제수인 41이 된다.

55 연산에서 마지막으로 알아두어야 할 점은 양(plus)의 기호 $+$ 와 음 (minus)의 기호 $-$ 에 관한 것이다. 만약 $+ab$ 를 $+a$ 로 나누면 몫은 $+b$ 가 된다. 그러나 만약 $+ab$ 를 $-a$ 로 나눈다면 그 몫은 $-b$ 가 될 것이다. 왜냐하면 $-a \times -b$ 여야 $+ab$ 가 되기 때문이다. 만약 피제수가 $-ab$ 인 경우 제수가 $+a$ 면 그 몫은 $-b$ 가 될 것이다. 왜냐하면 $-b$ 에다 $+a$ 를 곱해야만 $-ab$ 가 되기 때문이다. 또한 피제수 $-ab$ 를 제수 $-a$ 로 나눈다면 그 몫은 $+b$ 가 된다. 피제수 $-ab$ 는 $-a$ 와 $+b$ 의 곱으로 구할 수 있기 때문이다.

56 $+, -$ 부호와 관련된 규칙은 나눗셈에서도 곱셈과 마찬가지로 적용된다. 다음 정리를 보자.

$+$를 $+$로 나누면 $+$이고, $+$를 $-$로 나누면 $-$이다.

$-$를 $+$로 나누면 $-$이고, $-$를 $-$로 나누면 $+$이다.

즉, 같은 부호의 나눗셈은 플러스가 되고 다른 부호의 나눗셈은 마이너스가 된다.

57 $18pq$를 $-3p$로 나누면 그 몫은 $-6q$이다. 다음 예를 보자.

$-30xy$를 $+6y$로 나누면 $-5x$가 되며

$-54abc$를 $-9b$로 나누면 $+6ac$가 된다.

앞의 두 번째 예는 $-9b$를 $+6ac$로 곱하면 이 연산을 $-6 \times 9abc$, 또는 $-54abc$라고 쓸 수 있다. 지금까지 정수로 표현할 수 있는 나눗셈은 충분히 설명하였다. 이제 나눗셈과 관련한 몇 가지 수에 대한 사항을 더 짚어 보고 분수를 설명할 것이다.

1.6. 약수와 관련한 정수의 속성

58 앞에서 살펴 본 결과 어떤 수들은 제수로 나눌 수 있지만 어떤 수들은 그렇지 않다는 것을 알았다. 수에 대한 보다 구체적인 지식을 얻으려면 이 차이를 분명히 구별할 수 있어야 한다. 이는 나눗셈을 할 때 제수로 나눌 수 있는 수와 나뉘지 않아 나머지가 남는 수로 구별할 수 있다. 예를 들어 다음 제수들을 살펴보자.

$$2, \ 3, \ 4, \ 5, \ 6, \ 7, \ 8, \ 9, \ 10, \ \cdots$$

59 우선 제수가 2라고 해 보자. 2로 나눌 수 있는 수에는 2, 4, 6, 8, 10, 12, 14, 16, 18, 20 등이 있다. 이 나열을 보면 수마다 2씩 증가한다. 이 수들을 계속해서 나열했을 때 우리는 이를 짝수(even numbers)라고 한다. 이번에는 다른 수들을 살펴보자.

$$1, \ 3, \ 5, \ 7, \ 9, \ 11, \ 13, \ 15, \ 17, \ 19, \ \cdots$$

이 수들은 앞에서 다룬 수보다 1이 적거나 많고, 2로 나뉘지 않으며 항상 1이라는 나머지가 남는다. 이 수들을 우리는 홀수(odd numbers)라고 한다.

일반적으로 짝수는 모두 $2a$라고 표시할 수 있다. 이는 1, 2, 3, 4, 5, 6, 7, $\cdots$ 등의 정수를 a라는 문자로 대체해 생각할 수 있기 때문이다. 마찬가지로 홀수는 $2a+1$이라고 표현할 수 있으며 $2a+1$은 항상 짝수로 표현되는 $2a$보다 1이 많다.

60 이제 두 번째 단계로 3을 제수라고 놓아 보자. 3으로 나뉠 수 있는 수들은 다음과 같다.

$$3, \ 6, \ 9, \ 12, \ 15, \ 18, \ 21, \ 24, \ 27, \ \cdots$$

이 수들은 $3a$로 표시할 수 있다. $3a$가 3이라는 수로 나눌 수 있고 그 몫은 언제나 나머지 없이 a가 되기 때문이다. 3으로 나누는 수 이외의 모든 수는 각각 1 또는 2를 그 나머지 값으로 가지는, 즉 2가지 경우로 분류할 수 있다.

$$1, \ 4, \ 7, \ 10, \ 13, \ 16, \ 19, \ \cdots$$

위의 수들은 $3a+1$이라고 표현할 수 있다. 또 다른 경우, 즉 2의 나머지 값을 갖는 수들을 나열해 보자.

$$2,\ 5,\ 8,\ 11,\ 14,\ 17,\ 20,\ \cdots$$

이 수들은 $3a+2$라고 표현할 수 있다. 그러므로 모든 수들은 $3a$, 또는 $3a+1$, 또는 $3a+2$로 나타낼 수 있다.

61 이제 제수가 4인 경우를 생각해 보자. 4로 나뉘는 수들은 다음과 같다.

$$4,\ 8,\ 12,\ 16,\ 20,\ 24,\ \cdots$$

이 수들은 모두 공통적으로 4씩 증가하며 $4a$라고 표시할 수 있다. 이 외에 4로 나뉘지 않는 모든 수 중 그 나머지가 1인 수들은 다음과 같다.

$$1,\ 5,\ 9,\ 13,\ 17,\ 21,\ 25,\ \cdots$$

이 수들은 $4a+1$이라고 표현할 수 있다. 다음으로 나머지가 2인 경우를 보자.

$$2,\ 6,\ 10,\ 14,\ 18,\ 22,\ 26,\ \cdots$$

이 수들은 $4a+2$라고 표현할 수 있다. 마지막으로 나머지가 3인 경우를 보도록 하자.

$$3,\ 7,\ 11,\ 15,\ 19,\ 23,\ 27,\ \cdots$$

이 수들은 $4a+3$이라고 쓸 수 있다.

이 경우 모든 정수는 다음과 같이 4가지 식으로 나타낼 수 있다.

$$4a,\ 4a+1,\ 4a+2,\ 4a+3$$

62 제수가 5일 때도 마찬가지다. 5로 나눌 수 있는 모든 수는 $5a$라고 쓸 수 있으며, 5로 나뉘지 않는 수들은 다음과 같이 표시할 수 있다.

$$5a+1,\ 5a+2,\ 5a+3,\ 5a+4$$

제수가 커지는 경우도 역시 같은 방식으로 생각할 수 있다.

63 이 시점에서 수를 소인수로 분해할 때 앞에서 다뤘던 내용을 상기할 필요가 있다. 왜냐하면 모든 수는 그 수에서 찾아낸 인수들 가운데 2, 3, 또는[5] 5, 7, 그 외 다른 수가 있다면 그들로 나뉘기 때문이다. 예를 들어 60은 $2\times2\times3\times5$이다. 60을 2, 3, 그리고 5로 나눌 수 있다는 사실은 명백하다.[6]

---

5) 역자 주 : 영문 번역에는 4도 있으나, 소수만 나열하고자 한 것으로 보여 영문 번역에 나와 있는 4는 쓰지 않았음.

6) 영문역자 주 : 약수가 무엇인지 쉽게 인식할 수 있는 수들이 있다.

1. 주어진 수를 2로 나누는 경우는 마지막 자릿수가 짝수일 때이며, 4로 나누는 경우는 마지막 두 자릿수가 4로 나눌 때이고, 8로 나누는 경우는 마지막 세 자릿수가 8로 나뉠 때이다. 보통 마지막 n 자릿수를 2^n으로 나누면 그 수는 2^n으로 나눌 수 있다.

2. 3으로 나누는 경우는, 각 자릿수의 합을 3으로 나눌 때이고, 6으로 나누는 경우는 앞의 경우를 충족하면서 마지막 자릿수가 짝수일 때이며, 9로 나누는 경우는 각 자릿수의 합이 9로 나뉠 때이다.

3. 마지막 자릿수가 0 또는 5인 모든 수는 5로 나뉜다.

4. 11로 나누는 수는 각 첫째, 셋째, 다섯째 등 홀수 자릿수의 합이 둘째, 넷째, 여섯째 등 짝수 자릿수의 합과 같다.

위의 규칙들은 쉽게 설명될 수 있으며, 이 규칙들을 우리가 막 고려한 약수의 값에 적용하면 유용할 것이다. 다른 수들도 규칙을 발견될 수 있으나 그것을 적용하는 것은 일반적으로 실제 나눗셈을 하는 것보다 길어진다.

예를 들어 53704689213이라는 수를 7로 나눌 수 있다고 가정하자. 이러한 주장은 64004245433의 각 자릿수들의 합이 7로 나눌 수 있다는 사실을 바탕으로 한 것이다. 이 두 번째 수는 매우 간단한 규칙으로 생성된다. 곧 처음 수의 각 구성 부분을 7로 나누었을

64 또한 $abcd$는 a, b, c, d로 나눌 수 있을 뿐 아니라 ab, ac, ad, bc, bd, cd 등으로도 나눌 수 있고 abc, abd, acd, bcd로 나눌 수도 있으며, 마지막으로 $abcd$ 자체로도 나눌 수 있다. 예를 들어 60, 또는 $2 \times 2 \times 3 \times 5$라는 값은 이 2, 3, 5라는 정수들로 나눌 수 있을 뿐 아니라 이들 중 둘을 곱한 수, 즉 4, 6, 10, 15로 나눌 수 있다. 또한 이 정수들 3개를 곱한 값인 12, 20, 30 등으로도 나눌 수 있다. 그리고 60이라는 수 자체로도 나눌 수 있다.

65 따라서 어떤 수를 소수로 나타낼 때, 그 수를 나눌 수 있는 모든 수를 보여 주는 것은 쉽다. 먼저 소수를 하나씩 나열한 뒤 각 소수들을 2개 또는 3개, 4개씩 곱하여 가면 결국 본래의 수를 얻는다.

66 여기에서 분명한 것은 모든 수는 1로 나눌 수 있으며 그 수 자체로도 나눌 수 있다는 사실이다. 따라서 모든 수는 최소한 2개의 인수, 또는 약수를 가지며 이 수들이 바로 1과 그 수 자체이다. 그리고 2개 이외의 약수를

때 그 나머지들로부터 생성된 것이다. 즉, $53704689213 = 50000000000 + 3000000000 + 700000000 + 0 + 4000000 + 600000 + 80000 + 9000 + 200 + 10 + 3$으로 나타내고 각 수를 7로 나누면 그 나머지가 6, 4, 0, 0, 4, 2, 4, 5, 4, 3, 3으로 나는 것이다.

만약 a, b, c, d, e 등으로 이루어진 수라면 이 식을 일반화하기 위해 다음과 같이 표시해야 할 것이다. $a + 10b + 10^2 c + 10^3 d + 10^4 e \cdots 10^n$까지이다. 각 항인 a, $10b$, $10^2 c$, $\cdots$이 n으로 나뉘면 그 수 자체인 $a + 10b + 10^2 c + \cdots$도 n으로 나뉜다. 그리고 만약 $\dfrac{a}{n}$, $\dfrac{10b}{n}$, $\dfrac{10^2 c}{n}$, $\cdots$이 각각 p, q, r, $\cdots$의 나머지를 갖는다고 하고 $p + q + r + \cdots$이 n으로 나뉠 수 있을 때 $a + 10b + a + 10b + 10^2 c + \cdots$의 값도 n으로 나뉘는 것은 명백하다. 이것을 통해 규칙의 원리를 명백히 알 수 있다.

베르누이(M. Bernoulli)의 노트를 이와 같이 만족할 만하게 설명한 사람은 뛰어난 수학자 보니캐슬(Bonnycastle) 교수이다.

가지지 않는 수들을 모아 놓은 것을 바로 소수(simple 또는 prime numbers)
라고 한다.

1	2	3	4	5	6	7	8	9	10
1	1 2	1 3	1 2 4	1 5	1 2 3 6	1 7	1 2 4 8	1 3 9	1 2 5 10
1	2	2	3	2	4	2	4	3	4
P.	P.	P.		P.		P.			

앞의 간단한 예들 외에 모든 수를 그 약수와 함께 나열하면 다음 표와
같다. 각 수의 아래 나열한 수는 약수이고, 그 아래 칸은 약수의 개수, 그
아래는 소수의 여부이다.[7]

13	12	13	14	15	16	17	18	19	20
1 11	1 2 3 4 6 12	1 13	1 2 7 14	1 3 5 15	1 2 4 8 16	1 17	1 2 3 6 9 18	1 19	1 2 4 5 10 20
2	6	2	4	4	5	2	6	2	6
P.		P.				P.		P.	

67 마지막으로 0 또는 무(nothing)는 모든 수로 나뉘는 성질이 있는 수라

---

7) 영문역자 주: 1부터 10000까지 자연수의 모든 약수에 관한 이와 유사한 표가 1767년 라이텐
(Leyden)에서 Henry Anjema가 출간한 바 있다. 우리도 100000까지의 약수들을 나타낸 다른
표를 가지고 있는데, 이 표에는 각 수에 대한 최소 약수만 주어졌다. 이는 Harris의 Lexicon
Technicum, Encyclopedie와, §40에서 인용한 람베르트(M. Lambert)의 르퀘유(Recueil)에
나와 있다. 이 마지막 저서에서는 102000까지 나온다.

는 것에 주목해야 한다. 0을 어떤 수 a로 나누더라도 항상 그 몫은 0이 되기 때문이다. 어떤 수에 무(nothing)를 곱하면 아무것도 없는 값이 나오므로 0 곱하기 a는 $0a$이고 0이다.

1.7. 분수의 일반적 개념

68 7과 같이 다른 수, 예를 들어 3으로 나뉘지 않는 수가 있다고 할 때 몫은 정수로 나타낼 수 없다. 그러나 그 몫에 대한 개념을 형성할 수 없다고 생각해서는 안 된다. 길이가 7피트인 선을 상상해 보자. 이 선을 똑같은 길이를 갖는 3부분으로 나눌 수 있고 이 3부분 중 하나의 길이에 대한 개념을 생각할 수 있다는 것을 의심하는 사람은 없을 것이다.

69 이미 정수로 표현할 수 있는 몫의 개념 설명에서 살펴보았듯이 이 경우 몫은 정수가 될 수 없다. 이때 우리는 다른 형태의 수를 생각해 볼 수 있는데, 그것이 바로 분수(fractions 또는 broken numbers)다. 다음 예를 보자. 우리가 7을 3으로 나눈다고 할 때, 우리는 그 몫이 분명히 존재함을 알고 있으며, 제수를 피제수 아래 놓고 그 사이에 선을 그어서 $\frac{7}{3}$이라고 표시할 수 있다.

70 따라서 일반적으로 a라는 수를 b라는 수로 나눌 때 우리는 그 몫을 $\frac{a}{b}$라고 나타내며 이 형태를 분수(fraction)라고 부른다. 선 위의 수를 아래의 수로 나눈 몫을 표현할 때 $\frac{a}{b}$만큼 좋은 표현법도 없다. 여기서 또 기억해야 할 것은 모든 분수에서 아래 위치한 수를 분모(denominator)라고 하

고, 위에 위치한 수를 분자(numerator)라고 한다는 점이다.

71 분수 $\frac{7}{3}$은 '3분의 7(seven thirds)'이라고 읽으며, 이때 7은 분자이고 3은 분모이다. 마찬가지로 $\frac{2}{3}$는 3분의 2, $\frac{3}{4}$은 4분의 3, $\frac{3}{8}$은 8분의 3, $\frac{12}{100}$는 100분의 12라고 읽는다. 그리고 $\frac{1}{2}$은 2분의 1(one half)이라고 읽는다.

72 분수의 성질을 좀 더 완벽하게 이해하기 위하여 $\frac{a}{a}$와 같이 분자와 분모가 같은 경우를 생각해 보자. 이 경우 a를 a로 나누는 것이므로 그 몫은 분명히 1이다. 따라서 $\frac{a}{a}$의 값은 1과 같다. 이와 같은 이치로 다음 분수들의 값을 구할 수 있다.

$$\frac{2}{2}, \frac{3}{3}, \frac{4}{4}, \frac{5}{5}, \frac{6}{6}, \frac{7}{7}, \frac{8}{8}, \cdots$$

이들 수는 모두 서로 같으며 그 값은 1이다.

73 앞에서 분자가 분모와 같을 경우, 즉 값이 1일 경우를 살펴보았다. 이러한 규칙을 통해 분자가 분모보다 작을 때에는 그 값이 1보다 작다는 것을 알 수 있다. 어떤 수를 그 수보다 큰 다른 수로 나누었을 때 그 결과는 1보다 작을 것이라는 사실은 쉽게 이해할 수 있다. 예를 들어 2피트 길이의 선을 3개의 선으로 나눈다고 했을 때, 각 부분 중 하나의 길이는 당연히 1피트보다 작을 것이다. $\frac{2}{3}$가 1보다 작은 것은 당연하며 이 역시 같은 이유다. 즉, 분자인 2는 분모 3보다 작다.

74 그런데 이와 반대로 분자가 분모보다 크면 그 값은 1보다 크다. 따라서 $\frac{3}{2}$은 1보다 크다. 이는 $\frac{3}{2}$이 $1 + \frac{1}{2}$, 즉 정수 1에 $\frac{1}{2}$을 더한 것과 같기 때문이다. 이와 같은 이치로 $\frac{4}{3}$는 $1\frac{1}{3}$과 같으며 $\frac{5}{3}$는 $1\frac{2}{3}$와 같고 $\frac{7}{3}$은 $2\frac{1}{3}$과 같다. 일반적으로 분수 위에 있는 수를 아래 있는 수로 나눠서 그 몫을 분수 앞에 붙이며 나머지 값을 분자에, 그리고 제수를 분모에 놓는다. 예를 들어 $\frac{43}{12}$이라는 분수를 나누면 몫이 3이고 나머지가 7이므로 $\frac{43}{12}$은 $3\frac{7}{12}$과 같다고 할 수 있다.

75 분자가 분모보다 클 경우 값은 2개의 수로 나뉜다. 즉, 하나는 정수이고 다른 하나는 분자가 분모보다 작은 분수이다. 이와 같이 앞에 1 이상의 정수를 붙인 수를 일반적인 분수와 구분하여 대분수라고 부른다. 이때 분수 부분의 값은 분자가 분모보다 작기 때문에 1보다 작다.

76 분수의 성질은 종종 다른 방식으로 생각할 수도 있다. 이것은 이 주제에 대해 또 다른 통찰을 제시한다. 예를 들어 $\frac{3}{4}$이라는 분수는 $\frac{1}{4}$을 3배 한 값이라는 사실은 쉽게 이해할 수 있다. 여기에서 $\frac{1}{4}$이라는 값의 의미를 살펴보면 이는 1이라는 값을 4등분하였을 때 그중 하나를 가리킨다. 따라서 나눈 부분 중 셋을 취하면 그 값은 $\frac{3}{4}$이 된다.

이와 같은 이치로 다른 모든 분수를 생각할 수 있다. 예를 들어 $\frac{7}{12}$이라는 분수는 1을 12개로 동등하게 나눈 부분 중 7개를 취한 것과 같다.

77 분자(또는 계수자numerator)와 분모(또는 명명자denominator)란 명칭은

앞에서 설명한 분수의 개념에서 비롯되었다. 예를 들어 $\dfrac{7}{12}$ 이라는 분수에서 12라는 수는 1을 몇 등분하였는지를 나타내는 수로 등분된 부분을 '명명'하는 역할을 하므로 분모(또는 명명자 denominator)라고 불리는 것이다.

또한 선 위의 수인 7은, 분수의 값을 구하기 위해서는 등분된 부분 7개를 취해야 한다는 것을 나타내므로 그 부분들의 수를 세는 것이다. 그러므로 선 위에 있는 수를 분자(또는 계수자)라고 부르는 것이 적합하다.

78 분수 $\dfrac{3}{4}$ 이 어떤 값인지 이해하기 쉬운 것처럼, 이번에는 $\dfrac{1}{2}$ 과 같이 분자가 1인 경우의 분수를 모든 다른 것의 기초로서 고려해 보자. 이러한 분수들은 다음과 같다.

$$\frac{1}{2},\ \frac{1}{3},\ \frac{1}{4},\ \frac{1}{5},\ \frac{1}{6},\ \frac{1}{7},\ \frac{1}{8},\ \frac{1}{9},\ \frac{1}{10},\ \frac{1}{11},\ \frac{1}{12},\ \cdots$$

이 분수들의 값은 계속해서 감소한다. 즉, 더 큰 정수로 나눌수록, 또는 더 많은 수의 부분으로 쪼갤수록 그 값은 작아진다. 따라서 $\dfrac{1}{100}$ 은 $\dfrac{1}{10}$ 보다 작고, $\dfrac{1}{1000}$ 은 $\dfrac{1}{100}$ 보다 작으며, $\dfrac{1}{10000}$ 은 $\dfrac{1}{1000}$ 보다 작으며 $\cdots$.

79 이와 같이 분모가 클수록 그 분수가 가지는 값은 작다. 그렇다면 분모를 한없이 크게 해서 그 값이 0이 되도록 할 수 있을까? 대답은 '할 수 없다'이다. 단위 길이(예를 들어 1피트)를 어떤 수로 분할하여 그 부분을 아무리 작게 한다고 해도 여전히 작은 부분은 분명 어떤 형태의 크기가 있는 것이다. 따라서 결코 분수를 절대적으로 무로 만들 수 없다.

80 물론 1피트의 길이를 1,000개의 부분으로 분할한다면 너무 작아 눈

에 잘 보이지 않을 수도 있다. 그러나 현미경을 대고 본다면 각 부분의 길이를 관찰할 수 있다. 그것을 다시 100등분, 혹은 그 이상 분할해도 마찬가지다.

그러나 현재 우리는 우리 자신에 의존하는 것, 또는 우리가 정말로 행할 수 있는 것, 그리고 우리 눈이 지각할 수 있는 것과 아무런 관계가 없다. 문제는 오히려 무엇이 그 자체로서 가능한가 하는 것이다. 그리고 이런 면에서 분모가 아무리 크다고 가정해도 그 분수는 절대로 사라지거나 0과 같게 할 수 없다.

81 앞에서 설명하였듯이 분모가 아무리 커도 완전히 0 또는 무에 도달할 수 없다. 따라서 분수는 언제나 어떤 크기를 가지고 있기 때문에 §78에서 열거한 분수 수열을 계속 나열할 수 있다. 이 결과는 분수가 0에 가까워지기 위해서는 분모가 무한(infinite)하거나 무한히 커야만 한다는 개념을 도출할 수 있다. 여기서 무한이라는 단어는 사실상 앞에서 언급한 분수의 수열 끝에 결코 도달할 수 없다는 것을 의미한다.

82 이와 같이 무한히 큰 수를 지시하기 위해서는 기호 ∞를 사용한다. 그래서 $\frac{1}{\infty}$이라는 분수는 사실상 거의 무(無)라고 할 수 있다. 왜냐하면 분수는 분모가 '무한대(infinity)'로 증가해야 무(無)로 줄어들 수 있기 때문이다.

83 무한대라는 개념은 뒤에서도 중요하기 때문에 좀 더 주목할 필요가 있다.

여기에서 우리는 매우 흥미롭고 가치 있는 몇 가지 결과를 유도할 수 있다. 분수 $\dfrac{1}{\infty}$은 1을 ∞로 나눈 몫이다. 여기에서 1을 다시 $\dfrac{1}{\infty}$, 즉 0으로 나눈다면 다시 제수인 ∞를 얻는다. 이를 통해 우리는 무한대에 대한 또 다른 새로운 개념을 얻게 된다. 즉, 1을 0으로 나누면 무한히 큰 수, ∞로 표시한다는 것을 알 수 있다.

84 위의 식을 보고 무한히 큰 수는 더 이상 증가할 수 없다고 주장하는 사람들이 있을 것이다. 그러한 주장은 우리가 지금까지 전개한 원칙과 모순된다. 왜냐하면 무한히 큰 수를 의미하는 $\dfrac{1}{0}$, $\dfrac{1}{0}$의 확실한 2배인 $\dfrac{2}{0}$를 고려해 볼 때 아무리 어떤 수가 무한대로 크다고 하더라도 여전히 2배, 3배, 또는 그 이상 몇 배 클 수 있기 때문이다.[8]

---

8) 영문역자 주 : 이 논리에는 오류가 있을 수 있다. 무한대 자체를 나타내기 위해 무한대 기호를 사용하고, 또 분수의 성질을 일반적으로 그 분모가 1과 관련된 수로 표현할 수 없는 분수식에 적용했을 때 말이다. 무한대를 1의 수열로 표현하거나, 즉 $\dfrac{1}{0} = \dfrac{1}{1-1} = 1+1+1+\cdots$와 같이 일정한 비로 증가하는 수열로 나타낼 수 있다. 그런데 여기에서 어떤 무한대 수열 중 특정 부분이 다른 정해진 부분의 $\dfrac{1}{2}$, $\dfrac{1}{3}$, $\cdots$이 될 수 있다고 해도 이 부분은 전체 중 어떤 비율을 차지한다고 볼 수는 없으므로 이 경우의 수열은 단지 다른 비율로 무한대로 가고 있는 것이다. 그러나 $\dfrac{2}{0}$ 또는 어떤 다른 분자가 0이라는 분모를 가질 경우 그것을 전개하면 결국 $\dfrac{1}{0}$과 똑같은 값을 가진다.

그러므로 $\dfrac{2}{0} = \dfrac{2}{2-2}$이며 이 나눗셈은 다음과 같다.

$$
2-2)\,2 \qquad\qquad (1+1+1+\cdots \ \text{무한대})
$$
$$
\underline{2-2}
$$
$$
2
$$
$$
\underline{2-2}
$$
$$
2
$$
$$
\underline{2-2}
$$
$$
2 \quad \cdots
$$

1.8. 분수의 속성

85 우리는 이미 다음과 같은 분수들은 1이 되고 결과적으로 모두 서로 같은 값을 가진다는 것을 보았다.

$$\frac{2}{2}, \frac{3}{3}, \frac{4}{4}, \frac{5}{5}, \frac{6}{6}, \frac{7}{7}, \frac{8}{8}, \cdots$$

다음 분수들은 모두 공통적으로 2이며, 각 분수의 분자를 분모로 나눴을 때 그 값은 2이다.

$$\frac{2}{1}, \frac{4}{2}, \frac{6}{3}, \frac{8}{4}, \frac{10}{5}, \frac{12}{6}, \cdots$$

따라서 다음 분수들은 서로 같은 값, 즉 3을 가진다.

$$\frac{3}{1}, \frac{6}{2}, \frac{9}{3}, \frac{12}{4}, \frac{15}{5}, \frac{18}{6}, \cdots$$

86 이처럼 무한히 다양한 방식으로 분수들의 값을 표현할 수 있다. 어떤 분수의 분자와 분모에다 동시에 같은 수를 곱한다면 그 분수는 여전히 같은 값을 가진다. 다음 분수들은 모두 공통적으로 $\frac{1}{2}$ 이라는 값을 가진다.

$$\frac{1}{2}, \frac{2}{4}, \frac{3}{6}, \frac{4}{8}, \frac{5}{10}, \frac{6}{12}, \frac{7}{14}, \frac{8}{16}, \frac{9}{18}, \frac{10}{20}, \cdots$$

또한 다음 분수들은 모두 공통적으로 $\frac{1}{3}$ 이다.

$$\frac{1}{3}, \frac{2}{6}, \frac{3}{9}, \frac{4}{12}, \frac{5}{15}, \frac{6}{18}, \frac{7}{21}, \frac{8}{24}, \frac{9}{27}, \frac{10}{30}, \cdots$$

다음 분수들도 마찬가지로 모두 같은 값을 가진다.

$$\frac{2}{3}, \frac{4}{6}, \frac{8}{12}, \frac{10}{15}, \frac{12}{18}, \frac{14}{21}, \frac{16}{24}, \cdots$$

따라서 결론은 다음과 같다.

보통 $\frac{a}{b}$ 라는 분수는 다음과 같이 다양하게 표현할 수 있는데 다음 분수들은 모두 공통적으로 $\frac{a}{b}$ 라는 같은 값을 가진다.

$$\frac{a}{b}, \frac{2a}{2b}, \frac{3a}{3b}, \frac{4a}{4b}, \frac{5a}{5b}, \frac{6a}{6b}, \frac{7a}{7b}, \cdots$$

87 이제 $\frac{a}{b}$ 라는 분수의 값을 c 라는 문자로 나타내 보자. 문자 c 는 a 를 b 로 나눈 몫을 의미하며, 다시 몫 c 를 제수 b 로 곱하면 피제수를 구할 수 있다. 따라서 c 에다 b 를 곱하면 a 가 되므로 c 에다 $2b$ 를 곱하면 값은 $2a$ 가 되고, c 에다 $3b$ 를 곱하면 값은 $3a$ 가 된다. 일반적으로는 c 에다 mb 를 곱하면 그 결과는 ma 가 된다. 이제 이를 나눗셈 연산에 적용시켜 보자. 값 ma 를 mb 로 나누면 몫은 c 와 같은 값을 가진다. 즉, ma 를 mb 로 나누었을 때 그 값을 분수로 표시하면 $\frac{ma}{mb}$ 가 된다. 이것은 앞에서 증명한 것에 따라 결국 c 와 같다. 값 c 는 분수 $\frac{a}{b}$ 의 값을 가리키므로 이 분수의 값은 m 이라는 값이 얼마인지와 상관없이 $\frac{ma}{mb}$ 와 같다.

88 지금까지 모든 분수를 값은 그대로 유지하면서 무한히 다양한 수로 표현할 수 있음을 살펴보았다. 모든 분수는 가장 최소화한 수로 표현할 수 있으며 이렇게 하는 것이 가장 편리한 계산이다. 예를 들어 우리는 $\frac{2}{3}$ 라는 분수를 다음과 같은 분수들로 대신 표현할 수 있었다.

$$\frac{4}{6}, \ \frac{8}{12}, \ \frac{10}{15}, \ \frac{12}{18}, \ \cdots$$

그러나 이 모든 값은 공통적으로 $\frac{2}{3}$라는 값을 가지며, 이 분수가 값을 표현할 때 가장 간편한 형태이다. 여기에서 또 하나의 문제를 제기할 수 있을 것이다. 예를 들어 $\frac{8}{12}$이라는 분수를 어떻게 최소화한 값인 $\frac{2}{3}$로 나타낼 수 있을 것인가 하는 과정의 문제이다.

89 이 문제는 우리가 앞서 다룬 바 있던 분자와 분자에 같은 수를 곱한 것을 떠올리면 쉽게 풀 수 있다. 이를 위해서는 분자와 분모의 각 인수 중 같은 수를 찾아내어 그 본래의 값이 변하지 않도록 해야 할 것이다. $\frac{ma}{mb}$라고 표현한 분수인 경우 그 풀이는 명확하다. ma라는 분자와 mb라는 분모가 공통으로 가지는 인수는 m이므로 우리는 $\frac{a}{b}$라는 값을 구할 수 있고 이는 앞서 증명한 바와 같이 $\frac{ma}{mb}$와 같다.

90 분수를 가장 최소화한 형태로 표현하기 위해서는 분자와 분모를 공통적으로 나눌 수 있는 수를 찾아야 한다. 이러한 수를 공약수(common divisor)라고 하며 분자와 분모의 공약수를 찾는다면 그 분수를 약분한 형태로 만들 수 있다. 그런데 약분한 분수의 분자와 분모에 1을 제외한 더 이상 다른 공약수를 발견할 수 없을 때 그 분수는 가장 간단한 형태가 된다.

91 이를 보다 명백히 이해하기 위해서 $\frac{48}{120}$이라는 분수를 예로 들어보기로 한다. 우리는 한눈에 이 분수를 2로 나눌 수 있다는 것을 알 수 있다. 따라서 2로 나누면 그 값은 $\frac{24}{60}$이다. 그런데 이 값은 다시 2로 나눌 수

있고 그 값은 $\dfrac{12}{30}$이다. 마찬가지로 다시 2로 나눠보면 $\dfrac{6}{15}$이라는 분수가 남는다. 그런데 아직 분모와 분모가 공통으로 가지고 있는 약수, 즉 3이 존재한다. 이를 다시 3으로 나누면 $\dfrac{2}{5}$이다. 이 값이 바로 더 이상 약분할 수 없는 가장 간단한 형태이다. 왜냐하면 2와 5는 1을 제외하고 더 이상의 공약수를 가지지 않으므로 더 이상 약분할 수 없다.

92 분모와 분자를 동시에 같은 수로 나누거나 곱하는 한 그 분수의 값은 늘 일정하게 유지된다는 성질은 가장 중요한 개념이자 분수의 원칙에서 주요한 토대이기도 하다. 우리는 2개의 분수를 더하거나 뺄 때 이 성질을 가지고 분수를 다른 형태, 즉 분모가 같은 형태로 바꿀 수 있다. 이 내용에 대해서는 다음 단원에서 설명하기로 한다.

93 대신 마지막으로 모든 수는 분수로 표현할 수 있다는 점을 짚고 넘어 가기로 한다. 예를 들어 6은 $\dfrac{6}{1}$과 같다. 이는 6을 1로 나눴을 때 6이 되기 때문이다. 우리는 또한 6을 무수히 많은 분수로 표현할 수 있다. $\dfrac{12}{2}, \dfrac{18}{3}, \dfrac{24}{4}, \dfrac{36}{6}$ 등 모두 6인 같은 값을 표현하는 방법은 무수하다.

연습 문제

01. $\dfrac{cx + x^2}{ca^2 + a^2x}$ 을 가장 간략하게 나타내어라.

$$\dfrac{x}{a^2}$$

02. $\dfrac{x^3 - b^2x}{x^2 + 2bx + b^2}$ 를 가장 간략하게 나타내어라.

$$\dfrac{x^2 - bx}{x + b}$$

03. $\dfrac{x^4 - b^4}{x^5 - b^2x^3}$ 을 가장 간략하게 나타내어라.

$$\dfrac{x^2 + b^2}{x^3}$$

04. $\dfrac{x^2 - y^2}{x^4 - y^4}$ 을 가장 간략하게 나타내어라.

$$\dfrac{1}{x^2 + y^2}$$

05. $\dfrac{a^4 - x^4}{a^3 - a^2x - ax^2 + x^3}$ 을 가장 간략하게 나타내어라.

$$\dfrac{a^2 + x^2}{a - x}$$

06. $\dfrac{5a^5 + 10a^4x + 5a^3x^2}{a^3x + 2a^2x^2 + 2ax^3 + x^4}$ 을 가장 간략하게 나타내어라.

$$\dfrac{5a^4 + 5a^3x}{a^2x + ax^2 + x^3}$$

1.9. 분수의 덧셈과 뺄셈

94 둘 이상의 분수가 같은 분모를 가지고 있을 때 이 분수들은 더하거나 뺄 때 어려움이 없다. 예를 들어 $\frac{2}{7} + \frac{3}{7}$ 은 $\frac{5}{7}$ 이며, $\frac{4}{7} - \frac{2}{7}$ 는 $\frac{2}{7}$ 이다. 이 경우 덧셈과 뺄셈 모두 가능하며, 선 아래에 있는 분모는 그대로 두고 분자만 바꾸면 된다.

$$\frac{7}{100} + \frac{9}{100} - \frac{12}{100} - \frac{15}{100} + \frac{20}{100} \text{은 } \frac{9}{100} \text{와 같다.}$$

$$\frac{24}{50} - \frac{7}{50} - \frac{12}{50} + \frac{31}{50} \text{은 } \frac{36}{50}, \text{ 즉 } \frac{18}{25} \text{과 같다.}$$

$$\frac{16}{20} - \frac{3}{20} - \frac{11}{20} + \frac{14}{20} \text{는 } \frac{16}{20}, \text{ 즉 } \frac{4}{5} \text{와 같다.}$$

또한 $\frac{1}{3} + \frac{2}{3}$ 는 $\frac{3}{3}$, 즉 정수 1과 같다. 또한 $\frac{2}{4} - \frac{3}{4} + \frac{1}{4}$ 은 $\frac{0}{4}$ 이며 이 값은 0이다.

95 그런데 만약 분수의 분모가 같지 않으면 그 분수들이 같은 분모를 가지도록 항상 바꿔 주어야 한다. 예를 들어 $\frac{1}{2}$ 과 $\frac{1}{3}$ 이라는 분수가 있을 때 우리는 $\frac{1}{2}$ 이 $\frac{3}{6}$ 과 같다는 사실과 $\frac{1}{3}$ 은 $\frac{2}{6}$ 와 같다는 사실을 염두에 두어야 한다. 그래서 두 분수의 덧셈을 다음과 같이 $\frac{3}{6} + \frac{2}{6}$ 라는 연산으로 바꾸어 계산해서 $\frac{5}{6}$ 를 구할 수 있다. 분수의 뺄셈도 마찬가지다. $\frac{1}{2} - \frac{1}{3}$ 일 때 이 연산은 $\frac{3}{6} - \frac{2}{6}$ 로 바꾸어서 $\frac{1}{6}$ 이라는 답을 도출할 수 있다.

또 다른 예로 $\frac{3}{4} + \frac{5}{8}$ 라는 연산이 있다고 하자. 여기에서 $\frac{3}{4}$ 은 $\frac{6}{8}$ 과 같으므로 이 분수를 $\frac{3}{4}$ 대신 쓰면 된다. 따라서 $\frac{6}{8} + \frac{5}{8}$ 는 $\frac{11}{8}$ 또는 $1\frac{3}{8}$ 이라는 답을 구할 수 있다. 예를 들어서 $\frac{1}{3}$ 과 $\frac{1}{4}$ 의 합을 구한다고 생각해

보자. 이 연산의 답은 $\dfrac{7}{12}$ 이다. 왜냐하면 $\dfrac{1}{3}$ 은 $\dfrac{4}{12}$ 와 같고 $\dfrac{1}{4}$ 은 $\dfrac{3}{12}$ 과 같으므로 $\dfrac{4}{12} + \dfrac{3}{12} = \dfrac{7}{12}$ 이 된다.

96 어떤 경우는 많은 분수들의 공통분모를 찾아야 하는 경우도 있다. 예를 들어 $\dfrac{1}{2}, \dfrac{2}{3}, \dfrac{3}{4}, \dfrac{4}{5}, \dfrac{5}{6}$ 의 경우이다. 이 경우에는 각 분모들로 모두 나눌 수 있는 수를 찾으면 된다. 예를 들어 여기에서는 60 이 그러한 수이고 공통분모가 된다. 따라서 $\dfrac{1}{2}$ 대신 $\dfrac{30}{60}$ 을, $\dfrac{2}{3}$ 대신 $\dfrac{40}{60}$ 을, $\dfrac{3}{4}$ 대신 $\dfrac{45}{60}$ 를, $\dfrac{4}{5}$ 대신 $\dfrac{48}{60}$ 을, 그리고 $\dfrac{5}{6}$ 대신 $\dfrac{50}{60}$ 을 넣어 계산할 수 있다. 이 모든 분수 $\dfrac{30}{60}, \dfrac{40}{60}, \dfrac{45}{60}, \dfrac{48}{60}, \dfrac{50}{60}$ 의 합을 구한다면 이들 중 분자만 더해서 그 합을 구하고 같은 분모를 취하면 된다. 그 값은 $\dfrac{213}{60}$, 또는 정수 3과 나머지인 분수 $\dfrac{11}{20}$ 이다.

97 앞에서 설명한 바와 같이 이 연산은 모두 분수를 변형시키는 과정, 즉 서로 다른 분모를 같게 만드는 과정을 거쳐야 가능하다. 그러므로 이 연산을 일반화해서 나타내면 $\dfrac{a}{b}$ 와 $\dfrac{c}{d}$ 가 주어졌다고 할 때 둘 중 첫 번째 분수에는 분자와 분모에 각각 d 를 곱해 $\dfrac{a}{b}$ 와 같은 값인 $\dfrac{ad}{bd}$ 로 표시하고, 그다음 분수에는 분자와 분모에 b 를 각각 곱하여 $\dfrac{bc}{bd}$ 라고 표시한다. 이와 같이 하여 두 분모를 같게 만든다. 이제 주어진 두 분수의 합을 구한다면 그 답은 $\dfrac{ad + bc}{bd}$ 이며 그 차는 $\dfrac{ad - bc}{bd}$ 이다. 이 식을 바탕으로 $\dfrac{5}{8}$ 와 $\dfrac{7}{9}$ 을 계산한다면 각 분수들 대신 $\dfrac{45}{72}$ 와 $\dfrac{56}{72}$ 을 넣으면 되고, 그 합은 $\dfrac{101}{72}$ 이고 그 차는 $\dfrac{11}{72}$ 이다.[9]

---

9) 영문역자 주 : 분수를 공통분모로 통분하기 위한 규칙을 간략하게 표현하면 다음과 같다. 공통 분모와 새로운 분자를 얻기 위해 각 분수는 자신의 분모를 제외한 다른 분수의 분모를 곱한다.

98 여기에서 또 이런 질문을 할 수 있다. 주어진 두 분수 중 어떤 것이 크고 어떤 것이 작은가? 이를 풀기 위해서는 역시 마찬가지로 두 분수의 공통분모를 찾아야 한다. 예를 들어 $\frac{2}{3}$와 $\frac{5}{7}$가 있다고 가정해 보자. 이 둘의 공통분모를 구해서 바꾸면 첫 번째 분수는 $\frac{14}{21}$가 되고, 두 번째 분수는 $\frac{15}{21}$가 된다. 그렇다면 두 번째 분수, 즉 $\frac{5}{7}$가 크다는 사실을 알 수 있으며 이 분수는 앞의 분수보다 $\frac{1}{21}$이 크다.

만약 $\frac{3}{5}$과 $\frac{5}{8}$가 주어졌다고 할 때 이들 분수는 다시 $\frac{24}{40}$와 $\frac{25}{40}$로 바꿀 수 있고, 따라서 $\frac{5}{8}$가 $\frac{3}{5}$보다 크고, 그 차가 $\frac{1}{40}$뿐이라는 사실을 알 수 있다.

99 어떤 정수에서 분수를 빼야 할 때는 정수를 분수로 바꾸어서 계산하면 된다. 이때 분모는 주어진 분수와 같은 것으로 만든다. 그다음에는 계산이 어렵지 않다. 예를 들어 1에서 $\frac{2}{3}$를 빼라는 문제가 주어졌다면 1 대신 $\frac{3}{3}$을 써서 계산하면 된다. $\frac{3}{3}$에서 $\frac{2}{3}$를 빼면 값은 $\frac{1}{3}$이다.

마찬가지로 1에서 $\frac{5}{12}$를 뺀다면 그 값은 $\frac{7}{12}$이다.

만약 2에서 $\frac{3}{4}$을 빼라고 한다면 2 대신 $1\frac{4}{4}$를 써서 $1\frac{1}{4}$이라는 답을 구할 수 있다.

100 이렇게 둘 이상의 분수들을 서로 더할 때 1 이상의 정수가 생기는 경우를 이미 앞에서 몇 번 보았다. 이와 같이 분자가 분모보다 큰 경우는 매우 중요하다.

이러한 연산을 수행할 때 각 분수의 분자와 분모의 값에는 같은 양을 곱하므로 결과적으로 원래의 값과 동일한 값을 유지한다.

예를 들어 §96번에서 본 $\frac{1}{2}, \frac{2}{3}, \frac{3}{4}, \frac{4}{5}, \frac{5}{6}$ 의 합인 $\frac{213}{60}$ 을 생각해 보자. 이 값은 $3\frac{33}{60}$ 또는 $3\frac{11}{20}$ 이다. 마찬가지로 $\frac{2}{3} + \frac{3}{4}$, 또는 $\frac{8}{12} + \frac{9}{12}$ 는 그 값이 $\frac{17}{12}$, 즉 $1\frac{5}{12}$ 이다. 분자를 분모로 나눌 때 그 몫의 정수 값을 앞에다 놓고 분수로 된 나머지를 뒤에 놓으면 된다.

이와 같이 정수와 분수를 합친 대분수를 서로 더할 때에도 마찬가지로 생각하면 된다. 우선 각 대분수 중 분수 부분을 먼저 더하고 합이 1 이상이면 그만큼의 정수를 앞의 정수에다 함께 더하면 된다. 예를 들어 $3\frac{1}{2}$ 과 $2\frac{2}{3}$ 의 합을 구한다면 우선 $\frac{1}{2}$ 과 $\frac{2}{3}$ 의 합, 즉 $\frac{3}{6}$ 과 $\frac{4}{6}$ 의 합인 $\frac{7}{6}$ 을 구해서 계산한다. 따라서 몫은 $6\frac{1}{6}$ 이다.

연습 문제

01. $\frac{2x}{a}$ 와 $\frac{b}{c}$ 를 공통분모로 나타내어라.

$$\frac{2cx}{ac}, \ \frac{ab}{ac}$$

02. $\frac{a}{b}$ 와 $\frac{a+b}{c}$ 를 공통분모로 나타내어라.

$$\frac{ac}{bc}, \ \frac{ab+b^2}{bc}$$

03. $\frac{3x}{2a}$ 와 $\frac{2b}{3c}$ 그리고 d 를 공통분모로 나타내어라.

$$\frac{9cx}{6ac}, \ \frac{4ab}{6ac}, \ \frac{6acd}{6ac}$$

04. $\dfrac{3}{4}$ 과 $\dfrac{2x}{3}$ 그리고 $a+\dfrac{2x}{a}$ 를 공통분모로 나타내어라.

$$\dfrac{9a}{12a},\ \dfrac{8ax}{12a},\ \dfrac{12a^2+24x}{12a}$$

05. $\dfrac{1}{2}$ 과 $\dfrac{a^2}{3}$ 그리고 $\dfrac{x^2+a^2}{x+a}$ 을 공통분모로 나타내어라.

$$\dfrac{3x+3a}{6x+6a},\ \dfrac{2a^2x+2a^3}{6x+6a},\ \dfrac{6x^2+6a^2}{6x+6a}$$

06. $\dfrac{b}{2a^2}$ 와 $\dfrac{c}{2a}$ 그리고 $\dfrac{d}{a}$ 를 공통분모로 나타내어라.

$$\dfrac{2a^2b}{4a^4},\ \dfrac{2a^3c}{4a^4},\ \dfrac{4a^3d}{4a^4}\ \text{또는}\ \dfrac{b}{2a^2},\ \dfrac{ac}{2a^2},\ \dfrac{2ad}{2a^2}$$

1.10. 분수의 곱셈과 나눗셈

101 분수를 정수로 곱할 때는 주어진 수를 분자에만 곱하고 분모는 그대로 둔다. 다음 예를 보자.

$$\dfrac{1}{2}\text{의 2배는 } \dfrac{2}{2},\ \text{즉 정수 1이다.}$$

$$\dfrac{1}{3}\text{의 2배는 } \dfrac{2}{3}\text{이다.}$$

$$\dfrac{1}{6}\text{의 3배는 } \dfrac{3}{6},\ \text{즉 } \dfrac{1}{2}\text{이다.}$$

$$\dfrac{5}{12}\text{의 4배는 } \dfrac{20}{12},\ \text{또는 } 1\dfrac{8}{12},\ \text{즉 } 1\dfrac{2}{3}\text{이다.}$$

그런데 이 규칙 외에 만약 분모를 주어진 정수로 나눠 계산한다면 훨씬 빠르게 값을 구할 수 있다. 예를 들어 $\dfrac{8}{9}$ 에다 3을 곱한다고 할 때 이 곱셈을 분자로만 계산하면 $\dfrac{24}{9}$이고 이를 약분해서 $\dfrac{8}{3}$이라는 값을 구할 수 있다. 그런데 만약 분자를 그대로 두고 분모를 정수로 나눠서 계산하면 $\dfrac{8}{3}$, 즉 $2\dfrac{2}{3}$라는 값을 즉시 구할 수 있다. 이와 같은 방법으로 $\dfrac{13}{24}$에 6을 곱하면 $\dfrac{13}{4}$, 즉 $3\dfrac{1}{4}$이라는 값을 구할 수 있다.

102 따라서 일반적인 공식으로 본다면 분수 $\dfrac{a}{b}$에 c를 곱하면 $\dfrac{ac}{b}$로 표시할 수 있고, 이때 곱해야 할 정수가 분모와 같으면 다음과 같은 답을 도출할 수 있다.

$$\dfrac{1}{2}$$에 2를 곱하면 1이다.

$$\dfrac{2}{3}$$에 3을 곱하면 2이다.

$$\dfrac{3}{4}$$에 4를 곱하면 3이다.

이와 같이 일반적으로 분수 $\dfrac{a}{b}$에다 수 b를 곱하면 값은 a가 된다. 왜냐하면 $\dfrac{a}{b}$라는 표시 자체가 a를 제수 b로 나눈 몫이고, 이 몫에다 다시 제수인 b를 곱하면 피제수인 a를 구하기 때문이다. 따라서 분명히 $\dfrac{a}{b}$에다 b를 곱하면 a가 된다.

103 분수에 정수를 곱하는 법을 알았으니 이제 분수를 정수로 나누는 법을 알아보기로 한다. 우선 분수에 분수를 곱하는 법을 배우기 전에 알아야 할 사항이 있다. $\dfrac{2}{3}$라는 분수를 2로 나누면 $\dfrac{1}{3}$이 된다. 또한 $\dfrac{6}{7}$을 3으로 나눴을 때 몫은 분명 $\dfrac{2}{7}$이다. 이 2가지 경우에서 공통적으로 발견할 수 있는 규칙은 분모의 변형 없이 분자만을 정수로 나누었다는 것이다.

예를 들면 다음과 같다.

$$\frac{12}{25} \text{를 } 2\text{로 나누면 } \frac{6}{25} \text{이다.}$$

$$\frac{12}{25} \text{를 } 3\text{으로 나누면 } \frac{4}{25} \text{이다.}$$

$$\frac{12}{25} \text{를 } 4\text{로 나누면 } \frac{3}{25} \text{이다.}$$

104 위의 예는 분자를 주어진 수로 나눌 수 있지만 모든 경우가 다 그런 것은 아니다. 그러나 여기에서 짚고 넘어가야 할 점은 한 분수를 무한한 종류의 다른 분수로 변형할 수 있다는 점, 그리고 이때 분자는 주어진 정수로 얼마든지 나눌 수 있다는 점이다. 예를 들어 만약 $\frac{3}{4}$을 2로 나눌 경우, 우리는 이 분수를 $\frac{6}{8}$으로 고쳐서 쉽게 2를 나눌 수 있게 할 수 있다. 이렇게 하면 바로 우리가 구하는 몫인 $\frac{3}{8}$이라는 값을 구할 수 있다.

일반적으로 $\frac{a}{b}$를 c로 나눈다고 하면, 이 앞의 분수를 $\frac{ac}{bc}$로 바꿔서 분자인 ac가 쉽게 c로 나눌 수 있도록 하여 몫인 $\frac{a}{bc}$를 구할 수 있다.

105 그러므로 분수 $\frac{a}{b}$를 정수 c로 나눌 경우 분자는 그냥 그대로 두고 c를 분모에만 곱하여 계산할 수 있다. 따라서 $\frac{5}{8}$를 3으로 나눌 때 $\frac{5}{24}$라는 값을 쉽게 구할 수 있다. $\frac{9}{16}$ 나누기 5도 같은 방법으로 계산하면 $\frac{9}{80}$라는 답이 바로 나온다.

이런 연산에서 § 103에서처럼 만약 분자를 주어진 정수로 나눈다면 계산은 더 쉬워진다. 다른 예로 $\frac{9}{16}$를 3으로 나누면 마지막 배운 방법을 적용하여 $\frac{9}{48}$라는 답을 얻을 수 있다. 하지만 여기에서는 앞의 첫 번째 방법을 적용하여 분자와 바로 나누기해서 $\frac{3}{16}$이라는 값을 구하는 것이 더 간단하며 값은 결국 $\dfrac{9}{48}$ 와 같다.

106 이제는 $\dfrac{a}{b}$ 에다 다른 분수 $\dfrac{c}{d}$ 를 어떻게 곱할 것인지 알아보자. 이 식을 계산하기 위해서는 우선 $\dfrac{c}{d}$ 가 c 를 d 로 나눈 값이라는 사실을 고려해야 한다. 우선 $\dfrac{a}{b}$ 를 c 로 곱하면 값은 $\dfrac{ac}{b}$ 가 되고, 그 후에 이 값에서 d 를 나누면 $\dfrac{ac}{bd}$ 가 된다.

둘 이상의 분수를 곱하는 방법은 다음과 같다. 분자는 분자끼리, 분모는 분모끼리 곱한다.

$$\dfrac{1}{2} \text{에다} \ \dfrac{2}{3} \text{를 곱하면 값은} \ \dfrac{2}{6}, \ \text{즉} \ \dfrac{1}{3} \text{이 된다.}$$

$$\dfrac{2}{3} \text{에다} \ \dfrac{4}{5} \text{를 곱하면} \ \dfrac{8}{15} \text{이다.}$$

$$\dfrac{3}{4} \text{에} \ \dfrac{5}{12} \text{를 곱하면} \ \dfrac{15}{48}, \ \text{즉} \ \dfrac{5}{16} \text{이다.}$$

107 이제 분수를 다른 분수로 나누는 방법을 배워 보자. 여기에서 먼저 생각할 수 있는 것은 2개의 분수가 같은 분모를 가지고 있을 때 분자들끼리의 나눗셈만 계산하면 된다는 것이다. 예를 들어 3이 9 안에 몇 번 포함될 수 있듯이 $\dfrac{3}{12}$ 은 $\dfrac{9}{12}$ 안에 여러 번, 즉 3번 포함될 수 있다. 같은 논리로 $\dfrac{8}{12}$ 을 $\dfrac{9}{12}$ 로 나눌 때 분자인 8을 9로 나누기만 하면 되며 값은 $\dfrac{8}{9}$ 이다. 이와 마찬가지로 $\dfrac{6}{20}$ 은 $\dfrac{18}{20}$ 안에 3번 들어가고, $\dfrac{7}{100}$ 은 $\dfrac{49}{100}$ 안에 7번 들어간다. 그리고 $\dfrac{3}{50}$ 을 $\dfrac{7}{100}$ 로 나눈다면 앞의 연산방법과 마찬가지로 $\dfrac{6}{7}$ 이 몫이다.

108 만약 분수들의 분모가 같지 않다면 공통분모를 구하는 방법을 사용해야 한다. 예를 들어 $\dfrac{a}{b}$라는 분수를 $\dfrac{c}{d}$로 나눈다고 해 보자. 우선 공통분모를 구해서 두 분수를 변환해야 한다. 즉, $\dfrac{ad}{bd}$와 $\dfrac{bc}{bd}$가 된다. 이렇게 만들어 놓으면 그다음은 간단하게 ad를 bc로 나누어 몫인 $\dfrac{ad}{bc}$를 구할 수 있다.

여기에서 다음과 같은 규칙을 도출할 수 있다. 피제수의 분자에다 제수의 분모를 곱하고, 피제수의 분모에다 제수의 분자를 곱하여 나중 것을 분모로 한다.

109 이 규칙을 $\dfrac{5}{8}$를 $\dfrac{2}{3}$로 나누는 경우에 적용해 보면 값은 $\dfrac{15}{16}$임을 알 수 있다. 또한 $\dfrac{3}{4}$을 $\dfrac{1}{2}$로 나누면 $\dfrac{6}{4}$, 즉 $\dfrac{3}{2}$, $1\dfrac{1}{2}$이 되고 $\dfrac{25}{48}$를 $\dfrac{5}{6}$로 나누면 값은 $\dfrac{150}{240}$, 즉 $\dfrac{5}{8}$가 된다.

110 나눗셈의 법칙을 좀 더 쉽게 설명하면 다음과 같다. 제수가 되는 분수를 뒤집어 분모가 분자의 자리에 오게 하고 분자가 분모의 자리에 오게 한 다음 거기에다 피제수를 곱한다. 그러면 값은 구하고자 하는 몫이 된다. 그러므로 $\dfrac{3}{4}$을 $\dfrac{1}{2}$로 나눈다면 $\dfrac{3}{4}$에다가 $\dfrac{2}{1}$를 곱하면 되고 그 값은 $\dfrac{6}{4}$, 즉 $1\dfrac{1}{2}$이다. 또한 $\dfrac{5}{8}$를 $\dfrac{2}{3}$로 나눌 때에도 $\dfrac{5}{8}$에다 $\dfrac{3}{2}$을 곱하면 되고 몫은 $\dfrac{15}{16}$가 된다. $\dfrac{25}{48}$를 $\dfrac{5}{6}$로 나누는 경우 역시 $\dfrac{25}{48}$에다 $\dfrac{6}{5}$을 곱하는 것이므로 그 곱의 값은 $\dfrac{150}{240}$, 즉 $\dfrac{5}{8}$가 된다.

일반적으로 $\dfrac{1}{2}$로 나눈다고 하면 그것은 $\dfrac{2}{1}$, 즉 2를 곱하는 것과 같다. 또한 $\dfrac{1}{3}$로 나눈다면 이것 역시 $\dfrac{3}{1}$, 즉 3을 곱하는 것과 같다.

111 100이라는 수를 $\frac{1}{2}$로 나누면 값은 200이고, 1,000을 $\frac{1}{3}$로 나누면 값은 3,000이다. 더 나아가 1을 $\frac{1}{1000}$로 나누면 몫은 1,000이며, 1을 $\frac{1}{100000}$로 나누면 몫은 100,000이 된다. 이때 생각할 수 있는 것은 어떤 수를 0으로 나눈다고 한다면 몫은 무한대가 된다는 사실이다. 예를 들어 1을 꽤 작은 수인 $\frac{1}{1000000000}$로 나누었을 때 몫은 매우 큰 값인 1,000,000,000이기 때문이다.

112 모든 수는 수 자체로 나누면 1이라는 몫을 갖는다. 마찬가지로 어떤 분수를 분수 자체로 나눴을 때도 몫은 1이다. $\frac{3}{4}$을 $\frac{3}{4}$으로 나누면 $\frac{3}{4}$에다 $\frac{4}{3}$를 곱하는 것이므로 이 경우 몫은 $\frac{12}{12}$, 즉 1이 된다. 보다 일반적으로 표현하면 $\frac{a}{b}$를 $\frac{a}{b}$로 나누면 $\frac{a}{b}$에다 $\frac{b}{a}$를 곱하는 것과 같으므로 곱의 값은 $\frac{ab}{ab}$, 즉 1과 같다.

113 우리는 여전히 종종 사용하는 식을 설명해야 한다. 예를 들어 $\frac{3}{4}$의 반은 무엇인가? 이 문제는 $\frac{3}{4}$에다 $\frac{1}{2}$을 곱하라는 문제이다. 마찬가지로 $\frac{5}{8}$의 $\frac{2}{3}$의 값을 구해야 한다면 $\frac{5}{8}$에다 $\frac{2}{3}$를 곱해야 하고 값은 $\frac{5}{12}$이며, $\frac{9}{16}$의 $\frac{3}{4}$ 값을 구하라고 한다면 이 역시 $\frac{9}{16}$에다 $\frac{3}{4}$을 곱하면 되므로 값은 $\frac{27}{64}$이다.

114 마지막으로 짚고 넘어가야 할 사항은 바로 $+$와 $-$ 부호이다. 이것에도 역시 정수에서와 같은 규칙을 적용한다. 따라서 $+\frac{1}{2}$에다 $-\frac{1}{3}$을 곱하면 $-\frac{1}{6}$이며 $-\frac{2}{3}$에다 $-\frac{4}{5}$를 곱하면 $+\frac{8}{15}$이다. 또 $-\frac{5}{8}$를 $+\frac{2}{3}$

로 나누면 값은 $-\dfrac{15}{16}$ 이고 $-\dfrac{3}{4}$ 을 $-\dfrac{3}{4}$ 으로 나누면 값은 $+\dfrac{12}{12}$, 즉 $+1$ 이다.

연습 문제

01. $\dfrac{x}{6}$ 와 $\dfrac{2x}{9}$ 의 곱을 구하여라.

$$\dfrac{x^2}{27}$$

02. $\dfrac{x}{2}$ 와 $\dfrac{4x}{5}$ 그리고 $\dfrac{10x}{21}$ 의 곱을 구하여라.

$$\dfrac{4x^3}{21}$$

03. $\dfrac{x}{a}$ 와 $\dfrac{x+a}{x+c}$ 의 곱을 구하여라.

$$\dfrac{x^2+ax}{ax+ac}$$

04. $\dfrac{3x}{2}$ 와 $\dfrac{3a}{b}$ 의 곱을 구하여라.

$$\dfrac{9ax}{2b}$$

05. $\dfrac{2x}{5}$ 와 $\dfrac{3x^2}{2a}$ 의 곱을 구하여라.

$$\dfrac{3x^3}{5a}$$

06. $\dfrac{2x}{a}$ 와 $\dfrac{3ab}{c}$ 그리고 $\dfrac{3ac}{2b}$ 의 곱을 구하여라.

$9ax$

07. $b + \dfrac{bx}{a}$ 와 $\dfrac{a}{x}$ 의 곱을 구하여라.

$\dfrac{ab + bx}{x}$

08. $\dfrac{x^2 - b^2}{bc}$ 과 $\dfrac{x^2 + b^2}{b + c}$ 의 곱을 구하여라.

$\dfrac{x^4 - b^4}{b^2 c + bc^2}$

09. x 와 $\dfrac{x + 1}{a}$ 그리고 $\dfrac{x - 1}{a + b}$ 의 곱을 구하여라.

$\dfrac{x^3 - x}{a^2 + ab}$

10. $\dfrac{x}{3}$ 을 $\dfrac{2x}{9}$ 로 나눈 몫을 구하여라.

$1\dfrac{1}{2}$

11. $\dfrac{2a}{b}$ 을 $\dfrac{4c}{d}$ 로 나눈 몫을 구하여라.

$\dfrac{ad}{2bc}$

12. $\dfrac{x + a}{2x - 2b}$ 를 $\dfrac{x + b}{5x + a}$ 로 나눈 몫을 구하여라.

$\dfrac{5x^2 + 6ax + a^2}{2x^2 - 2b^2}$

13. $\dfrac{2x^2}{a^3 + x^3}$ 을 $\dfrac{x}{x + a}$ 로 나눈 몫을 구하여라.

$$\unicode{x1F513}\ \dfrac{2x^2 + 2ax}{x^3 + a^3}$$

14. $\dfrac{7x}{5}$ 을 $\dfrac{12}{13}$ 로 나눈 몫을 구하여라.

$$\unicode{x1F513}\ \dfrac{91x}{60}$$

15. $\dfrac{4x^2}{7}$ 을 $5x$로 나눈 몫을 구하여라.

$$\unicode{x1F513}\ \dfrac{4x}{35}$$

16. $\dfrac{x + 1}{6}$ 을 $\dfrac{2x}{3}$ 로 나눈 몫을 구하여라.

$$\unicode{x1F513}\ \dfrac{x + 1}{4x}$$

17. $\dfrac{x - b}{8cd}$ 을 $\dfrac{3cx}{4d}$ 로 나눈 몫을 구하여라.

$$\unicode{x1F513}\ \dfrac{x - b}{6c^2 x}$$

18. $\dfrac{x^4 - b^4}{x^2 - 2bx + b^2}$ 을 $\dfrac{x^2 + bx}{x - b}$ 로 나눈 몫을 구하여라.

$$\unicode{x1F513}\ x + \dfrac{b^2}{x}$$

1.11. 제곱

115 어떤 수에다 그 수를 그대로 곱했을 때 우리는 이를 제곱(square)이라고 한다. 또한 이때 곱에 사용하는 수를 제곱근(square root)이라고 한다. 예를 들어 12에 12를 곱한다면 값인 144는 제곱이며, 144의 제곱근은 12가 된다.

이 용어는 기하학에서 정사각형의 넓이를 구할 때 한 변의 길이를 그 자신으로 곱한다는 데서 유래하였다.

116 따라서 제곱은 곱셈으로 구한다. 다시 말하면 제곱은 제곱근에 그 자체를 곱한 것이다. 즉, 1은 1의 제곱이다. 1에다 1을 곱하면 1이기 때문이다. 마찬가지로 4는 2의 제곱이고, 9는 3의 제곱이며, 2는 4의 제곱근, 3은 9의 제곱근이다.

그러면 우선 자연수들의 제곱을 먼저 살펴보자. 다음 표에서 보면 첫 번째 줄은 자연수 자체, 다시 말해 제곱근이 되는 수들을 나열했고 두 번째 줄에는 각 자연수의 제곱들을 나열하였다.

수	1	2	3	4	5	6	7	8	9	10	11	12	13
제곱	1	4	9	16	25	36	49	64	81	100	121	144	169

117 여기에서 제곱들의 간격, 즉 차이를 순서대로 정리하면 다음과 같다. 그런데 자세히 보면 값은 2씩 증가하여 규칙성을 보인다.

$$3, \ 5, \ 7, \ 9, \ 11, \ 13, \ 15, \ 17, \ 19, \ 21, \ \cdots$$

이 수들은 홀수를 나열한 것과 같다.

118 분수의 제곱 역시 같은 방식으로 설명할 수 있다. 한 분수에다 그 분수 자체를 곱하면 된다. 예를 들어 $\frac{1}{2}$의 제곱은 $\frac{1}{4}$이다.

$$\frac{1}{3}\text{의 제곱은 } \frac{1}{9},$$

$$\frac{2}{3}\text{의 제곱은 } \frac{4}{9},$$

$$\frac{1}{4}\text{의 제곱은 } \frac{1}{16},$$

$$\frac{3}{4}\text{의 제곱은 } \frac{9}{16}\text{이다.}$$

분수에서는 분자의 제곱에 분모의 제곱을 나누면 된다. $\frac{25}{64}$는 $\frac{5}{8}$의 제곱이며 역으로 $\frac{5}{8}$는 $\frac{25}{64}$의 제곱근이 된다.

119 만약 정수와 분수를 합친 대분수의 제곱을 구하고자 한다면 정수와 분수 형태로 나눈 대분수를 분수 형태만으로 이루어진 가분수로 만들어서 값을 구하면 된다. 예를 들어 $2\frac{1}{2}$의 제곱을 구한다면 이 대분수를 가분수인 $\frac{5}{2}$로 고쳐서 제곱을 구하면 간편하다. 이 값은 $\frac{25}{4}$, 즉 $4\frac{1}{6}$이며 $2\frac{1}{2}$을 제곱한 값이다. 또한 $3\frac{1}{4}$은 $\frac{13}{4}$과 같다. 따라서 이 수의 제곱은 $\frac{169}{16}$, 즉 $10\frac{9}{16}$이다. 3과 4 사이의 값을 가진 수들을 $\frac{1}{4}$씩 증가시켜 잡고 그 제곱을 구하면 다음 표와 같다.

수	3	$3\frac{1}{4}$	$3\frac{2}{4}$	$3\frac{3}{4}$	4
제곱	9	$10\frac{9}{16}$	$12\frac{1}{4}$	$14\frac{1}{16}$	16

이 작은 표에서 알 수 있는 것은 만약 제곱근에 분수가 포함되어 있다면 그 제곱 역시 분수를 포함하고 있다는 사실이다. 예를 들어 제곱근을 $1\frac{5}{12}$ 라고 하면 그 제곱은 $\frac{289}{144}$, 즉 $2\frac{1}{144}$ 이 되며 이 값은 2보다 약간 크다.

120 이제 공식을 일반화해 보자. 우선 a라고 하는 제곱근이 있다면 그 제곱은 aa가 될 것이고, $2a$라는 제곱근이 있다면 그 제곱은 $4aa$가 될 것이다. 또한 $3a$가 있다면 제곱은 $9aa$일 것이고 $4a$가 있다면 $16aa$가 될 것이다. 또 ab가 제곱근이라면 그 제곱은 $aabb$가 되며 제곱근이 abc라면 그 제곱은 $aabbcc$ 또는 $a^2b^2c^2$일 것이다.

121 따라서 제곱근이 2 또는 그 이상의 인수를 가지고 있을 때 그 각 인수들의 제곱을 곱하면 된다. 반대로 만약 주어진 제곱이 2 또는 그 이상의 인수들로 이루어져 있고 그 각각의 인수 또한 제곱이라면, 주어진 제곱의 제곱근을 구하기 위해서는 각 인수들의 제곱근을 곱하면 된다. 그러므로 2304는 $4 \times 16 \times 36$으로 나눌 수 있고 그 각각의 제곱근을 나타내면 $2 \times 4 \times 6$이므로 이 수 2,304의 제곱근은 48이고 48×48은 2,304가 된다.

122 이제 $+$와 $-$부호에 대해 생각해 보자. 우선 제곱근이 $+$일 때 그 제곱은 $+$ 곱하기 $+$이므로 당연히 양수가 될 것이다. 따라서 $+a$의 제곱은 $+aa$이다. 만약 제곱근이 $-a$라는 수라도 역시 그 제곱은 양수, 즉 $+aa$가 된다. 따라서 우리는 $+aa$라는 제곱의 제곱근이 $+a$가 될 수도 있고 $-a$가 될 수도 있다는 사실을 알 수 있다. 결론적으로 모든 제곱은 2개의 제곱근, 즉 양수와 음수의 제곱근을 가진다. 예를 들어 25의 제곱근

은 $+5$와 -5 모두가 된다. 왜냐하면 -5를 제곱했을 때의 값이 $+5$를 제곱했을 때와 마찬가지로 $+25$가 되기 때문이다.

1.12. 제곱근과 거기에서 생기는 무리수

123 앞 절에서 설명한 바에 따르면 주어진 수의 제곱근을 제곱했을 때 그 값은 본래 주어진 수여야 하며, 이때 제곱근 앞에는 양의 부호나 음의 부호가 붙을 수 있다.

124 따라서 어떤 제곱이 주어졌을 때 우리는 그 제곱의 제곱근이 될 수 있는 수를 찾을 수 있다. 예를 들어 196이라는 수가 주어졌다면 우리는 그 제곱근이 14라는 사실을 알 수 있다.

분수도 마찬가지로 쉽게 해결할 수 있다. 예를 들어 $\dfrac{5}{7}$라는 분수는 $\dfrac{25}{49}$의 제곱근이다. 확인하고 싶다면 각 분자와 분모의 수를 제곱해 보면 된다.

만약 수가 정수와 분수를 합친 대분수의 형태, 예를 들어 $12\dfrac{1}{4}$이라는 수가 있다고 한다면 우리는 이를 우선 1개의 분수 형태, 즉 $\dfrac{49}{4}$로 만들 수 있고 여기에서 이 제곱근이 $\dfrac{7}{2}$, 즉 $3\dfrac{1}{2}$이라는 사실을 즉각 알 수 있다. 다시 말해 $12\dfrac{1}{4}$의 제곱근은 $3\dfrac{1}{2}$이다.

125 그런데 만약 주어진 수가 제곱이 아닌 수, 예를 들어 12라면 이 수의 제곱근은 구할 수 없다. 그러나 12라는 수의 제곱근은 분명 존재하며 그 값은 3보다는 크고(3×3은 9이므로) 4보다는 작다(4×4는 16이므로). 여

기서 이 제곱근이 $3\frac{1}{2}$ 보다 작다는 것을 추측할 수 있는데, 이는 방금 앞에서 $3\frac{1}{2}$, 즉 $\frac{7}{2}$ 을 제곱한 값이 $12\frac{1}{4}$ 임을 확인했기 때문이다. 또한 $3\frac{7}{15}$ 과 비교하면 이 제곱근에 좀 더 가까이 접근할 수 있다. $3\frac{7}{15}$ 을 가분수로 만들면 $\frac{52}{15}$ 이고 이 수를 제곱하면 $\frac{2704}{225}$, 또는 $12\frac{4}{225}$ 이다. 따라서 이 분수 역시 우리가 찾는 제곱근보다는 아주 약간 크다는 사실을 발견할 수 있다. 물론 그 차이가 $\frac{4}{225}$ 정도로 작기는 하지만 말이다.

126 앞에서 살펴본 바와 같이 $3\frac{1}{2}$ 과 $3\frac{7}{15}$ 은 12의 제곱근보다는 크다. 3에 $\frac{7}{15}$ 보다 약간 작은 분수를 더하면 그것들의 제곱은 12와 같을 것이다.

그러면 이제 $3\frac{7}{15}$ 보다는 조금 작은 $3\frac{3}{7}$ 이라는 수를 생각해 보자. $3\frac{3}{7}$ 은 $\frac{24}{7}$ 와 같고 그 제곱은 $\frac{576}{49}$ 이다. 이 수는 12보다는 작으므로 $3\frac{3}{7}$ 은 12의 제곱근보다는 작다. 그러므로 12의 제곱근은 $3\frac{3}{7}$ 과 $3\frac{7}{15}$ 의 사이에 존재할 것이다. 그러면 이제 다시 $3\frac{3}{7}$ 보다 아주 약간 크고 $3\frac{7}{15}$ 보다는 약간 작은 수를 찾아보자. 예를 들어 $3\frac{5}{11}$ 가 있다. 이 수를 가분수로 고치면 $\frac{38}{11}$ 이고 그 제곱은 $\frac{1444}{121}$ 이다. 그런데 이 분수와 같은 분모를 가진 12의 값은 $\frac{1452}{121}$ 이고 이 값은 $\frac{1444}{121}$ 보다는 크므로 결국 $3\frac{5}{11}$ 는 12의 제곱근보다 아주 조금 차이가 나는 $\frac{8}{121}$ 만큼 작은 값이다. 그러면 이제 $\frac{5}{11}$ 대신 $\frac{6}{13}$ 을 넣어서 계산해 보자. $3\frac{6}{13}$ 의 제곱은 $\frac{2025}{169}$ 이다. 이 값은 같은 분모를 가진 12, 즉 $\frac{2028}{169}$ 보다 아주 약간 작다. 따라서 $\frac{3}{169}$ 이라는 아주 작은 차이지만 $3\frac{6}{13}$ 은 12의 제곱근보다 작다. 12의 제곱근은 여전히 $3\frac{6}{13}$ 과 $3\frac{7}{15}$ 사이에 존재하며 아직도 그 정확한 값을 알 수는 없다.

127 그런데 분명한 것은 정수 3에 어떤 분수를 붙인다고 해도 그 값이 분수 형태인 이상 그것의 제곱은 항상 분수의 형태로 나타나므로 12라는 정수와 완전히 일치할 수 없다는 사실이다. 따라서 우리는 12의 제곱근이 $3\frac{6}{13}$ 보다는 크고 $3\frac{7}{15}$ 보다는 작다는 사실은 알고 있지만 이 두 수 사이에 존재하는 분수를 찾아낼 수는 없다. 그렇다고 해서 12의 제곱근이 어떤 크기를 정하지 않은 비결정적인 수라고 주장할 수도 없다. 지금까지의 논의에 따르면 이 제곱근은 분명히 어떤 특정한 크기를 가지고 있는데 다만 그것을 분수로 표현할 수 없을 뿐이다.

128 그러므로 분수로 표현할 수 없는 수들이 존재하며, 이 수들 역시 다른 수와 마찬가지로 어떤 특정한 크기를 가지고 있다. 12의 제곱근은 바로 그러한 예이다. 우리는 이러한 새로운 종류의 수를 무리수(irrational numbers)라고 부른다. 이 수들은 제곱이 아닌 수의 제곱근을 구할 때 나타난다. 따라서 완전제곱이 아닌 2를 예로 들어보면 2의 제곱근, 즉 서로 곱해서 2가 되는 수는 무리수에 속한다. 이러한 수들은 무리량(surd quantities), 또는 통약불가능(incommensurables)하다고도 한다.

129 이 무리수는 비록 분수로 표현할 수는 없지만 정확한 관념을 가질 수 있는 크기를 가지고 있다. 12의 제곱근에서도 보면, 이 수가 아무리 숨겨져 있다 해도, 우리는 분명히 이 수를 제곱했을 때 12라는 특정 값이 나온다는 사실을 알고 있다. 그리고 이와 같은 성질은 분명 그 수에 대한 개념을 우리에게 주기에 충분하다. 왜냐하면 우리는 그 수의 값을 향해 지속적으로 가까이 갈 수 있는 능력이 있기 때문이다.

130 무리수의 개념을 익혔으니 이제 이에 대한 개념을 바탕으로 완전제

곱이 아닌 모든 수의 제곱근을 표시할 수 있는 기호를 알아보자. 이는 $\sqrt{}$ 라는 기호로 나타내며 이를 제곱근(square root)이라고 부른다. 따라서 $\sqrt{12}$ 는 12의 제곱근이며 이 수를 제곱했을 때 12가 나온다. 마찬가지로 $\sqrt{2}$ 는 2의 제곱근이고 $\sqrt{3}$ 은 3의 제곱근이다. 또한 $\sqrt{\dfrac{2}{3}}$ 는 $\dfrac{2}{3}$ 의 제곱근이다. 일반적으로 $\sqrt{a}$ 는 a 의 제곱근이다. 그러므로 제곱이 아닌 어떤 수의 제곱근을 표시하고자 할 때 우리는 늘 그 수에다 $\sqrt{}$ 기호를 사용할 수 있다.

131 무리수의 연산은 앞에서 배운 계산 방법을 적용해서 생각할 수 있다. 우리는 2의 제곱근을 제곱했을 때 2가 나온다는 사실, 즉 $\sqrt{2}$ 에다 $\sqrt{2}$ 를 곱했을 때 2가 나온다는 사실을 알고 있다. 또 $\sqrt{3}$ 에다 $\sqrt{3}$ 을 곱하면 3이 되고, $\sqrt{5}$ 와 $\sqrt{5}$ 를 곱하면 5, $\sqrt{\dfrac{2}{3}}$ 와 $\sqrt{\dfrac{2}{3}}$ 를 곱하면 $\dfrac{2}{3}$ 가 된다는 사실은 분명하다. 일반적으로 정리하면, $\sqrt{a}$ 에 $\sqrt{a}$ 를 곱하면 a 가 나온다.

132 그런데 $\sqrt{a}$ 에 $\sqrt{b}$ 를 곱할 경우 이때의 값은 $\sqrt{ab}$ 이다. 이는 앞서 살펴보았듯이 어떤 제곱이 둘 이상의 인수를 가지고 있을 때, 즉 두 수를 곱한 형태의 ab 의 제곱근이 $\sqrt{ab}$ 인데 이 값이 a 의 제곱인 $\sqrt{a}$ 에다 b 의 제곱인 $\sqrt{b}$ 를 곱한 것이기 때문이다. 만약 b 가 a 와 같고 $\sqrt{a}$ 와 $\sqrt{b}$ 를 곱한다면 이를 $\sqrt{aa}$ 라고 쓸 수 있다. 그런데 aa 는 a 의 제곱이므로 $\sqrt{aa}$ 는 분명히 a 이다.

133 다음으로 나눗셈을 알아보자. 예를 들어 $\sqrt{a}$ 를 $\sqrt{b}$ 로 나눈다고 해 보자. 이때의 값은 $\sqrt{\dfrac{a}{b}}$ 이다. 이 경우 이 나눗셈의 몫을 구할 때 무리수

라는 개념은 사라질 수도 있다. 따라서 만약 $\sqrt{18}$ 을 $\sqrt{8}$ 로 나눈다면 그 몫은 $\sqrt{\dfrac{18}{8}}$ 이고 이를 약분하면 $\sqrt{\dfrac{9}{4}}$ 가 될 것이다. $\dfrac{9}{4}$ 는 $\dfrac{3}{2}$ 의 제곱 값이므로 결과적으로 이 수는 $\dfrac{3}{2}$ 이라는 분수, 즉 무리수가 아닌 수가 된다.

134 $\sqrt{}$ 기호를 붙이기 전의 수가 제곱일 때 그 제곱은 보통 식의 방식으로 표현할 수 있다. 따라서 보통 $\sqrt{4}$ 는 2로, $\sqrt{9}$ 는 3, $\sqrt{36}$ 은 6, 그리고 $\sqrt{12\dfrac{1}{4}}$ 는 $\dfrac{7}{2}$, 즉 $3\dfrac{1}{2}$ 로 나타낸다. 이 경우 무리수는 자연히 소멸된다.

135 무리수에 일반적인 수를 곱하는 것도 쉽다. 예를 들어 2에 $\sqrt{5}$ 를 곱한다면 그 값은 $2\sqrt{5}$ 가 되며, 3 곱하기 $\sqrt{2}$ 는 $3\sqrt{2}$ 가 된다. 그런데 두 번째 예의 경우 3이 $\sqrt{9}$ 와 같으므로 3 곱하기 $\sqrt{2}$ 는 $\sqrt{9}$ 에다 $\sqrt{2}$ 를 곱한 값, 즉 $\sqrt{18}$ 로 나타낼 수 있다. 또한 $2\sqrt{a}$ 는 $\sqrt{4a}$ 의 값과 같고 $3\sqrt{a}$ 는 $\sqrt{9a}$ 와 같다. 일반적으로 $b\sqrt{a}$ 는 bba의 제곱근, 즉 $\sqrt{bba}$ 와 같다. 또한 반대로 루트 안에 있는 수가 어떤 제곱을 가지고 있을 때 그 제곱의 제곱근을 루트 밖으로 꺼내어 루트 앞에 붙일 수도 있다. 따라서 $\sqrt{bba}$ 라는 수가 있을 때 이를 $b\sqrt{a}$ 라고 쓸 수 있다. 이러한 내용을 이해했다면 다음의 예 역시 쉽게 이해할 수 있을 것이다.

$$\sqrt{8} \ \text{또는} \ \sqrt{2\cdot4} \ \text{는} \ 2\sqrt{2} \ \text{와 같다.}$$
$$\sqrt{12} \ \text{또는} \ \sqrt{3\cdot4} \ \text{는} \ 2\sqrt{3} \ \text{과 같다.}$$
$$\sqrt{18} \ \text{또는} \ \sqrt{2\cdot9} \ \text{는} \ 3\sqrt{2} \ \text{와 같다.}$$
$$\sqrt{24} \ \text{또는} \ \sqrt{6\cdot4} \ \text{는} \ 2\sqrt{6} \ \text{과 같다.}$$
$$\sqrt{32} \ \text{또는} \ \sqrt{2\cdot16} \ \text{은} \ 4\sqrt{2} \ \text{와 같다.}$$

$$\sqrt{75} \quad \text{또는는} \quad \sqrt{3 \cdot 25} \text{는 } 5\sqrt{3} \text{과 같다.}$$

136 무리수의 나눗셈에서도 역시 같은 원리를 적용할 수 있다. $\sqrt{a}$ 를 $\sqrt{b}$ 로 나누면 그 값은 $\dfrac{\sqrt{a}}{\sqrt{b}}$, 또는 $\sqrt{\dfrac{a}{b}}$ 이다. 같은 방법을 적용한 예를 살펴보자.

$$\frac{\sqrt{8}}{\sqrt{2}} \text{는 } \sqrt{\frac{8}{2}}, \text{ 또는 } \sqrt{4}, \text{ 즉 2이다.}$$

$$\frac{\sqrt{18}}{\sqrt{2}} \text{는 } \sqrt{\frac{18}{2}}, \text{ 또는 } \sqrt{9}, \text{ 즉 3이다.}$$

$$\frac{\sqrt{12}}{\sqrt{3}} \text{는 } \sqrt{\frac{12}{3}}, \text{ 또는 } \sqrt{4}, \text{ 즉 2이다.}$$

더 나아가 다음의 예를 보자.

$$\frac{2}{\sqrt{2}} \text{는 } \frac{\sqrt{4}}{\sqrt{2}} \text{ 또는 } \sqrt{\frac{4}{2}}, \text{ 즉 } \sqrt{2} \text{ 이다.}$$

$$\frac{3}{\sqrt{3}} \text{는 } \frac{\sqrt{9}}{\sqrt{3}} \text{ 또는 } \sqrt{\frac{9}{3}}, \text{ 즉 } \sqrt{3} \text{ 이다.}$$

$$\frac{12}{\sqrt{6}} \text{는 } \frac{\sqrt{144}}{\sqrt{6}} \text{ 또는 } \sqrt{\frac{144}{6}}, \text{ 즉 } \sqrt{24} \text{ 이다.}$$

마지막 예는 또 $\sqrt{6 \times 4}$ 로 표시할 수 있으므로 결국 $2\sqrt{6}$ 이다.

137 무리수의 덧셈이나 뺄셈은 별로 특별한 게 없고 숫자들은 $+$ 나 $-$ 로 연결될 뿐이다. 예를 들어 $\sqrt{2}$ 에다 $\sqrt{3}$ 을 더한다면, 이를 $\sqrt{2} + \sqrt{3}$ 이라고 표시하고 $\sqrt{5}$ 에서 $\sqrt{3}$ 을 뺀다면 이를 $\sqrt{5} - \sqrt{3}$ 이라고 쓸 수 있다.

138 마지막으로 무리수를 구별하기 위해서 우리는 그 외 모든 수, 즉

정수와 분수를 합쳐서 유리수(rational numbers)라고 부른다. 그러므로 유리수라고 하면 항상 정수와 분수를 가리킨다고 이해하면 된다.

1.13. 제곱근에서 생겨나는 불가능한 수, 또는 허수

139 우리는 앞에서 양수와 음수의 제곱이 모두 양수가 된다는 것, 즉 $+$기호가 붙는다는 것을 보았다. $-a$에 $-a$를 곱하면 $+a$에 $+a$를 곱한 것과 마찬가지로 $+aa$가 된다. 그리하여 이전 단원에서는 어떤 수의 제곱근을 계산하려면 그 수가 양수여야 한다고 하였다.

140 음수의 제곱근을 얻는데 어려움이 있다. 제곱하여 음수가 되는 수가 없기 때문에 음수의 제곱근을 얻는데 어려움이 있다. 예를 들어 -4의 제곱근을 얻고자 한다고 가정하자. 여기서는 자기 자신에게 자신을 곱할 때 결과가 -4가 되는 수가 필요하다. 수는 $+2$도 아니고 -2도 아니다. -2의 제곱은 $+2$의 제곱과 마찬가지로 $+4$이기 때문이다.

141 따라서 음수의 제곱근이 음수도 양수도 아니어야 한다는 결론에 도달한다. 음수의 세곱도 양의 부호를 지니기 때문이다. 따라서 문제의 세곱근은 양수와 음수 중에서 찾을 수 없기 때문에 완전히 다른 종류의 수에 속해야만 한다.

142 양수는 모두 0보다 크고 음수는 모두 0보다 작아서 0을 초과하는 모든 값은 양수로 표현되고 0 미만의 모든 값은 음수로 표현된다. 그러므로 음수의 제곱근은 0보다 크지도 않고 작지도 않으며 0이라고 할 수도

없다. 왜냐하면 0을 0에 곱하면 0이 되고 음수가 되지 않기 때문이다.

143 그리고 생각할 수 있는 모든 수는 0보다 크거나 0보다 작거나 0이기 때문에 음수의 제곱근은 생각할 수 있는 수 가운데는 없으므로 생각할 수 없는 수라고 해야 한다. 이런 방식으로 우리는 본질적으로 생각할 수 없는 수를 생각하게 되고 이들은 상상 속에만 존재하기 때문에 이러한 수를 허수(imaginary quantities)라고 부른다.

144 따라서 $\sqrt{-1}$, $\sqrt{-2}$, $\sqrt{-3}$, $\sqrt{-4}$ 등과 같은 표현은 음수의 제곱근을 나타내기 때문에 생각할 수 없는 수, 즉 허수이다. 이들은 0이 아니면서 0보다 크지도 않고 작지도 않은 수이며 이러한 성질로 말미암아 이들은 허수, 즉 생각할 수 없는 수에 속한다.

145 그럼에도 우리는 이 수들을 생각할 수 있다. 이 수들은 우리의 상상 속에 존재하며 우리는 이에 대한 개념을 충분히 알고 있다. 우리에게 $\sqrt{-4}$는 제곱할 때 -4가 되는 수를 의미한다. 이러한 이유로 허수를 사용하는 것을 막을 이유가 없으며 허수가 들어간 계산도 할 수 있다.

146 이 주제에 관해 가장 먼저 떠오르는 생각은 $\sqrt{-3}$의 제곱, 즉 $\sqrt{-3}$과 $\sqrt{-3}$의 곱이 -3이 되어야 하며 $\sqrt{-1}$과 $\sqrt{-1}$의 곱은 -1이어야 한다는 것이다. 그리고 일반적으로는 $\sqrt{-a}$에 $\sqrt{-a}$를 곱하는 것, 즉 $\sqrt{-a}$를 제곱하면 $-a$를 얻는다는 것이다.

147 이제 $-a$는 $+a$에 -1을 곱한 것과 같고 두 수의 곱의 제곱근은

그 인수들의 제곱근의 곱과 같으므로 a의 제곱근 곱하기 -1의 제곱근은 $\sqrt{-a}$ 와 같다. 또는 $\sqrt{a}$ 곱하기 $\sqrt{-1}$ 은 $\sqrt{-a}$ 와 같다. 그런데 $\sqrt{a}$ 는 생각할 수 있는 수, 즉 실수이므로 모든 허수의 생각할 수 없는 부분은 $\sqrt{-1}$ 로 귀착된다. 이러한 이유로 $\sqrt{-4}$ 는 $\sqrt{4}$ 에 $\sqrt{-1}$ 을 곱한 것, 또는 $\sqrt{4}$ 는 2와 같기 때문에 $2\sqrt{-1}$ 과 같다. 이처럼 $\sqrt{-9}$ 도 $\sqrt{9} \times \sqrt{-1}$, 또는 $3\sqrt{-1}$ 로 분해되며 $\sqrt{-16}$ 는 $4\sqrt{-1}$ 과 같다.

148 또 $\sqrt{a}$ 에 $\sqrt{b}$ 를 곱한 결과는 $\sqrt{ab}$ 이다. 따라서 $\sqrt{6}$ 은 $\sqrt{-2}$ 곱하기 $\sqrt{-3}$ 이고, $\sqrt{4}$ 또는 2를 $\sqrt{-1}$ 에 곱한 것은 $\sqrt{-4}$ 이다. 이처럼 2개의 허수를 곱하면 실수를 얻는다는 것을 알 수 있다.

반면에 실수와 허수를 곱하면 항상 허수를 얻는다. $\sqrt{-3}$ 을 $\sqrt{+5}$ 로 곱한 결과는 $\sqrt{-15}$ 이다.

149 나눗셈도 마찬가지다. $\sqrt{a}$ 나누기 $\sqrt{b}$ 는 $\sqrt{\dfrac{a}{b}}$ 이므로 $\sqrt{-4}$ 나누기 $\sqrt{-1}$ 은 $\sqrt{+4}$ 또는 2이다. $\sqrt{+3}$ 나누기 $\sqrt{-3}$ 은 $\sqrt{-1}$ 이고, 1 나누기 $\sqrt{-1}$ 은 $\sqrt{\dfrac{+1}{-1}}$, 즉 $\sqrt{-1}$ 이다.[10] 이는 1은 $\sqrt{+1}$ 과 같기 때문이다.

150 앞의 §122에서 살펴본 바에 따르면 모든 수는 각각 2개의 제곱근을 가진다. 하나는 양수이고 다른 하나는 음수이다. 예를 들어 $\sqrt{4}$ 는 $+2$와 -2이며 일반적으로 $-\sqrt{a}$ 와 $+\sqrt{a}$ 둘 다 a의 제곱근이다. 이는 허수에도 적용되어 $-a$의 제곱근은 $+\sqrt{-a}$ 와 $-\sqrt{-a}$ 이다. 그러나 근호 $\sqrt{}$

---

10) 편집자 : 현대 수학에서는 $i = \sqrt{(-1)}$ 이므로 $\dfrac{1}{-i} = \dfrac{1}{i} \times \dfrac{i}{i} = \dfrac{i}{i \times i} = -i$, 즉 $-\sqrt{-1}$ 임에 주의하라. 이 책에서는 당시 오일러가 $\dfrac{1}{\sqrt{-1}} = \sqrt{-1}$, 즉 i라고 계산한 것을 그대로 옮겨 표기하였다.

앞에 있는 $+$ 와 $-$ 부호와 근호 안에 있는 부호를 혼동하여서는 안 된다.

151 이제 남은 과제는 지금까지 논한 수의 실용성을 확인하는 것이다. 허수는 생각할 수 없는 수로 여겼기 때문에 전혀 쓸모가 없으며 근거 없는 추측의 대상으로 본 것이 별로 놀랍지는 않을 것이다. 그러나 이러한 생각은 잘못이며 허수의 연산은 지극히 중요하다. 왜냐하면 해답이 실수를 포함하는지 바로 판단할 수 없는 문제들이 자주 등장하기 때문이다. 그런 문제의 해답이 허수인 경우 생각할 수 없는(불가능한) 수가 필요하다는 것을 확실히 알 수 있다.

이에 대한 예제로 12를 곱이 40인 두 수의 합으로 나타내는 문제를 보자. 일반적인 규칙을 따라 풀면 $6 + \sqrt{-4}$ 와 $6 - \sqrt{-4}$ 를 얻는다. 그런데 이들은 허수이기 때문에 문제를 풀 수 없다는 결론이 나온다. 문제를 바꾸어 12를 곱이 35인 두 수의 합으로 나타내려고 하면 문제의 답은 7과 5로서 그 차이를 쉽게 느낄 수 있을 것이다.

1.14. 세제곱(Cubic Numbers)

152 어떤 수에 그 수 자신을 2번 곱할 때, 또는 어떤 수의 제곱에 자신을 1번 곱할 때 세제곱(cube) 또는 세제곱수(cubic number)라는 수를 얻는다. 즉, a의 세제곱은 aaa이다. a에 그 자신, 혹은 a를 곱하여 얻은 제곱 aa에 a를 다시 곱하여 얻는다.

그러므로 자연수의 세제곱은 다음 순서로 진행된다.

수	1	2	3	4	5	6	7	8	9	10
세제곱	1	8	27	64	125	216	343	512	729	1000

153 제곱수로 했던 것처럼 각 세제곱수를 그다음에 오는 세제곱수에서 빼어 세제곱수들의 차를 구하면 다음 수열을 얻는다.

$$7, 19, 37, 61, 91, 127, 169, 217, 271$$

얼핏 보기에는 아무런 규칙이 없는 듯하나 이 수들의 차를 각각 구하면 다음 수열을 얻는다.

$$12, 18, 24, 30, 36, 42, 48, 54, 60$$

이 수열의 항은 항상 6만큼씩 증가하는 것을 알 수 있다.

154 앞에서 언급한 세제곱의 정의에 따라 분수의 세제곱을 구하는 것은 어렵지 않다. 즉, $\frac{1}{8}$ 은 $\frac{1}{2}$ 의 세제곱이고 $\frac{1}{27}$ 은 $\frac{1}{3}$ 의 세제곱이며 $\frac{8}{27}$ 은 $\frac{2}{3}$ 의 세제곱이다. 이러한 방식으로 분자의 세제곱과 분모의 세제곱을 각각 구하면 된다. 그리하여 $\frac{3}{4}$ 의 세제곱으로 $\frac{27}{64}$ 을 얻을 수 있다.

155 정수와 분수가 섞여 있는 수의 세제곱을 구할 때에는 먼저 분수로 만든 다음 앞에서 제시한 방법대로 진행한다. 예를 들어 $1\frac{1}{2}$ 의 세제곱을 구하려면 $\frac{3}{2}$ 의 세제곱을 구해야 한다. 이는 $\frac{27}{8}$, 또는 $3\frac{3}{8}$ 이다. 그리고 $1\frac{1}{4}$ 의 세제곱, 또는 $\frac{5}{4}$ 의 세제곱은 $\frac{125}{64}$, 또는 $1\frac{61}{64}$ 이다. 그리고 $3\frac{1}{4}$ 의 세제곱, 또는 $\frac{13}{4}$ 의 세제곱은 $\frac{2197}{64}$, 또는 $34\frac{21}{64}$ 이다.

156 aaa 는 a 의 세제곱이므로 ab 의 세제곱은 $aaabbb$ 일 것이다. 여기서 우리는 2개 이상의 인수를 가진 수의 세제곱을 구할 때 각 인수의 세제곱을 곱하여 구할 수 있다는 것을 알 수 있다. 예를 들어 12는 3×4 와 같으

므로 3의 세제곱인 27에 4의 세제곱인 64를 곱하여 12의 세제곱인 1728
을 얻을 수 있다. 그리고 $2a$의 세제곱은 $8aaa$이므로 a의 세제곱에 비해
8배 더 크다. 마찬가지로 $3a$의 세제곱은 $27aaa$이므로 a의 세제곱보다
27배 더 크다.

157 이제 부호 $+$와 $-$를 살펴보자. 양수 $+a$의 세제곱이 양수 $+aaa$
라는 것은 직관적으로 알 수 있다. 그러나 음수 $-a$의 세제곱을 구할 때에
는 규칙에 따라 먼저 그 제곱인 $+aa$에 $-a$를 곱하여 세제곱수 $-aaa$를
구할 수 있다. 이런 면에서 세제곱수와 제곱수는 같은 성질을 가지지는
않는다. 이는 후자가 항상 양수인 데 비해 -1의 세제곱은 -1, -2의
세제곱은 -8, -3의 세제곱은 -27 등등이기 때문이다.

1.15. 세제곱근과 거기서 얻는 무리수

158 이미 설명한 방식으로 주어진 수의 세제곱을 구할 수 있다. 역으로
어떤 수가 주어졌을 때 그 자신을 2번 곱한 결과가 주어진 수가 되게 하는
수를 찾을 수 있다. 여기서 찾고자 하는 수를 주어진 수의 세제곱근(the
cube root)이라고 한다. 그러므로 어떤 수의 세제곱근이란 세제곱을 하면
그 수와 같아지는 수를 의미한다.

159 따라서 주어진 수가 앞 단원의 예제와 같이 어떤 수의 세제곱일
때에는 세제곱근을 구하기가 쉽다. 우리는 1의 세제곱근이 1, 8의 세제곱
근이 2, 27의 세제곱근이 3, 64의 세제곱근이 4 등등임을 쉽게 알 수
있다. 같은 방식으로 -27의 세제곱근은 -3이고, -125의 세제곱근은

-5이다.

그리고 주어진 수가 $\frac{8}{27}$과 같은 분수라면 그 세제곱근은 $\frac{2}{3}$이며 $\frac{64}{343}$의 세제곱근은 $\frac{4}{7}$이다. 마지막으로 $2\frac{10}{27}$과 같이 정수와 분수가 섞여 있는 수의 세제곱근은 $\frac{4}{3}$, 또는 $1\frac{1}{3}$이어야 한다. $2\frac{10}{27}$은 $\frac{64}{27}$와 같기 때문이다.

160 그러나 주어진 수가 세제곱수가 아니면 그 세제곱근은 정수 또는 분수로 표현할 수 없다. 예를 들어 34는 세제곱수가 아니므로 세제곱이 정확히 34인 정수 또는 분수를 찾을 수 없다. 그러나 3의 세제곱은 27이고 4의 세제곱은 64이기 때문에 34의 세제곱근은 3보다 크고 4보다 작다. 따라서 그 세제곱근은 3과 4 사이에 있다.

161 43의 세제곱근은 3보다 크기 때문에 3에 분수를 더하여 세제곱근의 참값에 가까워지도록 할 수 있다. 그러나 이 값을 정확하게 표현하는 수를 정하지는 못한다. 정수와 분수가 섞여 있는 수의 세제곱은 절대로 정수 43과 정확히 같을 수 없다. 예를 들어 $3\frac{1}{2}$, 또는 $\frac{7}{2}$이 그 세제곱근이라고 하면 오차는 $\frac{1}{8}$일 것이다. $\frac{7}{2}$의 세제곱은 $\frac{343}{8}$, 또는 $42\frac{7}{8}$에 불과하기 때문이다.

162 그러므로 43의 세제곱근은 분수나 정수로 표현할 수 없다. 그러나 세제곱근의 크기가 대략 어느 정도인지는 안다. 따라서 이를 나타내기 위해 $\sqrt[3]{}$ 기호 안에 주어진 수를 표기하고 세제곱근이라고 부른다. 이렇게 부르는 이유는 근(the root)이라고도 불리는 제곱근과 구별하기 위해서다. 따라서 $\sqrt[3]{43}$ 은 43의 세제곱근을 의미한다. 즉, 세제곱이 43인 수, 또는 자신을 곱하고 또 한 번 더 자신을 곱할 때 43이 되는 수이다.

163 이제 이렇게 표현된 수는 유리수에 속할 수 없으며, 무리수의 특정한 종류라는 것이 명백하다. 제곱근과는 공통점이 전혀 없으며 세제곱근을 제곱근으로 표현할 수도 없다. 예를 들어 $\sqrt{12}$ 의 제곱은 12이고, 세제곱은 $12\sqrt{12}$ 로서 여전히 무리수이기 때문에 43과 같을 수 없다.

164 주어진 숫자가 세제곱수이면 그 세제곱근은 유리수이다. 그래서 $\sqrt[3]{1}$ 은 1이고 $\sqrt[3]{8}$ 은 2이며, $\sqrt[3]{27}$ 은 3이고, 일반적으로 $\sqrt[3]{aaa}$ 는 a이다.

165 한 세제곱근 $\sqrt[3]{a}$ 를 다른 세제곱근 $\sqrt[3]{b}$ 와 곱할 때 그 곱은 $\sqrt[3]{ab}$ 와 같아야 한다. 왜냐하면 곱 ab의 세제곱근은 인수의 세제곱근들을 곱해서 구할 수 있기 때문이다. 따라서 $\sqrt[3]{a}$ 를 $\sqrt[3]{b}$ 로 나누면 몫은 $\sqrt[3]{\dfrac{a}{b}}$ 가 된다.

166 게다가 2는 $\sqrt[3]{8}$ 과 같기 때문에 $2\sqrt[3]{a}$ 는 $\sqrt[3]{8a}$ 와 같으며 $3\sqrt[3]{a}$ 는 $\sqrt[3]{27a}$ 와 같고, $b\sqrt[3]{a}$ 는 $\sqrt[3]{abbb}$ 와 같다는 것을 확인할 수 있다. 역으로 근호 안에 있는 수가 세제곱수를 인수로 가지면 세제곱근을 근호 앞에 쓸 수 있다. 예를 들어 $\sqrt[3]{64a}$ 대신 $4\sqrt[3]{a}$ 로, $\sqrt[3]{125a}$ 대신 $5\sqrt[3]{a}$ 로 쓸 수 있다. 16은 8×2이므로 $\sqrt[3]{16}$ 은 $2\sqrt[3]{2}$ 와 같다.

167 주어진 수가 음수일 때, 그 세제곱근에는 제곱근을 다룰 때 겪었던 것과 같은 어려움이 없다. 음수의 세제곱은 음수이기 때문에 음수의 세제곱근 또한 음수이다. 이처럼 $\sqrt[3]{-8}$ 은 -2이고 $\sqrt[3]{-27}$ 은 -3이다. 또한 $\sqrt[3]{-12}$ 는 $-\sqrt[3]{12}$ 와 같으며 $\sqrt[3]{-a}$ 는 $-\sqrt[3]{a}$ 로 표현할 수 있다. 여기서 우리는 근호 안에 있는 $-$부호가 근호 앞에 올 수도 있다는 것을 알 수 있다. 그러므로 여기서는 음수의 제곱근을 구할 때 고려했던 불가능한 수,

허수가 등장하지 않는다.

1.16. 일반적인 거듭제곱

168 어떤 수를 한 번 또는 여러 번 곱할 때 얻는 수를 거듭제곱(또는 멱, a power)이라고 한다. 따라서 어떤 수에 자신을 곱하여 얻는 제곱과 자신을 2번 곱하여 얻는 세제곱수는 모두 거듭제곱이다. 전자는 그 수를 2차로 올렸다, 또는 2제곱(제곱)하였다고도 하며 후자는 그 수를 3차로 올렸다, 또는 3제곱(세제곱)하였다고도 한다.

169 주어진 수에 자신을 곱한 횟수로 거듭제곱을 구별한다. 예를 들어 제곱은 어떤 수에 자신을 곱한 것이기 때문에 2제곱이라고 부른다. 그리고 어떤 수에 자신을 2번 곱하면 3제곱이라고 부르는데, 이는 세제곱과 같은 의미다. 그리고 어떤 수에 자신으로 3번 곱하면 흔히 이중제곱(biquadrate) 이라고 불리는 4제곱(네제곱)을 얻는다. 따라서 어떤 수의 5, 6, 7제곱 등 이 무엇을 의미하는지 쉽게 이해할 수 있다. 참고로 4제곱을 넘어 가면 숫자를 붙여서만 표현하고 다른 용어는 사용하지 않는다.[11]

170 이를 좀 더 잘 이해하기 위해 다음 예시를 살펴보자. 먼저 1의 거듭 제곱은 항상 1이라는 것을 관찰할 수 있다. 1에 1을 몇 번 곱하더라도 그 곱은 항상 1이기 때문이다. 2와 3의 거듭제곱은 〈표 1.1〉과 같다.

---

11) 역자 주: 우리말과 달리 영어로 표기할 경우 제곱은 square, 세제곱은 cube, 네제곱은 biquadrate 등과 같이 숫자를 포함하지 않은 용어를 사용함.

<표 1.1> 거듭제곱

거듭제곱	2의	3의
1제곱	2	3
2제곱	4	9
3제곱	8	27
4제곱	16	81
5제곱	32	243
6제곱	64	729
7제곱	128	2,187
8제곱	256	6,561
9제곱	512	19,683
10제곱	1,024	59,049
11제곱	2,048	177,147
12제곱	4,096	531,441
13제곱	8,192	1,594,323
14제곱	16,384	4,782,969
15제곱	32,768	14,348,907
16제곱	65,536	43,046,721
17제곱	131,072	129,140,163
18제곱	262,144	387,420,489

그런데 10의 거듭제곱은 주목할 만하다. 왜냐하면 연산 체계가 그를 기반으로 하기 때문이다. 1제곱부터 시작하여 몇 개를 차례대로 쓰면 다음과 같다.

1제곱	2제곱	3제곱	4제곱	5제곱	6제곱	
10	100	1,000	10,000	100,000	1,000,000	$\cdots$

171 이 내용을 일반적인 경우에도 생각할 수 있도록 어떤 수 a의 거듭제곱을 관찰하여 보면 다음과 같이 진행된다.

1제곱	2제곱	3제곱	4제곱	5제곱	6제곱	
a	aa	aaa	$aaaa$	$aaaaa$	$aaaaaa$	$\cdots$

그러나 높은 차수의 거듭제곱을 표기할 때 같은 문자를 반복해서 쓰는 거듭제곱 표기 방식은 매우 불편하다. 게다가 몇 차로 거듭제곱을 했는지 알기 위해 문자의 개수를 세어야 한다면 독자도 어려움을 겪을 것이다. 예를 들어, 100제곱은 이와 같은 방식으로 쓰기도 어렵고 읽기도 어렵다.

172 이 불편함을 없애기 위해 거듭제곱을 나타내는 편리한 표기법을 고안하였다. 이 표기법은 널리 쓰이기 때문에 상세한 설명이 필요하다. 예를 들어 어떤 수의 100제곱을 표기하고자 한다면 그 수의 오른쪽 위에 숫자 100을 쓴다. 따라서 a^{100}은 a의 100제곱을 나타낸다. 또한 몇 제곱인지를 나타내는 수를 지수(exponent)라고 하는데, 여기서는 100이 지수이다.

173 이와 같이 a^2은 a의 2제곱을 뜻하며 aa로 표기하기도 한다. 그 이유는 2가지 표현 모두 쓰기도 쉽고 이해하기도 쉽기 때문이다. 그러나 세제곱 aaa를 표기할 때는 a^3으로 쓰면 공간을 절약할 수 있기 때문에

이 표기법을 자주 쓴다. 따라서 a^4는 4제곱, a^5는 5제곱, a^6은 a의 6제곱을 뜻한다.

174 한마디로 a의 거듭제곱은 a, a^2, a^3, a^4, a^5, a^6, a^7, a^8, a^9, a^{10} 등으로 나타낸다. 이 방식대로 표기한다면 첫 항을 a 대신 a^1로 표기해야 한다고 할 것이다. 사실 이 표현은 문자 a가 한 번만 표기된다는 뜻이므로 a^1은 a이다. 이러한 거듭제곱의 수열을 등비수열(또는 기하수열)이라고 한다. 이는 각 항이 바로 앞의 항보다 한 번 더 곱한 것이기 때문이다.

175 거듭제곱의 수열처럼 각 항을 바로 앞의 항에 a를 곱하여 얻으면 지수가 1만큼 증가한다. 따라서 임의의 항이 주어지면 그 항을 a로 나누어 바로 앞의 항을 구할 수 있다. 이 연산은 지수를 1만큼 낮추기 때문이다. 이는 a^1 바로 전에 오는 항이 $\dfrac{a}{a}$, 또는 1이어야 함을 의미한다. 그리고 지수를 따라 진행한다면 첫 항 바로 앞의 항은 a^0이어야 한다는 결론에 도달한다. 따라서 a가 큰 수든 작은 수든 크기에 상관없이 a^0는 항상 1이라는 놀라운 사실을 추론할 수 있다. 심지어 a가 0일 때에도 이 성질은 성립한다. 즉, 0^0은 1이다.

176 또한 서로 다른 2가지 방법으로 거듭제곱의 수열을 역방향으로 진행할 수도 있다. 한 가지는 항상 a로 나누는 방법이고 다른 한 가지는 지수를 항상 1씩 낮추는 방법이다. 어느 방법을 택하든 각 항은 완전히 일치한다. 감소하는 수열은 다음 표에 2가지 형태로 나타나 있다. 이 표는 오른쪽에서 왼쪽으로 읽어야 한다.

	$\dfrac{1}{aaaaaa}$	$\dfrac{1}{aaaaa}$	$\dfrac{1}{aaaa}$	$\dfrac{1}{aaa}$	$\dfrac{1}{aa}$	$\dfrac{1}{a}$	1	a
첫 번째	$\dfrac{1}{a^6}$	$\dfrac{1}{a^5}$	$\dfrac{1}{a^4}$	$\dfrac{1}{a^3}$	$\dfrac{1}{a^2}$	$\dfrac{1}{a^1}$		
두 번째	a^{-6}	a^{-5}	a^{-4}	a^{-3}	a^{-2}	a^{-1}	a^0	a^1

177 지금까지 지수가 음인 거듭제곱에 대해 알아보았으니 이제 거듭제곱들의 정확한 값을 지정할 수 있다. 지금까지의 내용으로 볼 때

$$\left. \begin{array}{l} a^0 \\ a^{-1} \\ a^{-2} \\ a^{-3} \\ a^{-4} \\ \cdots \end{array} \right\} \text{은} \left\{ \begin{array}{l} 1 \\ \dfrac{1}{a} \\ \dfrac{1}{aa} \quad \text{또는} \quad \dfrac{1}{a^2} \\ \dfrac{1}{a^3} \\ \dfrac{1}{a^4} \\ \cdots \end{array} \right\} \text{과 같다.}$$

178 이 표기법을 따르면 곱 ab의 거듭제곱도 쉽게 구할 수 있다. ab 또는 a^1b^1, a^2b^2, a^3b^3, a^4b^4, a^5b^5 등등이다. 또한 분수의 거듭제곱도 같은 방식으로 구할 수 있다. 예를 들어 $\dfrac{a}{b}$의 거듭제곱은 다음과 같이 진행된다.

$$\frac{a^1}{b^1}, \ \frac{a^2}{b^2}, \ \frac{a^3}{b^3}, \ \frac{a^4}{b^4}, \ \frac{a^5}{b^5}, \ \frac{a^6}{b^6}, \ \frac{a^7}{b^7}, \ \cdots$$

179 마지막으로 음수의 거듭제곱도 고려해야 한다. 주어진 수가 $-a$라고 가정하자. 그러면 그 거듭제곱은 다음 수열을 이룬다.

$$-a, \ +a^2, \ -a^3, \ +a^4, \ -a^5, \ +a^6, \ \cdots$$

여기서 거듭제곱은 지수가 홀수일 때만 음수가 되고 반대로 지수가 짝수인 거듭제곱은 양수임을 알 수 있다. 그래서 3, 5, 7, 9제곱 등은 $-$부호를 가지고, 2, 4, 6, 8제곱 등은 $+$부호를 가진다.

1.17. 거듭제곱의 계산

180 거듭제곱의 덧셈(Addition)과 뺄셈(Subtraction)의 설명은 간단하다. 지수가 다를 때 이 연산들은 $+$와 $-$부호로 나타내는 수밖에 없다. 예를 들어 $a^3 + a^2$은 a의 2제곱과 3제곱의 합이다. 그리고 $a^5 - a^4$은 a의 4제곱을 5제곱에서 뺀 결과다. 이 결과들은 축약할 수 없다. 그러나 같은 지수의 거듭제곱을 다룰 때에는 부호를 사용하여 연결할 필요가 없다. 예를 들어 $a^3 + a^3$은 $2a^3$이 된다.

181 그러나 거듭제곱의 곱셈(Multiplication)은 여러 상황에 주의해야 한다.

첫째, a의 거듭제곱에 a를 곱할 때에는 그다음 거듭제곱을 얻는다. 즉, 지수가 하나 더 커진다. 따라서 a^2에 a를 곱하면 a^3이 된다. 그리고 a^3에 a를 곱하면 a^4이 된다. 이와 같은 방식으로 지수가 음수인 a의 거듭제곱에 a를 곱할 때에도 지수에 1을 더하면 된다. 따라서 a^{-1} 곱하기 a는 a^0, 또는 1이 된다. a^{-1}이 $\frac{1}{a}$과 같고 $\frac{1}{a}$과 a의 곱은 $\frac{a}{a}$로서 항상 1과 같음은 당연하다. 이와 같이 a^{-2} 곱하기 a는 a^{-1}, 또는 $\frac{1}{a}$이 된다. 그리고 a^{-10}에 a를 곱하면 a^{-9}이 되는 것처럼 계산을 계속할 수 있다(§175, §176

참조).

182 다음으로 a의 거듭제곱에 a^2(a의 2제곱)을 곱할 때에는 지수가 2 증가한다. 따라서 a^2과 a^2의 곱은 a^4이다. a^2과 a^3의 곱은 a^5이고 a^4과 a^2의 곱은 a^6이며, 일반적으로 a^n에 a^2을 곱하면 a^{n+2}가 된다. 음의 지수에 대해서는 a^{-1}이 $\frac{1}{a}$과 같으므로 a^2을 곱하면 a^1, 즉 a가 된다. 이것은 aa를 a로 나눈 것과 같아서 $\frac{aa}{a}$, 또는 a가 된다. 또한 a^{-2}에 a^2을 곱하면 a^0, 또는 1이 되며 a^{-3}에 a^2을 곱하면 a^{-1}이 나온다.

183 a의 거듭제곱을 a^3으로 곱할 때는 반드시 지수를 3 증가시켜야 한다. 따라서 a^n과 a^3의 곱은 a^{n+3}이다. 그리고 a의 거듭제곱 2개를 곱할 때마다 그 곱 역시 a의 거듭제곱일 것이며, 그 지수는 주어진 두 지수의 합과 같을 것이다. 예를 들어 a^4에 a^5을 곱하면 a^9이 되고, a^{12}을 a^7에 곱하면 a^{19}이 된다.

184 이와 같이 지수가 높은 거듭제곱도 쉽게 구할 수 있다. 예를 들어 2의 24제곱을 찾고자 하면 2의 12제곱을 그 자신에 곱한다. 2^{24}은 $2^{12} \times 2^{12}$과 같기 때문이다. 참고로 2^{12}은 $4,096$이라는 것을 이미 보았다. 그러므로 $16,777,216$, 즉 $4,096$과 $4,096$의 곱이 찾고자 하는 거듭제곱, 즉 2^{24}를 나타낸다.

185 이제 나눗셈을 살펴보자. 먼저 a의 거듭제곱을 a로 나누려면 그 지수에서 1을 빼야 한다. 따라서 a^5을 a로 나누면 a^4이 되고, a^0 또는 1을 a로 나누면 a^{-1} 또는 $\frac{1}{a}$과 같다. 또 a^{-3}을 a로 나누면 a^{-4}이 된다.

186 주어진 a의 거듭제곱을 a^2으로 나눌 때에는 지수를 2 감소시키고, a^3으로 나눌 때에는 지수를 3 감소시켜야 한다. 그리고 일반적으로 a의 임의의 거듭제곱을 a의 다른 거듭제곱으로 나눌 때에는 전자의 거듭제곱의 지수에서 후자의 거듭제곱의 지수를 빼는 것이 규칙이다. 따라서 a^{15}을 a^7으로 나누면 a^8, a^6을 a^7으로 나누면 a^{-1}, 그리고 a^{-3}을 a^4으로 나누면 a^{-7}이 된다.

187 지금까지 설명한 것처럼 거듭제곱의 거듭제곱을 구하는 방법도 곱셈을 이용하면 쉽게 이해할 수 있다. 예를 들어 a^3의 제곱은 a^6이다. 같은 방식으로 a^{12}은 a^4의 세제곱 또는 3제곱임을 알 수 있다. 거듭제곱의 제곱을 구할 때에는 지수를 2배로 하고 그 세제곱을 구할 때에는 지수를 3배로 한다. 따라서 a^n의 제곱은 a^{2n}, a^n의 세제곱은 a^{3n}, a^n의 7제곱은 a^{7n}이다. 그리고 이와 같이 계속한다.

188 a^2의 제곱, 또는 a의 제곱의 제곱은 a^4으로, 4제곱을 이중제곱(biquadrate)이라고도 부르는 이유가 여기에 있다. 또 a^3의 제곱이 a^6이기 때문에 6제곱을 제곱−세제곱(square-cubed)이라고 부르기도 한다.

마지막으로 a^3의 세제곱은 a^9이기 때문에 9제곱을 세제곱−세제곱(cubo-cube)이라고도 부른다. 하지만 이 이상의 거듭제곱에 속하는 별칭은 없으며 위의 마지막 2개도 거의 쓰지 않는다.

1.18. 일반적인 거듭제곱에 관련된 근

189 어떤 수의 제곱근은 제곱하면 그 수와 같아지는 수이고, 어떤 수의 세제곱근은 세제곱이 그 수와 같은 수이므로 임의의 수에 거듭제곱근, 즉 4제곱, 5제곱, 또는 임의의 수만큼의 거듭제곱을 하면 주어진 수와 같아지는 수를 생각해 볼 수 있다. 서로 다른 거듭제곱근들을 구별하기 위해 제곱근은 2제곱근, 세제곱근은 3제곱근이라고 부를 것이다. 이처럼 계속하여 4제곱을 하면 주어진 수와 같아지는 수를 4제곱근, 5제곱이 주어진 수와 같아지면 5제곱근이라고 부른다.

190 제곱근은 $\sqrt{\ }$ 기호로 표기하고, 3제곱근은 $\sqrt[3]{\ }$ 로 표기하므로 자연히 4제곱근은 $\sqrt[4]{\ }$ 기호로, 5제곱근은 $\sqrt[5]{\ }$ 기호로 계속해서 표기할 것이다. 이 표현 방식에 따르면 제곱근의 기호는 $\sqrt[2]{\ }$ 여야 한다. 그러나 거듭제곱근 중에서 제곱근이 가장 많이 쓰이므로 숫자 2를 생략하여 간결하게 하였다. 따라서 근호 앞에 숫자가 없으면 항상 제곱근을 의미한다.

191 이 점을 좀 더 설명하기 위해 숫자 a의 서로 다른 거듭제곱근을 살펴보기로 한다.

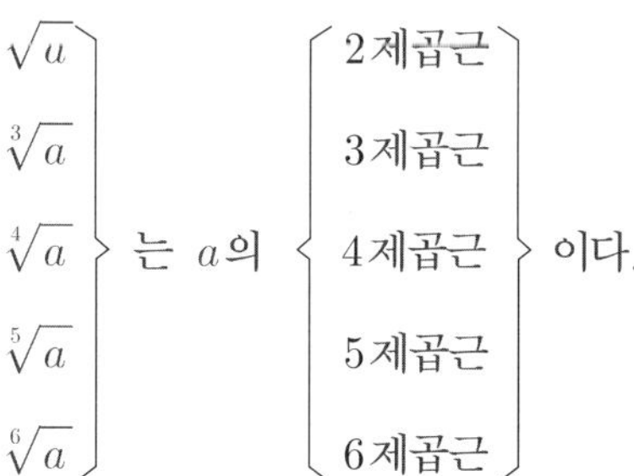

$$\left.\begin{array}{c}\sqrt{a}\\[4pt]\sqrt[3]{a}\\[4pt]\sqrt[4]{a}\\[4pt]\sqrt[5]{a}\\[4pt]\sqrt[6]{a}\end{array}\right\} \text{는 } a\text{의} \left\{\begin{array}{c}2\text{제곱근}\\[4pt]3\text{제곱근}\\[4pt]4\text{제곱근}\\[4pt]5\text{제곱근}\\[4pt]6\text{제곱근}\end{array}\right\} \text{이다.}$$

그래서 역으로

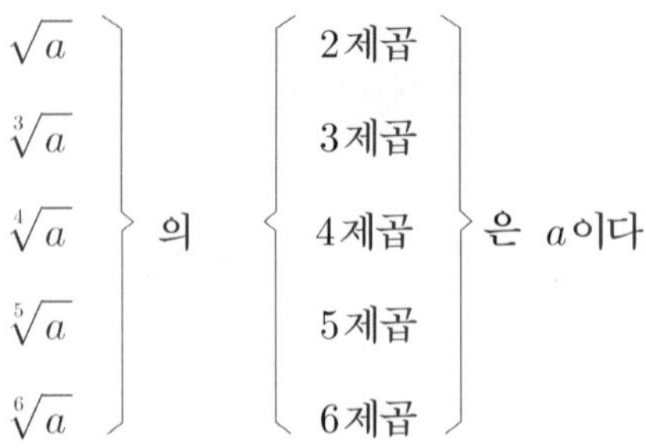

192 그러므로 a가 크든 작든 상관없이 여러 다른 차수의 거듭제곱근에 어떤 값을 붙여야 하는지 알 수 있다. 또한 1의 모든 거듭제곱은 1이기 때문에 a에 1을 대입하면 모든 거듭제곱근이 항상 1이 된다는 것도 특기할 만하다. 숫자 a가 1보다 크면 모든 거듭제곱근 또한 1보다 클 것이다. 마지막으로 수가 1보다 작으면 모든 거듭제곱근은 1보다 작을 것이다.

193 숫자 a가 양수이면 제곱근과 세제곱근과 같이 다른 모든 거듭제곱근도 구할 수 있고 모두 실수이다.

그러나 만일 숫자 a가 음수이면 2, 4, 6 등 모든 짝수 차수의 거듭제곱근은 허수가 된다. 짝수 차수의 거듭제곱은 밑수가 양수든 음수든 항상 +부호를 가지기 때문이다. 반면에 3, 5, 7 등 모든 홀수 차수의 거듭제곱근은 음수로서 가능한 수(실수)가 된다. 음수의 홀수 차수의 거듭제곱이 음수이기 때문이다.

194 또 이로부터 새로운 종류의 무리수를 무한히 얻을 수 있다. a가 거듭제곱 꼴이 아니면 그 거듭제곱근을 정수나 분수로 표현할 수 없으므로 무리수에 속해야 한다.[12)]

1.19. 분수 지수로 무리수를 표현하는 방법

195 앞 단원에서 임의의 거듭제곱의 제곱을 그 거듭제곱의 지수를 2배로 증가시켜서 구할 수 있다고 하였다. 일반적으로 a^n 의 제곱은 a^{2n} 이다. 역으로 a^{2n} 의 제곱근은 a^n 으로, 그 거듭제곱의 지수를 반으로 줄이거나 2로 나누어서 구한다.

196 따라서 a^2 의 제곱근은 a^1, 또는 a 이다.[13] a^4 의 제곱근은 a^2, a^6 의 제곱근은 a^3 이다. 이것이 일반적으로 성립하므로 a^3 의 제곱근은 $a^{\frac{3}{2}}$ 이어야 하고 a^5 의 제곱근은 $a^{\frac{5}{2}}$ 이어야 한다. 따라서 같은 방식으로 $a^{\frac{1}{2}}$ 이 a^1 의 제곱근임을 알 수 있다. 여기서 $a^{\frac{1}{2}}$ 이 $\sqrt{a}$ 와 같다는 것을 알 수 있다. 제곱근을 표기하는 이러한 새로운 방식은 주의를 끈다.

197 a^n 과 같은 거듭제곱의 세제곱을 구할 때에는 그 지수에 3을 곱해야 한다는 것과 그 세제곱이 a^{3n} 임을 보았다.

역으로 a^{3n} 의 세제곱근을 구할 때에는 지수를 3으로 나누면 되기 때문에 구하고자 하는 근이 a^n 이라는 결론을 확실히 내릴 수 있다. 그러므로 a^1 또는 a 는 a^3 의 세제곱근, a^2 은 a^6 의 세제곱근, a^3 은 a^9 의 세제곱근이다.

---

12) 역자 주: a 가 어떤 분수 b(즉, $\frac{정수}{정수}$)에 대해 $a = b^n$ 꼴이 아니면 $\sqrt[n]{a}$ 은 무리수라는 뜻임.

13) 편집자: §122, §150와 같이 제곱근은 양수와 음수 2개의 근을 가질 수 있다. 이 장에서는 제곱근의 표기법에 관하여 다루고 있으므로 의도적으로 양수 근만을 사용한 듯하다(§670 참조).

198 지수가 3으로 나누어떨어지지 않아도 같은 논리를 적용할 수 있다. 즉, a^2의 세제곱근이 $a^{\frac{2}{3}}$, a^4의 세제곱근이 $a^{\frac{4}{3}}$, 또는 $a^{1\frac{1}{3}}$이라고 할 수 있다. 따라서 a, 또는 a^1의 세제곱근은 $a^{\frac{1}{3}}$이어야 한다. 여기서 $a^{\frac{1}{3}}$은 $\sqrt[3]{a}$ 과 같다.

199 높은 차수의 거듭제곱근도 마찬가지다. a의 4제곱근은 $a^{\frac{1}{4}}$로서 $\sqrt[4]{a}$와 같다. a의 5제곱근은 $a^{\frac{1}{5}}$과 같을 것이다. 이는 $\sqrt[5]{a}$와 같다. 이와 같은 방식은 더 높은 차수의 모든 거듭제곱근에도 적용된다.

200 그러므로 우리는 근호를 사용하지 않고 앞에서 설명한 분수를 지수로 사용할 수 있다. 그러나 오랫동안 근호에 익숙해져 있었고, 대수학에 관한 대부분의 책에 근호가 나오기 때문에 연산에서 근호를 완전히 제거할 수는 없다. 그러나 이제는 자주 쓰고 있는 새로운 표기법을 사용할 이유도 충분하다. 왜냐하면 거듭제곱근의 성질과 잘 어울리기 때문이다. 사실 $a^{\frac{1}{2}}$의 제곱, 즉 $a^{\frac{1}{2}}$에 $a^{\frac{1}{2}}$을 곱한 것이 a^1, 또는 a와 같다는 것을 알기 때문에 $a^{\frac{1}{2}}$은 a의 제곱근임을 금방 알 수 있다.

201 지금까지 설명한 것으로 앞으로 나올지도 모를 분수 꼴의 지수를 충분히 이해할 수 있을 것이다. 예를 들어 $a^{\frac{4}{3}}$은 a의 4제곱을 먼저 구해서 그 세제곱근을 얻어야 한다는 것을 의미한다. 그래서 $a^{\frac{4}{3}}$은 $\sqrt[3]{a^4}$ 과 같다. 이처럼 $a^{\frac{3}{4}}$의 값을 구하려면 먼저 a의 세제곱, 또는 a의 3제곱인 a^3을 구한 다음 그 네제곱근을 얻어야 한다. 그래서 $a^{\frac{3}{4}}$는 $\sqrt[4]{a^3}$ 과 같다. 그리고 $a^{\frac{4}{5}}$은 $\sqrt[5]{a^4}$ 과 같다.

202 지수를 나타내는 분수가 1보다 크면 주어진 수의 값을 다른 방법으로 표현할 수 있다. 예를 들어 주어진 수가 $a^{\frac{5}{2}}$ 이라고 가정하자. 이 수는 $a^{2\frac{1}{2}}$ 과 같은데, 이는 a^2 과 $a^{\frac{1}{2}}$ 의 곱이다. $a^{\frac{1}{2}}$ 은 $\sqrt{a}$ 과 같으므로 자연히 $a^{\frac{5}{2}}$ 은 $a^2\sqrt{a}$ 와 같다. 또 $a^{\frac{10}{3}}$ 또는 $a^{3\frac{1}{3}}$ 은 $a^3\sqrt[3]{a}$ 와 같다. 그리고 $a^{\frac{15}{4}}$, 즉 $a^{3\frac{3}{4}}$ 은 $a^3\sqrt[4]{a^3}$ 을 나타낸다. 이 예제들은 분수 지수의 실용성을 잘 보여 준다.

203 그 쓰임은 분수에까지 확장된다. $\dfrac{1}{\sqrt{a}}$ 이 주어진다면 이 수가 $\dfrac{1}{a^{\frac{1}{2}}}$ 과 같다는 것을 알 수 있으며, 앞에서 보았듯이 $\dfrac{1}{a^n}$ 꼴의 분수는 a^{-n} 으로 표기한다. 그래서 $\dfrac{1}{\sqrt{a}}$ 대신에 $a^{-\frac{1}{2}}$ 을 사용할 수 있다. 그리고 같은 방식으로 $\dfrac{1}{\sqrt[3]{a}}$ 은 $a^{-\frac{1}{3}}$ 과 같다. 또 $\dfrac{a^2}{\sqrt[4]{a^3}}$ 의 경우는 $\dfrac{a^2}{a^{\frac{3}{4}}}$ 으로 바꾸어 보면 a^2 과 $a^{-\frac{3}{4}}$ 의 곱으로 $a^{\frac{5}{4}}$, 또는 $a^{1\frac{1}{4}}$, 또는 $a\sqrt[4]{a}$ 와 같아진다. 연습을 좀 해보면 비슷한 계산을 쉽게 할 수 있다.

204 마지막으로 관찰하고자 하는 것은 각 거듭제곱근을 여러 방법으로 표현할 수 있다는 점이다. $\sqrt{a}$ 은 $a^{\frac{1}{2}}$ 과 같고 $\dfrac{1}{2}$ 은 $\dfrac{2}{4}, \dfrac{3}{6}, \dfrac{4}{8}, \dfrac{5}{10}, \dfrac{6}{12}$ 등의 분수로 환산되므로 자연히 $\sqrt{a}$ 는 $\sqrt[4]{a^2}$, $\sqrt[6]{a^3}$, 또는 $\sqrt[8]{a^4}$ 등과 같다. 같은 방식으로 $\sqrt[3]{a}$ 는 $a^{\frac{1}{3}}$ 과 같고, $\sqrt[6]{a^2}$ 또는 $\sqrt[9]{a^3}$, 또는 $\sqrt[12]{a^4}$ 과 같다. 따라서 숫자 a, 또는 a^1 을 다음과 같이 근호를 써서 나타낼 수 있다.

$$\sqrt[2]{a^2}, \ \sqrt[3]{a^3}, \ \sqrt[4]{a^4}, \ \sqrt[5]{a^5}, \cdots$$

205 이 성질은 곱셈과 나눗셈에서 매우 유용하다. 예를 들어 $\sqrt[2]{a}$ 를 $\sqrt[3]{a}$ 에 곱해야 한다면 $\sqrt[2]{a}$ 를 $\sqrt[6]{a^3}$ 으로, $\sqrt[3]{a}$ 를 $\sqrt[6]{a^2}$ 으로 같은 근호를 써서 나타낸 다음 곱셈을 하여 곱 $\sqrt[6]{a^5}$ 을 얻는다. $a^{\frac{1}{2}}$ 과 $a^{\frac{1}{3}}$ 의 곱인 $a^{\frac{1}{2}+\frac{1}{3}}$ 에서도 같은 답을 얻는다. $\frac{1}{2}+\frac{1}{3}$ 은 $\frac{5}{6}$ 다. 따라서 구하고자 하는 곱은 $a^{\frac{5}{6}}$, 또는 $\sqrt[6]{a^5}$ 이다.

반면에 $\sqrt[2]{a}$ 또는 $a^{\frac{1}{2}}$ 을 $\sqrt[3]{a}$ 또는 $a^{\frac{1}{3}}$ 으로 나누어야 할 때에는 $a^{\frac{1}{2}-\frac{1}{3}}$ 또는 $a^{\frac{3}{6}-\frac{2}{6}}$, 즉 $a^{\frac{1}{6}}$ 또는 $\sqrt[6]{a}$ 를 얻는다.

연습 문제

01. 6을 $\sqrt{5}$ 와 같은 모양으로 나타내라.

$\sqrt{36}$

02. $a+b$ 를 $\sqrt{bc}$ 와 같은 모양으로 나타내라.

$\sqrt{aa+2ab+bb}$

03. $\dfrac{a}{b\sqrt{c}}$ 를 $\sqrt{d}$ 와 같은 모양으로 나타내라.

$\sqrt{\dfrac{aa}{bbc}}$

04. a^2 과 $b^{\frac{3}{2}}$ 을 같은 지수 $\dfrac{1}{3}$ 을 써서 나타내라.

$(a^6)^{\frac{1}{3}}(b^{\frac{9}{2}})^{\frac{1}{3}}$

05. $\sqrt{48}$ 을 가장 간단한 형태로 나타내라.

$\qquad$ 🔓 $4\sqrt{3}$

06. $\sqrt{a^3x - a^2x^2}$ 을 가장 간단한 형태로 나타내라.

$\qquad$ 🔓 $a\sqrt{ax - x^2}$

07. $\sqrt[3]{\dfrac{27a^3b^3}{8b - 8a}}$ 을 가장 간단한 형태로 나타내라.

$\qquad$ 🔓 $\dfrac{3ab}{2}\sqrt[3]{\dfrac{1}{b - a}}$

08. $\sqrt{6}$ 을 $2\sqrt{6}$ 에 더하고 $\sqrt{8}$ 을 $\sqrt{50}$ 에 더하라.

$\qquad$ 🔓 $3\sqrt{6}$ 과 $7\sqrt{2}$

09. $\sqrt{4a}$ 와 $\sqrt[4]{a^6}$ 를 더하라.

$\qquad$ 🔓 $(a + 2)\sqrt{a}$

10. $\left(\dfrac{b}{c}\right)^{\frac{1}{2}}$ 과 $\left(\dfrac{c}{b}\right)^{\frac{3}{2}}$ 을 더하라.

$\qquad$ 🔓 $\dfrac{b^2 + c^2}{b\sqrt{bc}}$

11. $\sqrt{4a}$ 를 $\sqrt[4]{a^6}$ 에서 빼라.

$\qquad$ 🔓 $(a - 2)\sqrt{a}$

12. $\left(\dfrac{c}{b}\right)^{\frac{3}{2}}$ 를 $\left(\dfrac{b}{c}\right)^{\frac{1}{2}}$ 에서 빼라.

$\qquad$ 🔓 $\left(\dfrac{b^2 - c^2}{b}\right)\sqrt{\dfrac{1}{bc}}$

13. $\sqrt{\dfrac{2ab}{3c}}$ 를 $\sqrt{\dfrac{9ad}{2b}}$ 에 곱하라.

$$\text{🔓}\quad \sqrt{\dfrac{3a^2d}{c}}$$

14. $d\sqrt[3]{ab}$ 를 $\sqrt[3]{ab}$ 에 곱하라.

$$\text{🔓}\quad \sqrt[3]{a^2b^2d^3}$$

15. $\sqrt{4a-3x}$ 를 $2a$ 에 곱하라.

$$\text{🔓}\quad \sqrt{16a^3-12a^2x}$$

16. $\dfrac{a}{2b}\sqrt{a-x}$ 를 $(c-d)\sqrt{ax}$ 에 곱하라.

$$\text{🔓}\quad \dfrac{ac-ad}{2b}\sqrt{a^2x-ax^2}$$

17. $a^{\frac{2}{3}}$ 을 $a^{\frac{1}{4}}$ 으로 나누고 $a^{\frac{1}{n}}$ 을 $a^{\frac{1}{m}}$ 으로 나누어라.

$$\text{🔓}\quad a^{\frac{5}{12}}\text{ 와 } a^{\frac{m-n}{mn}}$$

18. $\dfrac{ac-ad}{2b}\sqrt{a^2x-ax^2}$ 을 $\dfrac{a}{2b}\sqrt{a-x}$ 로 나누어라.

$$\text{🔓}\quad (c-d)\sqrt{ax}$$

19. $a^2-ad-b+d\sqrt{b}$ 을 $a-\sqrt{b}$ 로 나누어라.

$$\text{🔓}\quad a+\sqrt{b}-d$$

20. $\sqrt{2}$ 의 세제곱은 무엇인가?

$$\text{🔓}\quad \sqrt{8}$$

21. $3\sqrt[3]{bc^2}$ 의 제곱은 무엇인가?

$$9c\sqrt[3]{b^2c}$$

22. $\dfrac{a}{2b}\sqrt{\dfrac{2a}{c-b}}$ 의 4제곱은 무엇인가?

$$\dfrac{a^6}{4b^4(c^2-2bc+b^2)}$$

23. $3+\sqrt{5}$ 의 제곱은 무엇인가?

$$14+6\sqrt{5}$$

24. a^3의 제곱근은 무엇인가?

$$a^{\frac{3}{2}} \ \text{또는} \ \sqrt{a^3}$$

25. $\sqrt{a^2-x^2}$ 의 세제곱근은 무엇인가?

$$\sqrt[6]{a^2-x^2}$$

26. $a+\sqrt{3}$ 에 무엇을 곱하면 유리수가 될까?

$$a-\sqrt{3}$$

27. $\sqrt{a}-\sqrt{b}$ 에 무엇을 곱하면 유리수가 될까?

$$\sqrt{a}+\sqrt{b}$$

28. $\dfrac{\sqrt{6}}{\sqrt{7}+\sqrt{3}}$ 에 무엇을 곱하면 분모가 유리수가 될까?

$$\sqrt{7}-\sqrt{3}$$

1.20. 여러 연산과 그 연관성

206 지금까지는 덧셈, 뺄셈, 곱셈, 나눗셈, 거듭제곱, 그리고 거듭제곱근과 같은 여러 계산 방법을 설명하였다. 여기에서는 이러한 서로 다른 계산법의 근원을 살펴보고 관계를 설명할 것이다. 이를 통해 같은 종류의 또다른 연산이 존재할 수 있는지 확인할 수 있고, 지금까지 살펴본 내용을 새로운 시각으로 바라볼 수 있게 될 것이다.

이를 위해 지금까지 수도 없이 반복한 표현 '~는 ~와 같다(또는 ~는 ~이다)'를 교체할 새로운 기호를 도입한다. 이 기호는 '='으로서 '~는 ~이다'라고 읽는다. 즉, $a = b$라고 쓰면 a는 b다(또는 a는 b와 같다)는 것을 의미한다. 예를 들면, $3 \times 5 = 15$.

207 제일 먼저 생각할 계산법은 더하기로 두 수를 더하여 합을 구하는 것이다. 그러므로 a와 b가 주어졌다고 하고 그 합이 c라고 하자. 그러면 $a + b = c$를 얻는다. 그래서 더하기는 두 수 a와 b를 알 때 숫자 c를 구하는 것을 가르쳐 준다.

208 $a + b = c$를 그대로 유지하면서 문제의 역을 생각해 보자. 즉, a와 c를 알 때 b를 구하는 문제다.

여기서 a에 더해서 c가 되는 수를 알아야 한다. 예를 들어 $a = 3$이고 $c = 8$이면 $3 + b = 8$이어야 한다. 그러면 b는 8에서 3을 빼면 구할 수 있다. 일반적으로 b를 구하려면 c에서 a를 빼야 하므로 $b = c - a$가 된다. 양변에 a를 더해 보면 $b + a = c - a + a = c$로서 예상한 대로다.

209 그러므로 뺄셈은 덧셈에 관한 문제를 뒤집을 때 일어난다. 그러나

빼야 할 수가 빼지는 수보다 클 수도 있다. 예를 들어 5에서 9를 뺄 때이다. $5 - 9 = -4$로서, 이 예는 음수라고 하는 새로운 종류의 수를 생각하게 한다.

210　같은 수를 여러 번 더할 때는 그 합을 곱셈을 통하여 구하고 이를 곱이라고 한다. 이처럼 ab는 a와 b의 곱, 또는 a를 b번 더하는 것을 의미한다. 그리고 이 곱을 문자 c로 나타내면 $ab = c$를 얻는다. 이처럼 곱셈은 숫자 a와 b를 알 때 c를 구하는 법을 가르쳐 준다.

211　여기서 숫자 a와 c를 알 때 숫자 b를 구하는 문제를 생각해 보자. 예를 들어 $a = 3$이고 $c = 15$라고 하자. 그러면 이 문제는 $3b = 15$에서, 3에 어떤 수를 곱하면 15가 되는가 하는 질문으로 귀착된다. 이는 나누기가 등장하는 문제로, 답은 15를 3으로 나누어서 구한다. 그리고 일반적으로는 c를 a로 나누어서 숫자 b를 구한다. 여기서 비롯된 방정식이 $b = \dfrac{c}{a}$ 이다.

212　숫자 c를 숫자 a로 나누었을 때 딱 떨어지지 않는 예는 매우 흔하다. 그럼에도 불구하고 문자 b의 값을 정해야 하므로 분수(fractions)라고 불리는 또 다른 종류의 숫자가 등장한다. 예를 들어 $a = 4$이고 $c = 3$이어서 $4b = 3$이라고 가정하자. 그러면 b는 자연히 정수가 아닌 분수여야 하므로 $b = \dfrac{3}{4}$이다.

213　우리는 앞에서 이미 곱셈은 덧셈에서 비롯된다는 것을 알았다. 즉, 같은 수를 여러 개 더하는 것이다. 나아가 거듭제곱이 같은 수를 여러 개

곱하여 얻는다는 것도 알 수 있다. 거듭제곱은 일반적으로 a^b으로 표현된다. 이는 숫자 a에 자신을 '숫자 b가 나타내는 값 빼기 1'번 곱해야 한다는 것을 뜻한다. 그리고 여기서 a는 밑수, b는 지수, a^b은 거듭제곱이라고 한다.

214 더 나아가서 거듭제곱을 문자 c로 나타내면 3개의 문자 a, b, c로 이루어진 방정식 $a^b = c$를 얻는다. 그리고 거듭제곱을 다루면서 밑수 a와 지수 b가 주어졌을 때 거듭제곱, 즉 문자 c를 구하는 방법을 보았다. 예를 들어 $a = 5$이고 $b = 3$이어서 $c = 5^3$이라고 가정하자. 그러면 우리는 5의 세제곱을 취해야 하고 이는 125로서 $c = 125$가 된다.

215 이제 우리는 밑수 a와 지수 b를 통해 거듭제곱 c를 알아내는 방법을 알았다. 그러나 이 문제의 역을 생각하고자 한다면 2가지 방법이 있으며 2가지 다른 경우를 고려해야 한다는 사실을 발견할 것이다. 왜냐하면 3가지 숫자 a, b, c 중에서 2개의 숫자가 주어지고 세 번째를 구해야 한다면 3가지의 서로 다른 가정하에 3가지의 다른 답이 나올 것임을 금방 알아차릴 것이다. 주어진 숫자가 a와 b인 경우는 이미 고려하였다. 그러므로 c와 a, 또는 c와 b를 알고 세 번째 문자를 구해야 한다고 가정하자. 그러나 더 계속하기 전에 거듭제곱과 그 바탕이 되는 두 연산의 아주 중요한 차이를 지적해 보자. 덧셈에서 문제의 역을 생각할 때는 주어진 수들을 c와 a로 보거나 c와 b로 보거나 차이가 없었다. $a + b$나 $b + a$ 어느 쪽을 쓰든 상관이 없기 때문이다. 곱셈도 마찬가지였다. $ab = c$와 $ba = c$는 정확이 같기 때문에 원하는 대로 문자 a와 b를 교환하여 쓸 수 있었다. 그러나 거듭제곱의 계산에서는 같은 현상이 발생하지 않는다. 따라서 a^b 대신에 b^a을 써서는 안 된다. 예를 들어 $a = 5$이고 $b = 3$이라고 가정하자. 그러면

$a^b = 5^3 = 125$이지만 $b^a = 3^5 = 243$으로서 서로 다른 2가지 결과를 얻는다.

216 따라서 2가지 질문을 할 수 있다. 첫째, 주어진 거듭제곱 c와 지수 b가 있을 때 밑수 a를 구하라는 것과 둘째, 거듭제곱 c와 밑수 a를 알 때 지수 b를 구하라는 것이다.

217 이 질문 중 전자는 거듭제곱근을 구하는 단원에서 해결하였다. 예를 들어 $b = 2$로서 $a^2 = c$이면 이는 a가 제곱해서 c가 되는 수라는 뜻이므로 $a = \sqrt{c}$ 이다. 같은 방식으로 $b = 3$으로 $a^3 = c$이면 a의 세제곱이 주어진 수 c와 같아야 하므로 $a = \sqrt[3]{c}$ 이다. 이를 통해 문자 c와 b에서 문자 a를 구하는 일반적인 식은 $a = \sqrt[b]{c}$ 임을 쉽게 알 수 있다.

218 주어진 수가 거듭제곱 꼴이 아닌 예는 흔하다고 이미 설명하였다. 즉, 근 a를 정수나 분수로 표현할 수 없는 경우이다. 그러나 이 거듭제곱근이 뭔가 값을 가져야 하므로 여기에서 새로운 종류의 수인 무리수(surds, or irrational numbers)라고 불리는 수를 생각하게 되었다. 거듭제곱근의 종류가 매우 다양하여 무리수는 무한히 많은 종류로 나뉜다. 마지막으로 같은 질문을 통해 허수(imaginary numbers)라고 불리는 또 다른 종류의 숫자에 대해서도 알게 되었다.

219 이제 남은 것은 두 번째 질문으로서 거듭제곱 c와 밑수 a를 알 때 지수를 구하는 문제다. 아직 언급하지 않은 이 문제는 중요한 로그(Logarithm) 이론의 기반을 이룬다. 이는 수학 전 분야에서 광범위하게 사용

되며 이것의 도움 없이는 긴 계산은 거의 할 수 없을 지경이다. 다음 단원에 서는 이 이론을 통해 이전에 언급한 무리수와는 전혀 다른 새로운 종류의 숫자를 보게 될 것이다.

1.21. 로그

220 먼저 로그의 원리에서는 방정식 $a^b = c$에서 a는 임의로 정하되 그 값이 변하지 않는다고 가정한다. 이 가정에서 거듭제곱 a^b이 c와 같도록 지수 b를 취한다. 이때 지수 b를 숫자 c의 로그(logarithm)라고 부른다. 이를 표현하기 위해 문자 'L.' 또는 문자열 'log'(logarithm의 처음 세 글자)를 사용한다. 따라서 $b = L.c$, 또는 $b = \log c$는 b가 숫자 c의 로그와 같다는 것을 의미한다. 즉, c의 로그가 b라는 것이다.

221 그러므로 밑수 a를 정하면 임의의 수 c의 로그는 a의 거듭제곱이 c와 같게 하는 거듭제곱의 지수로서 c가 a^b과 같게 하는 b이고, b는 거듭 제곱 a^b의 로그다. 만약 $b = 1$이라고 가정하면 a^1의 로그가 1이므로 결과 는 $\log a = 1$이다. 그러나 $b = 2$라고 가정하면 a^2의 로그는 2가 된다. 즉, $\log a^2 = 2$이다. 그리고 같은 방식으로 $\log a^3 = 3$, $\log a^4 = 4$, $\log a^5 = 5$ 등의 결과를 얻을 수 있다.

222 만약 $b = 0$으로 하면 자연히 0은 a^0의 로그일 것이다. 그러나 $a^0 = 1$이므로 밑수 a의 값과 상관없이 $\log 1 = 0$이다.

$b = -1$이라고 가정하자. 그러면 -1은 a^{-1}의 로그가 되는데 $a^{-1} = \dfrac{1}{a}$

이다. 그래서 $\log\left(\dfrac{1}{a}\right)=-1$이고 같은 방식으로 $\log\dfrac{1}{a^2}=-2$, $\log\dfrac{1}{a^3}=-3$, $\log\dfrac{1}{a^4}=-4$ 등을 얻는다.

223 그러므로 a의 모든 거듭제곱, 심지어 분자가 1이고 분모가 a의 거듭제곱인 분수의 로그도 무엇인지 알 수 있다. 또한 이 모든 경우에는 로그가 정수라는 것도 알 수 있다. 그러나 b가 분수이면 그것은 무리수의 로그일 것이다. 예를 들어 $b=\dfrac{1}{2}$이라면 $\dfrac{1}{2}$은 $a^{\frac{1}{2}}$, 또는 $\sqrt{a}$의 로그이고 그 결과 $\log\sqrt{a}=\dfrac{1}{2}$을 얻는다. 그리고 같은 방식으로 $\log\sqrt[3]{a}=\dfrac{1}{3}$, $\log\sqrt[4]{a}=\dfrac{1}{4}$ 등과 같은 결과를 얻는다.

224 그러나 다른 숫자 c의 로그를 구하려면 그 로그는 정수도, 분수도 아니어야 한다. 그럼에도 불구하고 어떤 지수 b가 있어서 a^b이 주어진 숫자와 같게 할 수 있어야 하므로 $b=\log c$를 얻고, 일반적으로는 $a^{\log c}=c$ 이다.

225 이제 $\log d$로 그 로그를 나타낼 수 있는, 즉 $a^{\log d}=d$인 또 다른 숫자 d를 고려해 보자. 여기서 앞의 식 $a^{\log c}=c$에 이 식을 곱하면 $a^{\log c+\log d}=cd$를 얻는다. 따라서 지수는 항상 거듭제곱의 로그이다. 결과적으로 $\log c+\log d=\log(cd)$이다. 그러나 곱하는 대신 앞의 식을 뒤의 식으로 나누면 $a^{\log c-\log d}=\dfrac{c}{d}$를 얻는다. 따라서 $\log c-\log d=\log\dfrac{c}{d}$이다.

226 이로써 $\log c+\log d=\log(cd)$와 $\log c-\log d=\log\dfrac{c}{d}$로 표현되는 로그의 2가지 중요한 성질을 얻는다. 두 식 중에서, 전자는 곱 cd의

로그는 인수의 로그를 더하여 구한다는 것이고, 후자는 분수의 로그를 분자의 로그에서 분모의 로그를 빼서 구한다는 것이다.

227 따라서 두 수를 서로 곱하거나 나눌 때에는 그 로그들을 더하거나 빼면 된다. 이것이 계산에 유용하게 사용되는 로그의 성질이다. 곱셈이나 나눗셈보다 덧셈이나 뺄셈이 더 쉽기 때문이다. 큰 수를 다룰 때에는 더욱 그렇다.

228 로그는 거듭제곱과 거듭제곱근 계산에서 좀 더 유리하다. 만약 $d = c$라면 첫 성질로 인해 $\log c + \log c = \log cc$, 또는 $\log c^2$을 얻는다. 따라서 $\log c^3 = 3\log c$, $\log c^4 = 4\log c$이고, 일반적으로 $\log c^n = n\log c$이다. 이제 n에 분수를 대입해 보자. 예를 들어 $\log c^{\frac{1}{2}}$의 경우 $\log \sqrt{c} = \frac{1}{2}\log c$이다. 그리고 마지막으로 n이 음수라면 $\log c^{-1}$, 즉 $\log \frac{1}{c} = -\log c$, $\log c^{-2}$ 또는 $\log \frac{1}{c^2} = -2\log c$ 등의 결과를 얻는다. 이는 식 $\log c^n = n\log c$나, 앞에서 살펴 본 $\log 1 = 0$으로부터도 나온다.

229 그러므로 우리에게 모든 수를 로그로 계산한 표가 있다면 지극히 복잡한 계산, 예를 들어 많은 횟수의 곱셈, 나눗셈, 거듭제곱, 그리고 거듭제곱근 등을 포함한 연산 등에 큰 도움이 될 것이다. 왜냐하면 이러한 표에서 모든 수의 로그뿐만 아니라 모든 로그에 대응하는 숫자들을 찾을 수 있기 때문이다. 예를 들어 숫자 c의 제곱근을 얻으려고 한다면, 먼저 c의 로그인 $\log c$를 찾고, 그 로그의 반인 $\frac{1}{2}\log c$를 구하여 필요한 제곱근의 로그를 얻는다. 그런 다음 구하고자 하는 제곱근을 얻기 위해 그 로그에 해당하는 숫자를 표에서 찾으면 된다.

230 앞에서 보았듯이 1, 2, 3, 4, 5, 6 등의 숫자들, 즉 모든 양수는 a의 거듭제곱근과 그의 모든 양의 지수의 거듭제곱의 로그다. 따라서 1보다 큰 수의 로그다. 그리고 반대로 -1, -2 등의 음수는 $\dfrac{1}{a}$, $\dfrac{1}{a^2}$ 등의 분수들의 로그로서 이들은 1보다 작고 0보다 큰 수이다.

따라서 로그가 양수이면 그 수는 항상 1보다 크다. 그러나 로그가 음수라면 그 수는 항상 1보다 작고 0보다 크다. 따라서 음수의 로그는 표현할 수 없다. 그러므로 음수의 로그는 불가능하며, 허수에 속한다는 결론을 내려야 한다.

231 이를 더 완전하게 설명하려면 밑수 a를 일정한 수로 고정시켜야 한다. 이 수를 상용로그표의 바탕이 되며 계산의 기본이 되는 숫자 10으로 정하자. 그러나 어떤 수든 1보다 크기만 하면 같은 목적으로 쓸 수 있다. 그리고 $a = 1$을 가정할 수 없는 이유는 분명하다. 그리하면 모든 거듭제곱 a^b은 항상 1과 같아서 주어진 다른 수 c와 같을 수가 없기 때문이다.

1.22. 현재 사용하는 로그표

232 이미 언급한 것처럼 표에서는 밑수 a가 10이라고 가정한다. 그래서 임의의 수 c의 로그는 10의 거듭제곱이 숫자 c와 같게 하는 지수이다. 즉, c의 로그를 $\log c$로 표시하면 항상 $10^{\log c} = c$가 된다.

233 숫자 1의 로그가 항상 0임은 이미 관찰하였다. 또한 $10^0 = 1$이므로 $\log 1 = 0$, $\log 10 = 1$, $\log 100 = 2$, $\log 1000 = 3$, $\log 10000 = 4$,

$\log 100000 = 5$, $\log 1000000 = 6$이다.

또한 $\log \dfrac{1}{10} = -1$, $\log \dfrac{1}{100} = -2$, $\log \dfrac{1}{1000} = -3$, $\log \dfrac{1}{10000} = -4$, $\log \dfrac{1}{100000} = -5$, $\log \dfrac{1}{1000000} = -6$이다.

234 이와 같이 10의 배수들의 로그는 쉽게 구할 수 있지만 그 사이에 있는 수들의 로그는 구하기가 훨씬 어렵다. 그렇다고 해도 표에 다 넣어야 할 것이다. 그러나 여기서는 그런 문제를 푸는 데 필요한 모든 규칙을 다 늘어놓으려는 것이 아니므로 이 주제에서 일반적인 부분만 다루기로 한다.

235 먼저 $\log 1 = 0$이고 $\log 10 = 1$이므로 1과 10 사이의 모든 수의 로그는 0과 1 사이에 있어야 하고 따라서 0보다 크고 1보다 작아야 한다. 그러므로 숫자 2 하나만 생각해 보면 충분하다. 2의 로그는 확실히 0보다 크고 1보다 작다. 그리고 만약 이 로그를 문자 x라고 하면, 즉 $\log 2 = x$이면 그 문자의 값은 바로 $10^x = 2$가 되게 하는 값이다.

또한 x는 $\dfrac{1}{2}$보다 훨씬 작아야 한다는 것을 쉽게 알 수 있다. 양변을 각각 제곱하면 $10^{\frac{1}{2}}$의 제곱은 10이고 2의 제곱은 4이기 때문이다. 후자는 전자보다 훨씬 작다. 그리고 같은 방식으로 x는 $\dfrac{1}{3}$보다도 작다는 것을 알 수 있다. 즉, $10^{\frac{1}{3}}$이 2보다 크다. $10^{\frac{1}{3}}$의 세제곱은 10이고 2의 세제곱은 8이기 때문이다. 그러나 반면에 $x = \dfrac{1}{4}$이라고 하면 너무 작은 값이 된다. 왜냐하면 $10^{\frac{1}{4}}$의 네제곱은 10이고 2의 네제곱은 16이어서 $10^{\frac{1}{4}}$이 2보다 확실히 작기 때문이다. 이처럼 x 또는 $\log 2$가 $\dfrac{1}{3}$보다 작으나 $\dfrac{1}{4}$보다 큰 것을 알 수 있고 같은 방식으로 $\dfrac{1}{4}$과 $\dfrac{1}{3}$ 사이에 있는 각 분수에 대해 너무 작은지 큰지를 결정할 수 있다.

예를 들어 $\frac{1}{3}$보다 작으나 $\frac{1}{4}$보다 큰 수로서 $\frac{2}{7}$를 시험해 보면 10^x 또는 $10^{\frac{2}{7}} = 2$가 되어야 하므로 $10^{\frac{2}{7}}$의 7제곱, 즉 10^2, 또는 100이 2의 7제곱, 즉 128과 같아야 하는데 이는 100보다 크다. 따라서 $\frac{2}{7}$가 $\log 2$보다 작다는 것을 알 수 있고 $\log 2$는 $\frac{1}{3}$보다 작고 $\frac{2}{7}$보다 큰 수임을 알 수 있다.

이미 구한 것을 토대로 $\frac{2}{7}$와 $\frac{1}{3}$ 사이의 또 다른 분수를 고려해 보자. 이런 조건을 만족하는 분수 중 하나는 $\frac{3}{10}$이고 $10^{\frac{3}{10}} = 2$이어야 한다. 만약 그렇다면 $10^{\frac{3}{10}}$의 10제곱은 $10^3 = 1000$이고 2의 10제곱은 1024이므로 $10^{\frac{3}{10}}$은 너무 작아서 $\log 2$는 $\frac{1}{3}$보다 작고 $\frac{3}{10}$보다 크다는 결론을 내릴 수 있다.

236 지금까지 살펴본 결과 $\log 2$가 $\frac{3}{10}$과 $\frac{1}{3}$ 사이의 어떤 값을 가진다는 것을 알았다. 그러나 지금은 이것을 더 자세히 조사하지는 않을 것이다. 다만 참값은 모르지만 그 값을 x, 즉 $\log 2 = x$로 두고, 만약 이 값을 안다면 그로부터 어떻게 무한히 많은 다른 수의 로그를 알아 낼 것인가를 보이고자 한다. 이를 위해 곱의 로그는 각 인수의 로그의 합과 같다는 앞에서 언급한 식 $\log(cd) = \log c + \log d$을 사용할 것이다.

237 먼저 $\log 2 = x$이고 $\log 10 = 1$이므로

$$\log 20 = x + 1 \qquad \log 200 = x + 2$$

$$\log 2000 = x + 3 \qquad \log 20000 = x + 4$$

$$\log 200000 = x + 5 \qquad \log 2000000 = x + 6$$

등등을 얻는다.

238 게다가 $\log c^2 = 2\log c$이고 $\log c^3 = 3\log c$이며 $\log c^4 = 4\log c$ 등이므로 $\log 4 = 2x$, $\log 8 = 3x$, $\log 16 = 4x$, $\log 32 = 5x$, $\log 64 = 6x$ 등을 얻는다. 그리하여 다음을 알 수 있다.

$$\log 40 = 2x + 1 \qquad \log 400 = 2x + 2$$
$$\log 4000 = 2x + 3 \qquad \log 40000 = 2x + 4$$
$$\log 80 = 3x + 1 \qquad \log 800 = 3x + 2$$
$$\log 8000 = 3x + 3 \qquad \log 80000 = 3x + 4$$
$$\log 160 = 4x + 1 \qquad \log 1600 = 4x + 2$$
$$\log 16000 = 4x + 3 \qquad \log 160000 = 4x + 4 \ \cdots$$

239 또 다른 식 $\log \dfrac{c}{d} = \log c - \log d$를 사용하면 $c = 10$이고 $d = 2$일 때, $\log 10 = 1$이고 $\log 2 = x$이므로 $\log \dfrac{10}{2} = \log 5 = 1 - x$가 되어 다음 식들을 얻는다.

$$\log 50 = 2 - x \qquad \log 500 = 3 - x$$
$$\log 5000 = 4 - x \qquad \log 50000 = 5 - x \ \cdots$$
$$\log 25 = 2 - 2x \qquad \log 125 = 3 - 3x$$
$$\log 625 = 4 - 4x \qquad \log 3125 = 5 - 5x \ \cdots$$
$$\log 250 = 3 - 2x \qquad \log 2500 = 4 - 2x$$
$$\log 25000 = 5 - 2x \qquad \log 250000 = 6 - 2x \ \cdots$$
$$\log 1250 = 4 - 3x \qquad \log 12500 = 5 - 3x$$
$$\log 125000 = 6 - 3x \qquad \log 1250000 = 7 - 3x \ \cdots$$
$$\log 6250 = 5 - 4x \qquad \log 62500 = 6 - 4x$$

$$\log 625000 = 7 - 4x \qquad \log 6250000 = 8 - 4x \ \cdots$$

240 만약 우리가 3의 로그를 알고 있다면 이것 또한 다음 예제에 나타나는 것과 같이 다른 로그의 값들을 구하는 수단이 될 수 있다. $\log 3$을 y라고 할 때 다음과 같다.

$$\log 30 = y + 1, \qquad\qquad \log 300 = y + 2,$$
$$\log 3000 = y + 3, \qquad\qquad \log 30000 = y + 4 \ \cdots$$
$$\log 9 = 2y, \ \log 27 = 3y, \ \log 81 = 4y \ \cdots$$
$$\log 6 = x + y, \ \log 12 = 2x + y, \ \log 18 = x + 2y,$$
$$\log 15 = \log 3 + \log 5 = y + 1 - x$$

241 우리는 이미 모든 수가 소수의 곱에서 나온다는 것을 보았다. 따라서 모든 소수의 로그만 알고 있다면, 다른 모든 수의 로그를 단순한 덧셈으로 구할 수 있다. 예를 들어 숫자 210은 그 인수가 2, 3, 5, 7이므로 그 로그는 $\log 2 + \log 3 + \log 5 + \log 7$일 것이다. 같은 방식으로 $360 = 2 \times 2 \times 2 \times 3 \times 3 \times 5 = 2^3 \times 3^2 \times 5$이므로 $\log 360 = 3\log 2 + 2\log 3 + \log 5$를 얻는다. 그러므로 소수의 로그를 이용하여 다른 모든 수의 로그를 구할 수 있으므로 로그표를 만든다면 먼저 소수의 로그를 구하여야 할 것이다.

1.23. 로그를 표현하는 방법

242 앞에서 2의 로그가 $\dfrac{3}{10}$보다 크고 $\dfrac{1}{3}$보다 작다는 것을 보았다. 따라서 10의 거듭제곱이 2가 되게 하는 지수는 이 두 분수 사이에 있어야

한다. 그러나 이 조건을 만족하는 분수를 지수로 하여 거듭제곱을 계산하면 항상 2보다 크거나 작게 된다. 따라서 2의 로그는 그런 분수로 정확하게 표현할 수 없다. 그러므로 그 로그의 근삿값을 구하되 오차를 무시할 수 있을 정도로 작게 하는 것으로 만족해야 한다. 이런 목적으로 소수(decimal fractions)라고 불리는 것을 사용한다. 이것의 성질은 가능한 명확하게 설명할 필요가 있다.

243 다음 10개의 숫자를 사용하여 수를 표기하는 잘 알려진 보통 표기법에서는 가장 오른쪽 자리에 있는 숫자만 원래 값을 의미한다.

$$0, 1, 2, 3, 4, 5, 6, 7, 8, 9$$

둘째 자리에 있는 숫자는 첫째 자리에서 나타내었을 값의 10배의 값을 나타내고 셋째 자리에 있는 숫자는 100배, 넷째 자리에 있는 숫자는 1,000배 등등 왼쪽으로 갈수록 이전 자리에서 지녔던 값의 10배를 지닌다. 따라서 숫자 1,765에서 볼 때 오른쪽에서 첫 번째 수인 5는 그대로 5이다. 둘째 자리의 6은 10×6 또는 60, 셋째 자리의 7은 100×7 또는 700, 그리고 마지막으로 넷째 자리의 1은 1,000으로서 다음과 같이 읽는다.

천칠백육십오(One thousand, seven hundred, and sixty-five)

244 오른쪽에서 왼쪽으로 갈 때 숫자의 값은 항상 10배씩 증가한다. 따라서 왼쪽에서 오른쪽으로 갈 때는 값이 항상 10배씩 감소하기 때문에 이 법칙에 따라 계속해서 오른쪽으로 가서 이전 자리보다 10배 작은 값을 가진 숫자들을 얻을 수 있다. 그러나 숫자가 원래 값을 가지는 위치를 점으로 표시한다는 것을 눈여겨보아야 한다. 그래서 36.54892와 같은 숫자를 보면 다음과 같이 이해해야 한다. 첫 자리의 6은 그 값 그대로이고 숫자

3은 왼쪽 방향으로 두 번째 자리에 있으므로 30을 의미한다. 그러나 점 다음에 오는 5는 $\dfrac{5}{10}$, 4는 $\dfrac{4}{100}$, 숫자 8은 $\dfrac{8}{1000}$, 숫자 9는 $\dfrac{9}{10000}$ 와 같고 숫자 2는 $\dfrac{2}{100000}$ 와 같다. 그러므로 이 숫자들이 오른쪽으로 갈수록 그 값은 작아져서 나중에는 아주 작아지면 없는 것으로 간주해도 될 만큼 된다.

245 이것은 수의 한 종류로서 소수(decimal fractions)라고 부른다. 표에 서는 이러한 방식으로 로그를 표현하고 있다. 예를 들어 2의 로그는 0.3010300으로 나와 있다. 여기서 소수점 앞에 0이 있으므로 이 로그는 정수를 포함하지 않으며 그 값은 다음과 같다.

$$\frac{3}{10} + \frac{0}{100} + \frac{1}{1000} + \frac{0}{10000} + \frac{3}{100000}$$
$$+ \frac{0}{1000000} + \frac{0}{10000000}$$

마지막 2개의 숫자는 없어도 될 것 같지만, 1,000,000과 10,000,000 을 분모로 가지는 부분이 없음을 보여준다. 그러나 급수를 계속해서 진행 하면 더 작은 부분이 있을 수도 있다는 것을 이해할 필요가 있다. 그러나 이들은 크기가 매우 작기 때문에 무시한다.

246 3의 로그는 표에 0.4771213로 나와 있다. 그러므로 정수를 포함하 지 않은 것과 다음 분수로 이루어져 있음을 알 수 있다.

$$\frac{4}{10} + \frac{7}{100} + \frac{7}{1000} + \frac{1}{10000} + \frac{2}{100000}$$
$$+ \frac{1}{1000000} + \frac{3}{10000000}$$

그러나 이 로그가 아주 정확하게 표현되었다고 가정해서는 안 된다. 오차가 $\dfrac{1}{10000000}$ 보다 작다는 것만 확실하다. 물론 이 값은 매우 작아서 대부분의 계산에서는 무시해도 된다.

247 로그를 표현하는 이러한 방법에 따른다면 1의 로그는 0.0000000 으로 표현해야 한다. 왜냐하면 이는 0이기 때문이다. 10의 로그는 1.000000인데 이는 정확하게 1이다. 100의 로그는 2.0000000, 또는 2 이다. 따라서 10과 100 사이의 모든 수는 2개의 숫자로 이루어져 있고, 그 로그는 1과 2 사이에 있다는 결론을 내릴 수 있다. 그러므로 $\log 50 = 1.6989700$ 처럼 '1 더하기 소수'로 표현해야 한다.

즉, 1 더하기

$$\frac{6}{10} + \frac{9}{100} + \frac{8}{1000} + \frac{9}{10000} + \frac{7}{100000} + \frac{0}{1000000} + \frac{0}{10000000}$$

그리고 100과 1,000 사이의 모든 수의 로그는 정수 2와 소수로, 1,000 과 10,000 사이의 수의 로그는 '3 더하기 소수'로, 10,000과 100,000 사이의 수는 '4 더하기 소수' 등등으로 표현한다는 것을 쉽게 알 수 있다. 예를 들어 $\log 800$ 은 2.9030900, 2290의 로그는 3.3598355 등이다.

248 반면 10보다 작은 수, 즉 한 자릿수의 로그는 정수 부분을 지니지 않는다. 이러한 이유로 소수점 앞에 0이 있다. 그래서 로그에서는 두 부분 을 고려해야 한다. 첫째는 소수점 앞부분, 또는 정수 부분이고, 그다음은 전자에 더할 소수점 아래의 부분이다. 지표(characteristic)라고 불리는 로그 의 정수 부분은 앞 단원에서 다룬 방법으로 쉽게 구할 수 있다. 따라서 한 자릿수 로그의 정수 부분은 0이고, 두 자릿수이면 1, 세 자릿수이면 2, 그리고 일반적으로는 자릿수보다 하나 작다. 따라서 만약 1,766의 로그

를 계산한다면 정수 부분이 3이라는 것을 알 수 있다.

249 역으로 로그의 정수 부분을 보면 그 로그 값을 갖는 숫자가 몇 자릿수인지 한눈에 알 수 있다. 어떤 수의 자릿수는 항상 그 로그의 정수 부분보다 하나 더 크기 때문이다. 예를 들어 로그 값이 6.4771213인 숫자를 구한다고 하자. 곧바로 그 숫자가 일곱 자리 수이고 $1,000,000$보다 크다는 것을 안다. 사실 이 수는 $3,000,000$이다. $\log 3000000 = \log 3 + \log 1000000$이고 $\log 3 = 0.4771213$, $\log 1000000 = 6$이므로 그 합은 6.4771213이다.

250 그러므로 각 로그의 주요 부분은 소수점 아래의 부분으로 이것이 어느 수에 해당하는지 아는 것만으로도 여러 숫자에 대해서도 알 수 있다. 이를 알기 위해 숫자 365의 로그를 고려해 보자. 첫 번째 부분은 의심의 여지없이 2이다. 소수점 이하 부분을 문자 x라고 하자. $\log 365 = 2 + x$이고 10을 계속 곱하면 $\log 3650 = 3 + x$, $\log 36500 = 4 + x$, $\log 365000 = 5 + x$ 등등이다. 그러나 계속해서 10으로 나누면 $\log 0.365 = -1 + x$, $\log 0.0365 = -2 + x$, $\log 0.00365 = -3 + x$ 등등이다.

251 숫자 365에 10을 곱하거나 나누어서 만들 수 있는 수의 로그는 모두 소수점 아랫부분이 같다. 차이가 나는 부분은 소수점 앞의 정수이다. 이 수는 앞에서 본 것처럼 음수가 될 수도 있다. 즉, 로그를 취하는 수가 1보다 작은 경우이다. 흔히 쓰는 계산기는 음수를 다루기 어려우므로 대개 로그의 정수 부분에 10을 더하여 0대신 10을 쓰고 -1 대신 9, -2 대신 8, -3 대신 7 등을 쓴다.[14] 그러나 지표가 10이 더 크다는 것을 기억하

---

14) 역자 주: 당시 계산기가 그렇다는 것이다.

여, 숫자가 10, 9, 8개의 숫자를 가지는 것이 아니라는 것을 기억해야 한다. 만약 지표가 10보다 작으면 그 숫자들을 소수점 뒤에 써야 한다는 것을 알 수 있다. 지표가 8이면 소수점 아래 첫 자리에 0을 삽입하고 둘째 자리부터 써야 한다. 따라서 9.5622929는 0.365의 로그이고 8.5622929는 0.0365의 로그이다. 그러나 로그를 표기하는 이 방식은 주로 사인(sine)의 표에 사용된다.

252 상용로그표에는 로그의 소수점 이하 부분은 주로 7자리까지 표기된다. 그래서 마지막 숫자는 $\dfrac{1}{10000000}$ 부분을 나타내며, 이때 오차는 이보다 크지 않아서 무시할 수 있다. 그러나 이 이상의 정확도가 필요한 계산에는 소수점 아래 10자리까지 표기된 블락(Vlacq)의 표를 사용한다.

253 로그의 지표를 얻는 데에는 어려움이 없으므로 표에는 거의 표기하지 않고 둘째 부분, 즉 소수점 아래 7자리만 표기한다. 영국의 표에는 1부터 100,000까지 모든 수의 로그를 표기하였고, 더 큰 수의 로그도 여러 개의 작은 표를 이용하여 찾을 수 있게 하였다. 예를 들어 37,945와 앞에서 말한 작은 표를 이용하여 379,456의 로그를 쉽게 구할 수 있다.

254 지금까지 말한 내용으로 임의의 로그에 대응하는 수를 표에서 구하는 방법을 알 수 있을 것이다. 숫자 343과 2,401을 곱할 때 그 로그들을 더할 것이기 때문에 계산은 다음과 같다.

$$\log 343 \; = \; 2.5352941\,\text{에}$$
$$\log 2401 \; = \; 3.3803922\,\text{를}$$
$$\text{더하면} \quad 5.9156863$$

로그표에서 가장 가까운 수 $\log 823540 = 5.9156847$

위의 합과의 차이 16

차이 표에 따르면 이는 3이다. 그래서 끝의 0 대신에 3을 사용하면 구하고자 한 값인 곱 823,543을 얻는다. 왜냐하면 위의 합은 구하고자 하는 곱의 로그이기 때문이다. 그리고 지표 5는 곱이 6자리 수임을 의미한다.

255 그러나 로그가 가장 큰 도움이 되는 것은 거듭제곱근의 계산에서다. 이러한 계산에서 로그를 사용하는 방법을 예로 들면 다음과 같다. 10의 제곱근을 구한다고 해보자. 10의 로그인 1.0000000을 2로 나누면 된다. 그 몫 0.5000000은 10의 제곱근의 로그이다. 표에서 이 값을 로그로 하는 수를 찾아보면 3.16228로서 그 제곱이 거의 10에 가까우며 10만분의 1 정도 더 클 뿐이다.

제2장 다항식을 계산하는 다양한 방법

2.1. 다항식¹⁵⁾의 합

256 2개 이상의 다항식을 더할 때 연산은 각각의 식을 괄호 안에 넣고 괄호들을 $+$기호로 이어 주어 $+$, $-$ 부호만으로 표시한다. 예를 들어 $a+b+c$라는 식과 $d+e+f$라는 식을 더할 때 연산은 다음과 같다.

$$(a+b+c)+(d+e+f)$$

257 위의 수식은 덧셈을 하려는 것이 아니라 덧셈을 나타내기 위한 것이 명백하다. 그럼에도 불구하고 덧셈을 하고자 한다면 위의 식에서 괄호를 빼면 된다. $d+e+f$를 $a+b+c$에 더하려면 $+d$ 와 $+e$ 그리고 $+f$를 차례대로 $a+b+c$에 붙이면 $a+b+c+d+e+f$가 된다. $-$가 붙어 있는 항이 있다면 올바른 부호를 사용해서 같은 방법으로 결합하면 된다.

258 위의 연산을 자연수로 더 확실하게 설명하겠다. $15-6$을 $12-8$에 더할 때의 연산을 $12-8+15$ 로 시작할 수 있다. 즉, $15-6$만 더해도 되는 상황에서 15를 더하는 것은 필요 없는 부분까지 더하는 것이므로 명백하게 6만큼 초과해서 더했다는 사실을 알 수 있다. 그러므로 초과한

---

15) 역자 주 : 이때에는 다항식이라는 용어를 쓰기 전이다. 원어로는 다항식의 의미로 Compound quantity(복잡한 수량)을 쓰고 있으나 독자들의 이해를 위하여 현대어로 번역하였다.

6을 음의 부호를 사용하여 제거하면 다음과 같은 합을 얻을 수 있다.

$$12 - 8 + 15 - 6$$

위의 수식을 통해 모든 항을 알맞은 부호를 사용해서 나열하면 수들의 합을 얻는다는 것을 알 수 있다.

259 $d - e - f$라는 식을 $a - b + c$에 더하면 그 합은 다음과 같다.

$$a - b + c + d - e - f$$

위의 수식을 보면 항의 순서를 바꿔도 결과에는 변함없다. 각 항들의 부호를 바꾸지 않는다는 조건에서 항들의 순서를 원하는 대로 바꿀 수 있다. 그러므로 위의 수식은 다음과 같이 나타낼 수도 있다.

$$c - e + a - f + d - b$$

260 각 항이 어떤 형태이든 상관없이 그 합을 표현하는 것은 어렵지 않다. $2a^3 + 6\sqrt{b} - 4\log c$와 $5\sqrt[5]{5} - 7c$의 합을 구하기 위하여 다음과 같이 나타낼 수 있다.

$$2a^3 + 6\sqrt{b} - 4\log c\ + 5\sqrt[5]{5} - 7c$$

각 항의 부호를 유지할 경우 그 합은 변하지 않기 때문에 위 수식에서 항의 순서를 바꾸어 다른 수식으로도 나타낼 수 있다.

261 이와 같은 방식으로 표현한 합에서 수식을 단축하는 경우도 있다. 한 수식 안에 $+a$와 $-a$, 혹은 $3a - 4a + a$가 있을 경우처럼 2가지 혹은

그 이상의 항들을 소거하거나 2개 이상의 항들을 하나로 합친다. 다음의 예와 같이 2개 이상의 항의 문자가 같을 경우 그 수식은 간단하게 된다.

$$3a + 2a = 5a \qquad\qquad 7b - 2b = 5b$$
$$-6c + 10c = 4c \qquad\qquad 4d - 2d = 2d$$
$$5a - 8a = -3a \qquad\qquad -7b + b = -6b$$
$$-3c - 4c = -7c \qquad\qquad -3d - 5d = -8d$$
$$2a - 5a + a = -2a \qquad\qquad -3b - 5b + 2b = -6b$$

그러나 이러한 법칙은 $2a^2 + 3a$ 혹은 $3b^3 - b^4$과 같이 소거되지 않거나 합쳐지지 않는 경우와 혼동해서는 안 된다.

262 다음은 단축되는 또 다른 종류의 예이다. 이를 통하여 중요한 사실을 알 수 있다. $a + b$와 $a - b$의 합을 구할 때 지금까지의 법칙에 따라 $a + b + a - b$로 나타낼 수 있다. $a + a = 2a$, 그리고 $b - b = 0$이므로 합은 $2a$이다. 결과적으로 두 수의 합 $(a + b)$와 두 수의 차 $(a - b)$의 합을 구하면 앞의 수의 2배가 된다.

이것은 다음의 예를 통해 더 잘 이해할 수 있다.

$$
\begin{array}{llll}
3a & -2b & -c & \\
5b & -6c & +a & \\
\hline
4a & +3b & -7c &
\end{array}
\qquad
\begin{array}{llll}
a^3 & -2a^2b & +2ab^2 & \\
 & -a^2b & +2ab^2 & -b^3 \\
\hline
a^3 & -3a^2b & +4ab^2 & -b^3
\end{array}
$$

$$
\begin{array}{lll}
4a^2 & -3b & +2c \\
3a^2 & +2b & -12c \\
\hline
7a^2 & -b & -10c
\end{array}
\qquad
\begin{array}{lll}
a^4 & +2ab & +b^3 \\
-a^4 & -2a^2b & +3b^3 \\
\hline
-2a^2b & +2ab & +4b^3
\end{array}
$$

2.2. 다항식의 차(Subtraction)

263 뺄셈은 각각의 식을 괄호로 묶고 두 식 사이를 −부호로 연결하여
그 차를 나타낼 수 있다.

예를 들어 $a-b+c$에서 $d-e+f$를 뺄 경우 다음과 같다.

$$(a-b+c)-(d-e+f)$$

이렇게 수식을 나타내면 두 식 중 어느 식에서 어느 식을 빼는지 확실하
게 알 수 있다.

264 실제 뺄셈을 수행할 때 알아두어야 할 사실이 있다. 첫째, 양의 값
$+b$를 다른 값 a에서 빼려면 $a-b$를 얻는다. 둘째, a에서 음의 값 $-b$를
빼면 $a+b$를 얻는다. 누군가의 빚을 탕감해 주는 것은 누군가에게 무엇을
준다는 것과 같기 때문이다.

265 $a-c$에서 $b-d$를 빼는 연산을 할 경우 먼저 b를 $a-c$에서 빼주
어 $a-c-b$를 얻을 수 있다. 그러나 $b-d$를 빼야 하는 상황에서 b만을
빼는 것은 d만큼 초과해서 뺐다는 것과 같다. 그러므로 d의 값을 복원해야
하므로 다음과 같은 수식을 얻는다.

$$a-c-b+d$$

그러므로 뺄셈을 해야 하는 식은 각 항들의 부호를 바꿔야 한다. 그리고
바뀐 부호를 가진 각 항들을 앞에 붙여 주어야 한다.

266 뺄셈은 위의 규칙에 따라 간단하게 할 수 있다. 하나의 식에서 다른

식을 뺄 때 빼려고 하는 식을 부호만 바꿔서 앞의 식에 붙이면 되기 때문이다. 첫 번째 예에서와 같이 $a-b+c$에서 $d-e+f$를 빼면 $a-b+c-d+e-f$를 얻을 수 있다.

이 법칙을 더 명백하게 이해하기 위해 수를 사용하여 보자. $9-3+2$에서 $6-2+4$를 빼면 다음과 같은 수식을 얻는다.

$$9-3+2-6+2-4=0$$

$9-3+2=8$이며 $6-2+4=8$이기 때문에 $8-8=0$이다.

267 간단한 뺄셈을 할 때는 다음 규칙에만 주목하면 된다. 2개 이상의 항의 문자가 동일한 경우 그 수식은 간단하다. 그 규칙은 위의 덧셈에서 본 규칙과 같다.

268 $a+b$에서 $a-b$를 뺄 경우, 즉 두 수의 합에서 두 수의 차를 뺀다면 $(a+b)-(a-b)$를 얻는다. 그러나 $a-a=0$이며 $b+b=2b$이기 때문에 $2b$만 남는다. 결과적으로 뒤의 수의 2배의 값을 얻는다.

269 다음의 예제들은 더 많은 경우를 보여준다.

$$\begin{array}{r} a^2+ab+b^2 \\ -)\ \underline{-a^2+ab+b^2} \\ 2a^2 \end{array} \qquad \begin{array}{r} 3a-4b+5c \\ -)\ \underline{2b+4c-6a} \\ 9a-6b+c \end{array} \qquad \begin{array}{r} a^3+3a^2b+3ab^2+b^3 \\ -)\ \underline{a^3-3a^2b+3ab^2-b^3} \\ 6a^2b+2b^3 \end{array}$$

$$\begin{array}{r} \sqrt{a}+2\sqrt{b} \\ -)\ \underline{\sqrt{a}-3\sqrt{b}} \\ 5\sqrt{b} \end{array}$$

2.3. 다항식의 곱셈(Multiplication)

270 곱셈을 나타내야 할 경우에는 다음과 같은 규칙을 따른다. 곱할 식들을 각각 괄호 안에 묶은 후 서로 붙인다. 기호 $\times$를 사용할 때도 있지만 사용하지 않아도 무방하다. 예를 들어 $a - b + c$와 $d - e + f$의 곱은 다음과 같다.

$$(a - b + c) \times (d - e + f) \ \text{혹은} \ (a - b + c)(d - e + f)$$

위의 표현은 수식의 인수들을 바로 나타내기 때문에 지금까지도 많이 쓴다.

271 그러나 실제로 곱셈을 하는 것을 보여 주려면 다음을 주의해야 한다. 예를 들어 $a - b + c$에 2를 곱하면 각각의 항들은 2와 따로 따로 곱한다. 즉, 곱은 다음과 같다.

$$2a - 2b + 2c$$

이 규칙은 모든 다른 수에도 적용된다. 만약 위의 식에 d를 곱하면 그 곱은 다음과 같다.

$$ad - bd + cd$$

272 바로 위에서 d를 양수라고 가정했다. 만약 곱하는 수가 $-e$와 같은 음수라면 이전에 주어진 규칙을 적용해야 한다. 같은 부호끼리 곱할 경우 $+$부호를, 다른 부호끼리 곱할 경우 $-$부호를 얻는 규칙을 적용하면 다음과 같은 답을 얻는다.

$$-ae+be-ce$$

273 값 A를 다항식 $d-e$에 어떻게 곱하는지 보자. 수를 사용한 예로 A와 $7-3$을 곱한다고 가정하자. A와 7의 곱을 구하고 그 곱에서 $3A$를 빼므로 명확히 A의 4배가 나온다. 일반적으로 A와 $d-e$를 곱할 때 A와 d를 곱하고 A와 e를 곱한 후 첫 번째 값에서 두 번째 값을 빼면 그 값은 $dA-eA$가 된다.

만약 $A=a-b$라고 가정하고 그 값을 $d-e$와 곱하면 다음과 같은 수식을 얻는다.

$$\begin{array}{rl} dA & =ad-bd \\ -)\,eA & =ae-be \\ \hline \end{array}$$

그러므로 $dA-eA=ad-bd-ae+be$를 얻는다.

274 곱 $(a-b)\times(d-e)$의 값이 명백하므로 곱셈을 다음과 같은 형태로 나타내 보자.

$$\begin{array}{l} a-b \\ d-e \\ \hline ad-bd-ae+be \end{array}$$

위의 수식에서는 부호를 고려하여 각 항들을 다음의 각 항들과 곱해야 한다. 이 상황을 확실히 보여 주는 이 규칙은 꼭 지켜야 한다.

275 이와 같은 방법으로 다음의 예를 푸는 것은 쉽다. $a+b$와 $a-b$의 곱을 구해 보자.

$$
\begin{array}{rrr}
a & + & b \\
a & - & b \\
\hline
a^2 & + & ab \\
 & - & ab & - & b^2 \\
\hline
곱: & & a^2 & - & b^2
\end{array}
$$

276 앞의 a와 b에 아무 수나 대입할 수 있다. 앞의 예는 다음의 정리를 뒷받침한다. 즉, 두 수의 합과 두 수의 차의 곱은 두 수의 제곱의 차와 같다. 이 정리는 다음과 같이 나타낼 수 있다.

$$(a+b)\times(a-b)=a^2-b^2$$

이 정리에서 또 다른 정리를 이끌어 낼 수 있다. 즉, 두 제곱의 차는 언제나 곱이며, 두 제곱의 제곱근의 합과 차로 나누어떨어진다. 결과적으로 두 제곱의 차는 절대로 소수가 될 수 없다.[16]

277 이제 다른 예를 보자.

$$
\begin{array}{rrr}
2a & - & 3 \\
a & + & 2 \\
\hline
2a^2 & - & 3a \\
 & 4a & - & 6 \\
\hline
2a^2 & + & a & - & 6
\end{array}
\qquad
\begin{array}{rrrrr}
4a^2 & - & 6a & + & 9 \\
2a & + & 3 \\
\hline
8a^3 & - & 12a^2 & + & 18a \\
 & 12a^2 & - & 18a & + & 27 \\
\hline
8a^3 & + & 27
\end{array}
$$

---

16) 영문역자 주 : 이 정리는 두 수의 차가 1인 경우와 두 수의 합이 소수인 경우를 제외하면 언제나 성립된다. 두 수의 합이 소수일 경우 그 제곱의 차 역시 소수이다. 즉, $6^2-5^2=11$, $7^2-6^2=13$, $9^2-8^2=17$ 등등이다.

$$
\begin{array}{rrr}
3a^2 & - & 2ab \\
2a & - & 4b \\
\hline
6a^3 & - & 4a^2b \\
& - & 12a^2b & + & 8ab^2 \\
\hline
6a^3 & - & 16a^2b & + & 8ab^2
\end{array}
\qquad
\begin{array}{rrr}
a^2 & + & ab^3 \\
a^4 & - & a^3b^3 \\
\hline
a^6 & + & a^5b^3 \\
& - & a^5b^3 & - & a^4b^6 \\
\hline
a^6 & - & a^4b^6
\end{array}
$$

$$
\begin{array}{rrrrr}
a^2 & + & 2ab & + & 2b^2 \\
a^2 & - & 2ab & + & 2b^2 \\
\hline
a^4 & + & 2a^3b & + & 2a^2b^2 \\
& - & 2a^3b & - & 4a^2b^2 & - & 4ab^3 \\
& & & & 2a^2b^2 & + & 4ab^3 & + & 4b^4 \\
\hline
a^4 & + & 4b^4
\end{array}
$$

$$
\begin{array}{rrrrr}
2a^2 & - & 3ab & - & 4b^2 \\
3a^2 & - & 2ab & + & b^2 \\
\hline
6a^4 & - & 9a^3b & - & 12a^2b^2 \\
& - & 4a^3b & + & 6a^2b^2 & + & 8ab^3 \\
& & & & 2a^2b^2 & - & 3ab^3 & - & 4b^4 \\
\hline
6a^4 & - & 13a^3b & - & 4a^2b^2 & + & 5ab^3 & - & 4b^4
\end{array}
$$

$$
\begin{array}{l}
a^2 + b^2 + c^2 - ab - ac - bc \\
a + b + c \\
\hline
a^3 + ab^2 + ac^2 - a^2b - a^2c - abc \\
\quad ba^2 + b^3 + bc^2 - ab^2 - abc - b^2c \\
\qquad\quad a^2c + b^2c + c^3 - abc - ac^2 - bc^2 \\
\hline
a^3 - 3abc + b^3 + c^3
\end{array}
$$

278 곱해야 할 인수가 2개 이상일 때에는 다음과 같이 이해할 수 있다. 둘의 곱을 구한 후에 그 곱을 나머지 하나와 곱한다. 이 곱셈에서 곱하는 순서는 중요하지 않다.

예를 들면 다음 네 인수의 곱(또는 값)을 구하려면 인수 Ⅰ 과 Ⅱ의 곱과 인수 Ⅲ 과 Ⅳ의 곱을 먼저 구한다.

$$
\begin{array}{cccc}
\mathrm{I} & \mathrm{II} & \mathrm{III} & \mathrm{IV} \\
(a+b) & (a^2+ab+b^2) & (a-b) & (a^2-ab+b^2)
\end{array}
$$

1. 인수 I 와 II의 곱.

$$
\begin{aligned}
& a^2+ab+b^2 \\
& \underline{a+b} \\
& a^3+a^2b+ab^2 \\
& \quad\; \underline{a^2b+ab^2+b^3} \\
& a^3+2a^2b+2ab^2+b^3
\end{aligned}
$$

2. 인수 III 와 IV 의 곱.

$$
\begin{aligned}
& a^2-ab+b^2 \\
& \underline{a-b} \\
& a^3-a^2b+ab^2 \\
& \quad\; \underline{-a^2b+ab^2-b^3} \\
& a^3-2a^2b+2ab^2-b^3
\end{aligned}
$$

첫 번째 곱인 I × II와 두 번째 곱인 III × IV의 곱을 다음과 같이 구한다.

$$
\begin{aligned}
& a^3+2a^2b+2ab^2+b^3 \\
& \underline{a^3-2a^2b+2ab^2-b^3} \\
& a^6+2a^5b+2a^4b^2+\;a^3b^3 \\
& \quad\; -2a^5b-4a^4b^2-4a^3b^3-2a^2b^4 \\
& \qquad\qquad 2a^4b^2+4a^3b^3+4a^2b^4+2ab^5 \\
& \qquad\qquad\quad \underline{-\;a^3b^3\;-2a^2b^4-2ab^5-b^6} \\
& a^6-b^6
\end{aligned}
$$

279 같은 예를 다른 순서로 풀어보자. 인수 I과 인수 III을 곱하고 인수 II 와 인수 IV를 곱하자.

$$
\begin{aligned}
& a+b \\
& \underline{a-b} \\
& a^2+ab \\
& \; \underline{-ab-b^2} \\
& a^2-b^2
\end{aligned}
\qquad
\begin{aligned}
& a^2+ab+b^2 \\
& \underline{a^2-ab+b^2} \\
& a^4+a^3b+a^2b^2 \\
& \quad\; -a^3b-a^2b^2-ab^3 \\
& \qquad\quad \underline{a^2b^2+ab^3+b^4} \\
& a^4+a^2b^2+b^4
\end{aligned}
$$

그리고 두 곱 I × III과 II × IV를 다음과 같이 곱하면 구하고자 하는 곱을 얻는다.

$$
\begin{array}{l}
a^4 + a^2b^2 + b^4 \\
\underline{a^2 - b^2} \\
a^6 + a^4b^2 + a^2b^4 \\
\underline{\quad - a^4b^2 - a^2b^4 - b^6} \\
a^6 - b^6
\end{array}
$$

280 인수 I과 인수 IV를 곱하고 인수 II와 인수 III을 곱하여 이 계산을 좀 더 간결하게 할 수 있다.

$$
\begin{array}{l}
a^2 - ab + b^2 \\
\underline{a + b} \\
a^3 - a^2b + ab^2 \\
\underline{\quad\quad a^2b - ab^2 + b^3} \\
a^3 + b^3
\end{array}
\qquad
\begin{array}{l}
a^2 + ab + b^2 \\
\underline{a - b} \\
a^3 + a^2b + ab^2 \\
\underline{\quad\quad - a^2b - ab^2 - b^3} \\
a^3 - b^3
\end{array}
$$

그리고 I $\times$ IV와 II $\times$ III를 곱한다.

$$
\begin{array}{l}
a^3 + b^3 \\
\underline{a^3 - b^3} \\
a^6 + a^3b^3 \\
\underline{\quad - a^3b^3 - b^6} \\
a^6 - b^6
\end{array}
$$

281 앞의 예를 수를 사용하여 설명해 보자. $a = 3$, $b = 2$라고 한다면 $a + b = 5$이며 $a - b = 1$을 얻는다. 또한 $a^2 = 9$, $ab = 6$이며 $b^2 = 4$이다. 즉, $a^2 + ab + b^2 = 19$이며 $a^2 - ab + b^2 = 7$이다. 이 곱의 결과는 $5 \times 19 \times 1 \times 7 = 665$이다. $a^6 = 729$, $b^6 = 64$이므로 구하고자 하는 곱은 $a^6 - b^6 = 665$이다.

2.4. 다항식의 나눗셈

282 단순히 나눗셈을 나타내고 싶을 때에는 분수 기호를 사용할 수 있다. 분수 기호는 분모를 분자 아래 써 넣고 그 사이를 선으로 나눈 것이다. 또 다른 방법으로는 각 식을 괄호에 넣은 후 제수와 피제수 사이에 2개의 점을 찍고 그 점 사이에 선을 그을 수 있다. 따라서 $a+b$를 $c+d$로 나누어야 할 경우에 몫은 전자의 방법으로 $\dfrac{a+b}{c+d}$와 같이 나타낼 수 있으며 후자의 방법으로는 다음과 같이 나타낼 수 있다.

$$(a+b) \div (c+d)$$

두 식 모두 $c+d$가 $a+b$를 나눈다(divided)라고 읽는다.

283 다항식을 간단한 수로 나눌 때에는 다음의 예와 같이 각각의 항을 따로 나눈다.

$$(6a - 8b + 4c) \div 2 = 3a - 4b + 2c$$

$$(a^2 - 2ab) \div a = a - 2b$$

$$(a^3 - 2a^2b + 3ab^2) \div a = a^2 - 2ab + 3b^2$$

$$(4a^2 - 6a^2c + 8abc) \div 2a = 2a - 3ac + 4bc$$

$$(9a^2bc - 12ab^2c + 15abc^2) \div 3abc = 3a - 4b + 5c$$

284 만약 피제수의 항이 제수로 나뉘지 않는다면 몫은 분수로 나타낸다. $a+b$를 a로 나누면 $1 + \dfrac{b}{a}$를 얻는다. 다음의 수식 역시 마찬가지다.

$$(a^2 - ab + b^2) \div a^2 = 1 - \frac{b}{a} + \frac{b^2}{a^2}$$

같은 이유로 $2a + b$를 2로 나누면 $a + \dfrac{b}{2}$를 얻는다. 여기서 $\dfrac{b}{2}$를 $\dfrac{1}{2}b$로 나타낼 수 있다는 것에 주목하자. $\dfrac{1}{2}$과 b의 곱은 $\dfrac{b}{2}$와 같으며 $\dfrac{b}{3}$는 $\dfrac{1}{3}b$와 같고 $\dfrac{2b}{3}$는 $\dfrac{2}{3}b$와 같다.

285 제수가 다항식이라면 나눗셈은 더 복잡하다. 이러한 예는 생각보다 자주 나타나는데, 쉽게 계산할 수 없을 경우 전에 언급한 방법대로 몫을 분수로 표시하는 것에 만족하자. 일단은 나눗셈할 수 있는 것부터 시작한다.

286 $ac - bc$를 $a - b$로 나눈다고 하자. 이 나눗셈의 몫을 제수 $a - b$와 곱했을 경우 피제수 $ac - bc$를 얻는다. c를 a와 곱하지 않고는 ac를 얻을 수 없기 때문에 몫에 c가 포함되어 있어야 한다는 것은 명확하다. c가 몫인지 확인하려면 c와 $a - b$의 곱으로 피제수를 얻을 수 있는지, 아니면 피제수의 일부만 얻을 수 있는지 확인하면 된다. 이 경우에는 $a - b$와 c의 곱에서 $ac - bc$를 얻을 수 있고 이는 피제수와 똑같기 때문에 c가 몫임을 알 수 있다. 다음의 수식은 당연히 성립된다.

$$(a^2 + ab) \div (a + b) = a$$
$$(3a^2 - 2ab) \div (3a - 2b) = a$$
$$(6a^2 - 9ab) \div (2a - 3b) = 3a$$

287 다음에 소개하는 방법으로 몫을 찾으면 절대로 실패할 수 없다. 임

의로 정한 수를 제수와 곱하고 피제수와 차를 구했을 때 나머지가 있다면 그 나머지를 다시 제수로 나누면 된다. 이 방법으로 몫의 두 번째 부분을 얻을 수 있으며 몫 전부를 얻을 때까지 이 과정을 되풀이하면 된다.

예를 들어 $a^2 + 3ab + 2b^2$을 $a + b$로 나누어 보자. 몫의 첫 항이 a가 아니라면 a^2이 나올 수 없기 때문에 몫에 a가 나온다는 사실은 명백하다. 제수 $a + b$와 a를 곱하면 $a^2 + ab$를 얻을 수 있다. 이 값을 피제수에서 뺀다면 $2ab + 2b^2$을 얻는다. 이 나머지 역시 $a + b$로 나누어야 하며 이 나눗셈의 몫은 $2b$가 된다는 사실은 명백하다. $2b$와 $a + b$의 곱은 남은 피제수인 $2ab + 2b^2$이다. 결과적으로 이 나눗셈의 몫은 $a + 2b$이며 제수 $a + b$와 곱했을 경우 피제수인 $a^2 + 3ab + 2b^2$을 얻는다. 다음의 계산 과정을 보자.

$$
a + b) \quad \begin{array}{l} a^2 + 3ab + 2b^2 \quad (a + 2b \\ \underline{a^2 + ab} \\ \quad\quad 2ab + 2b^2 \\ \quad\quad \underline{2ab + 2b^2} \\ \quad\quad\quad\quad 0 \end{array}
$$

288 이 연산을 더 쉽게 만드는 방법이 있다. 제수의 가장 높은 지수를 가진 항을 먼저 쓴다. 그리고 제수의 그 항과 같은 피제수의 항 중에 가장 높은 지수를 가진 항부터 내림차순으로 써 내려간다. 앞의 예에서 그 항은 a였다. 다음 예들을 보면 이 과정을 더 명료하게 보여 준다.

$$a - b)\ \overline{\,a^3 - 3a^2b + 3ab^2 - b^3}\quad (a^2 - 2ab + b^2$$

$$
\begin{array}{r}
a^3 - \ a^2b \\
\hline
-2a^2b + 3ab^2 \\
-2a^2b + 2ab^2 \\
\hline
ab^2 - b^3 \\
ab^2 - b^3 \\
\hline
0
\end{array}
$$

$$a + b)\ \overline{\,a^2 - b^2}\quad (a - b$$

$$
\begin{array}{r}
a^2 + ab \\
\hline
-ab - b^2 \\
-ab - b^2 \\
\hline
0
\end{array}
$$

$$3a - 2b)\ \overline{\,18a^2 - 8b^2}\quad (6a + 4b$$

$$
\begin{array}{r}
18a^2 - 12ab \\
\hline
12ab - 8b^2 \\
12ab - 8b^2 \\
\hline
0
\end{array}
$$

$$a + b)\ \overline{\,a^3 + b^3}\quad (a^2 - ab + b^2$$

$$
\begin{array}{r}
a^3 + a^2b \\
\hline
-a^2b + b^3 \\
-a^2b - ab^2 \\
\hline
ab^2 + b^3 \\
ab^2 + b^3 \\
\hline
0
\end{array}
$$

$$2a - b)\ \overline{\,8a^3 - b^3}\quad (4a^2 + 2ab + b^2$$

$$
\begin{array}{r}
8a^3 - 4a^2b \\
\hline
4a^2b - b^3 \\
4a^2b - 2ab^2 \\
\hline
2ab^2 - b^3 \\
2ab^2 - b^3 \\
\hline
0
\end{array}
$$

$$a^2 - 2ab + b^2 \,)\ \ a^4 - 4a^3b + 6a^2b^2 - 4ab^3 + b^4 \quad (a^2 - 2ab + b^2$$

$$\underline{a^4 - 2a^3b + a^2b^2}$$

$$\underline{-2a^3b + 5a^2b^2 - 4ab^3}$$

$$-2a^3b + 4a^2b^2 - 2ab^3$$

$$a^2b^2 - 2ab^3 + b^4$$

$$\underline{a^2b^2 - 2ab^3 + b^4}$$

$$0$$

$$a^2 - 2ab + 4b^2 \,)\ \ a^4 + 4a^2b^2 + 16b^4 \quad (a^2 + 2ab + 4b^2$$

$$\underline{a^4 - 2a^3b + 4a^2b^2}$$

$$2a^3b + 16b^4$$

$$\underline{2a^3b - 4a^2b^2 + 8ab^3}$$

$$4a^2b^2 - 8ab^3 + 16b^4$$

$$\underline{4a^2b^2 - 8ab^3 + 16b^4}$$

$$0$$

$$a^2 - 2ab + 2b^2 \,)\ \ a^4 + 4b^4 \quad (a^2 + 2ab + 2b^2$$

$$\underline{a^4 - 2a^3b + 2a^2b^2}$$

$$2a^3b - 2a^2b^2 + 4b^4$$

$$\underline{2a^3b - 4a^2b^2 + 4ab^3}$$

$$2a^2b^2 - 4ab^3 + 4b^4$$

$$\underline{2a^2b^2 - 4ab^3 + 4b^4}$$

$$0$$

$$1 - 2x + x^2 \,)\ \ 1 - 5x + 10x^2 - 10x^3 + 5x^4 - x^5 \quad (1 - 3x + 3x^2 - x^3$$

$$\underline{1 - 2x + x^2}$$

$$-3x + 9x^2 - 10x^3$$

$$\underline{-3x + 6x^2 - 3x^3}$$

$$3x^2 - 7x^3 + 5x^4$$

$$\underline{3x^2 - 6x^3 + 3x^4}$$

$$-x^3 + 2x^4 - x^5$$

$$\underline{-x^3 + 2x^4 - x^5}$$

$$0$$

2.5. 분수를 무한급수로 전개

289 제수를 피제수로 나누지 못할 경우의 몫은 분수로 나타낸다. 따라서 1을 $1-a$로 나눌 경우에는 $\dfrac{1}{1-a}$과 같은 분수를 얻는다. 그럼에도 불구하고 우리는 규칙에 따라서 만족할 때까지 나눗셈을 할 수 있으며 다른 형태의 진짜 몫을 얻을 수 있다.

290 이것을 증명하기 위해서 피제수 1을 제수 $1-a$로 나누어 보자.

$$1-a)\quad 1\ \star\quad (1+\frac{a}{1-a}$$
$$\frac{1-a}{a}$$

나머지

나머지

혹은

$$1-a)\quad 1\ \star\qquad (1+a+\frac{a^2}{1-a}$$
$$\frac{1-a}{a}$$
$$\frac{a-a^2}{a^2}$$

나머지

나머지

더 많은 형태를 얻으려면 나머지 a^2를 $1-a$로 나눠야 한다.

$$1-a)\quad a^2\ \star\quad (a^2+\frac{a^3}{1-a}$$
$$\frac{a^2-a^3}{a^3}$$

나머지

나머지

그리고

$$1-a) \quad a^3 \; \bigstar \qquad (a^3 + \frac{a^4}{1-a}$$

$$\text{나머지} \qquad \frac{a^3 - a^4}{a^4}$$

또,

$$1-a) \quad a^4 \; \bigstar \qquad (a^4 + \frac{a^5}{1-a}$$

$$\text{나머지} \qquad \frac{a^4 - a^5}{a^5}$$

291 이것은 분수 $\dfrac{1}{1-a}$ 이 다음의 형태로 나타낼 수 있다는 것을 보여 준다.

I. $1 + \dfrac{a}{1-a}$

II. $1 + a + \dfrac{a^2}{1-a}$

III. $1 + a + a^2 + \dfrac{a^3}{1-a}$

IV. $1 + a + a^2 + a^3 + \dfrac{a^4}{1-a}$

V. $1 + a + a^2 + a^3 + a^4 + \dfrac{a^5}{1-a}$

앞의 첫 번째 식 $1 + \dfrac{a}{1-a}$ 을 보자. 1은 $\dfrac{1-a}{1-a}$ 과 동일하기 때문에

$$1 + \frac{1}{1-a} = \frac{1-a}{1-a} + \frac{a}{1-a} = \frac{1-a+a}{1-a} = \frac{1}{1-a}$$

이 된다.

두 번째 식 $1+a+\dfrac{a^2}{1-a}$도 똑같은 과정을 되풀이하면 정수 부분 $1+a$를 분모 $1-a$로 나누면 $\dfrac{1-a^2}{1-a}$을 얻는다. 여기에 $\dfrac{a^2}{1-a}$을 더하면 $\dfrac{1-a^2+a^2}{1-a}$이 되고 이것은 $\dfrac{1}{1-a}$과 같다.

세 번째 식 $1+a+a^2+\dfrac{a^3}{1-a}$의 정수 부분을 분모인 $1-a$로 나누면 $\dfrac{1-a^3}{1-a}$을 얻는다. 이 분수에 $\dfrac{a^3}{1-a}$을 더하면 앞의 경우와 같이 $\dfrac{1}{1-a}$을 얻는다. 그러므로 위의 모든 식은 동일한 분수 $\dfrac{1}{1-a}$의 값을 갖는다.

292 이를 바탕으로 하면 급수를 계산하지 않고 원하는 만큼 찾아낼 수 있다. 즉, 다음과 같이 무한히 이어갈 수 있다.

$$\frac{1}{1-a}=1+a+a^2+a^3+a^4+a^5+a^6+a^7+\frac{a^8}{1-a}$$

그러한 이유로 이 분수는 다음과 같이 무한급수로 전개했다고 할 수 있다.

$$1+a+a^2+a^3+a^4+a^5+a^6+a^7+a^8+a^9+a^{10}+a^{11}+a^{12}+\ldots$$

이 무한급수의 값은 분수 $\dfrac{1}{1-a}$과 동일하다는 것에 기초를 둔다.

293 이 이야기는 처음에는 생소할 수도 있지만 특정한 예를 보면 쉽게 이해할 수 있다. 예를 들어 $a=1$이라면 $1+1+1+1+1+1+1+1+\cdots$ 등과 같은 급수를 얻으며 이 급수와 동일한 값을 가져야 하는 $\dfrac{1}{1-a}$은 $\dfrac{1}{0}$과 같다. $\dfrac{1}{0}$이 무한대라는 것은 이전에 설명했으며 이는 위의 급수와 잘 들어맞는다. 앞의 §83과 §84를 참조하라.

만약 $a = 2$라면 급수는 $1 + 2 + 4 + 8 + 16 + 32 + 64 \cdots$ 이며 $\dfrac{1}{1-2}$ 과 동일한 값을 가져야 한다. $\dfrac{1}{1-2}$ 은 $\dfrac{1}{-1}$, 즉 -1 이기에 터무니없어 보일 수도 있다. 그러나 위의 급수를 중간에 어느 항에서 멈추려면 남은 분수를 더해야 한다는 사실을 명심해야 한다. 예를 들어 $1 + 2 + 4 + 8 + 16 + 32 + 64$ 를 더하고 멈추고자 할 때에는 $\dfrac{128}{1-2}$, 혹은 $\dfrac{128}{-1}$, 또는 -128 을 더해야 한다. 즉, $127 - 128$ 을 계산해야 하며 이는 -1 이다.

만약 중간에 급수를 멈추지 않는다면 마지막에 분수를 더할 필요는 없다. 이 경우 급수는 무한히 진행된다.

294 여기서 a 가 1보다 큰 경우를 고려해야 한다. 그러나 a 가 1보다 작다고 가정한다면 이 문제는 더 명료하다. 예를 들어 $a = \dfrac{1}{2}$ 이면 $\dfrac{1}{1-a}$ $= \dfrac{1}{1-\dfrac{1}{2}} = \dfrac{1}{\dfrac{1}{2}} = 2$ 를 얻으며 이는 무한대까지 가는 급수 $1 + \dfrac{1}{2} + \dfrac{1}{4} + \dfrac{1}{8} + \dfrac{1}{16} + \dfrac{1}{32} + \dfrac{1}{64} + \dfrac{1}{128} \cdots$ 와 동일한 값을 가져야 한다.

만약 두 번째 항까지 더하면 $1 + \dfrac{1}{2}$ 을 얻으며 $\dfrac{1}{1-a} = 2$ 와 같은 값이 되기에는 $\dfrac{1}{2}$ 이 부족하다. 세 번째 항까지 더하면 $1\dfrac{3}{4}$ 을 얻으며 2가 되기에는 $\dfrac{1}{4}$ 만큼 부족하다. 네 번째 항까지 더하면 $1\dfrac{7}{8}$ 을 얻으며 $\dfrac{1}{8}$ 만큼 부족하다. 즉, 급수가 더 많은 항을 가질수록 2에 더 가깝다. 결과적으로 급수가 무한대로 진행된다면 그 합은 분수 $\dfrac{1}{1-a}$, 혹은 2와 동일한 값을 갖는다.

295 $a = \dfrac{1}{3}$ 이면 분수 $\dfrac{1}{1-a}$ 은 $\dfrac{1}{1-\dfrac{1}{3}} = \dfrac{3}{2} = 1\dfrac{1}{2}$ 이다. 이를 무한급수로 나타내면 $1 + \dfrac{1}{3} + \dfrac{1}{9} + \dfrac{1}{27} + \dfrac{1}{81} + \dfrac{1}{243} \cdots$ 이 되며, 이는 결과적으

로 $\dfrac{1}{1-a}$과 동일한 값을 가진다.

이 급수에서 첫 두 항을 더하면 $1\dfrac{1}{3}$이 되면 이는 $\dfrac{1}{1-a}$의 값과 $\dfrac{1}{6}$만큼 차이가 난다. 세 번째 항까지 더하면 $1\dfrac{4}{9}$가 되면 $\dfrac{1}{18}$만큼 차이가 난다. 네 번째 항까지 더하면 $1\dfrac{12}{27}$가 되며 $\dfrac{1}{1-a}$의 값과 $\dfrac{1}{54}$만큼의 차이가 있다. 항의 개수를 늘려갈 때마다 $\dfrac{1}{1-a}$의 값과 급수의 합의 차이는 $\dfrac{1}{3}$씩 줄어들기 때문에 결국에 그 차이는 0이 된다.

296 $a=\dfrac{2}{3}$이면 $\dfrac{1}{1-a}=\dfrac{1}{1-\dfrac{2}{3}}=3=1+\dfrac{2}{3}+\dfrac{4}{9}+\dfrac{8}{27}+\dfrac{16}{81}$ $+\dfrac{32}{243}+\cdots$는 무한대까지 가는 급수이다. 두 번째 항까지 더했을 때 $1\dfrac{2}{3}$를 얻으며 $1\dfrac{1}{3}$의 오차가 있다. 세 번째 항까지 더하면 $2\dfrac{1}{9}$을 얻으며 $\dfrac{8}{9}$의 오차가 있다. 네 번째 항까지 더했을 경우 $2\dfrac{11}{27}$을 얻으며 $\dfrac{16}{27}$만큼의 오차가 있다.

297 $a=\dfrac{1}{4}$이면 분수는 $\dfrac{1}{1-\dfrac{1}{4}}=\dfrac{1}{\dfrac{3}{4}}=1\dfrac{1}{3}$이 되고 급수는 $1+\dfrac{1}{4}$ $+\dfrac{1}{16}+\dfrac{1}{64}+\dfrac{1}{256}+\cdots$이 된다. 두 번째 항까지 더했을 때 $1\dfrac{1}{4}$을 얻으며 $\dfrac{1}{12}$의 오차가 있다. 세 번째 항까지 더하면 $1\dfrac{5}{16}$를 얻으며 $\dfrac{1}{48}$의 오차가 있다.

298 같은 방법으로 분수 $\dfrac{1}{1+a}$을 무한급수로 전개할 수 있다. 전개하기 위하여 분자 1을 분모 $1+a$로 아래와 같이 나누면 된다. 어느 정도 나눗셈을 한 후에는 그 나눗셈의 항이 얻는 규칙을 발견할 수 있다. 규칙에 따라 그 이후에 얻을 항들을 예측할 수 있다. 이 예와 같이 계속해서 나눗셈

을 하지 않아도 급수를 원하는 만큼 써 낼 수 있다.

$$1+a \,) \quad 1 \qquad\qquad\qquad\qquad (1-a+a^2-a^3+a^4$$

$$
\begin{array}{r}
1+a \\ \hline
-a \\
-a-a^2 \\ \hline
a^2 \\
a^2+a^3 \\ \hline
-a^3 \\
-a^3-a^4 \\ \hline
a^4 \\
a^4+a^5 \\ \hline
-a^5 \\
\vdots
\end{array}
$$

그러므로 분수 $\dfrac{1}{1+a}$ 은 다음의 급수와 동일한 값을 가진다.

$$1-a+a^2-a^3+a^4-a^5+a^6-a^7+\cdots$$

299 $a=1$ 일 때 다음과 같이 경이로운 비교를 할 수 있다.

$$\frac{1}{1+a}=\frac{1}{2}=1-1+1-1+1-1+1-1+\cdots$$

이 급수는 -1 에서 멈추면 그 합은 0이며 $+1$ 에서 멈추면 그 합은 1이므로 모순되어 보일 수도 있다. 그러나 이러한 성질 자체가 문제를 간단하게 만든다. 급수는 무한대로 진행되기 때문에 -1 이나 $+1$ 에서 멈출 수 없다. 당연히 그 합은 0이나 1도 아닌 그 중간 값인 $\dfrac{1}{2}$ 이어야 한다.[17]

---

17) 영문역자 주 : 어떠한 분수가 이끌어낸 무한급수도 나머지를 고려하지 않으면 실제로 그 분수와 같은 값을 가지지 않는다. 앞의 경우에서 나머지는 교대로 $\dfrac{1}{2}$ 과 $-\dfrac{1}{2}$ 이 나타난다. 급수가 0일 때는 $\dfrac{1}{2}$, 그리고 급수가 1일 때는 $-\dfrac{1}{2}$ 이기에 나머지를 고려한다면 분수의 실제 값과 같다. §293을 참조하라.

300 $\quad a = \dfrac{1}{2}$ 이면 $\dfrac{1}{1+\dfrac{1}{2}} = \dfrac{2}{3}$ 와 같은 분수를 얻는다. 이 분수는 무한대까지 가는 다음의 급수 $1 - \dfrac{1}{2} + \dfrac{1}{4} - \dfrac{1}{8} + \dfrac{1}{16} - \dfrac{1}{32} + \dfrac{1}{64} - \cdots$ 를 나타낸다. 처음의 두 항을 더하면 $\dfrac{1}{2}$ 이 되며 $\dfrac{2}{3}$ 보다 $\dfrac{1}{6}$ 이 작다. 세 항을 더하면 $\dfrac{3}{4}$ 이 되며 $\dfrac{2}{3}$ 보다 $\dfrac{1}{12}$ 이 더 많다. 만약 네 항을 더하면 $\dfrac{5}{8}$ 가 되며 $\dfrac{1}{24}$ 이 부족하다. 이렇게 계속해 나갈 수 있다.

301 $\quad a = \dfrac{1}{3}$ 이면 분수 $\dfrac{1}{1+\dfrac{1}{3}} = \dfrac{3}{4}$ 을 얻을 수 있으며 이는 무한대까지 가는 다음의 급수 $1 - \dfrac{1}{3} + \dfrac{1}{9} - \dfrac{1}{27} + \dfrac{1}{81} - \dfrac{1}{243} + \dfrac{1}{729} - \cdots$ 과 같다. 만약 처음 두 항을 더하면 $\dfrac{2}{3}$ 가 되며 $\dfrac{3}{4}$ 보다 $\dfrac{1}{12}$ 만큼 부족하다. 만약 세 항을 더하면 $\dfrac{7}{9}$ 이 되며 $\dfrac{1}{36}$ 이 더 많다. 만약 네 항을 더하면 $\dfrac{20}{27}$ 이 되며 $\dfrac{1}{108}$ 이 작다. 이렇게 계속해 나갈 수 있다.

302 $\quad$ 분수 $\dfrac{1}{1+a}$ 역시 다른 방법으로 무한급수로 전개할 수 있다. 즉, 다음과 같이 1을 $a+1$로 나눈다.

$$
\begin{array}{r}
a+1) \quad 1 \qquad \bigstar \qquad \left(\dfrac{1}{a} - \dfrac{1}{a^2} + \dfrac{1}{a^3} - \cdots \right. \\[2mm]
1 \ + \dfrac{1}{a} \\ \hline
-\dfrac{1}{a} \\[2mm]
-\dfrac{1}{a} \ - \dfrac{1}{a^2} \\ \hline
\dfrac{1}{a^2} \\[2mm]
\dfrac{1}{a^2} \ + \dfrac{1}{a^3} \\ \hline
-\dfrac{1}{a^3} \cdots
\end{array}
$$

결과적으로 분수 $\dfrac{1}{1+a}$ 은 무한급수 $\dfrac{1}{a} - \dfrac{1}{a^2} + \dfrac{1}{a^3} - \dfrac{1}{a^4} + \dfrac{1}{a^5} - \dfrac{1}{a^6} + \cdots$ 과 같은 값을 가진다. 만약 $a = 1$ 이라면 전과 같이 무한급수 $1 - 1 + 1 - 1 + 1 - 1 + \cdots\ 1 - 1 = \dfrac{1}{2}$ 을 갖는다. 만약 $a = 2$ 라면 무한급수 $\dfrac{1}{2} - \dfrac{1}{4} + \dfrac{1}{8} - \dfrac{1}{16} + \dfrac{1}{32} - \dfrac{1}{64} + \cdots \left(- \dfrac{1}{2^n}\right) = \dfrac{1}{3}$ 을 갖는다.

303 같은 방법으로 일반적인 분수 $\dfrac{c}{a+b}$ 를 무한급수로 전개하면 다음과 같다. 이곳에서도 다시 연분수의 법칙이 나타난다. $+,\ -$ 부호가 교대로 나타나며 각 항들은 전 단계의 항에 $\dfrac{b}{a}$ 를 곱하여 얻는다.

$$
a + b) \quad c \quad \bigstar \qquad\qquad \left(\dfrac{c}{a} - \dfrac{bc}{a^2} + \dfrac{b^2 c}{a^3} - \dfrac{b^3 c}{a^4}\right.
$$

$$
\begin{array}{l}
c \;+\; \dfrac{bc}{a} \\[2mm]
\hline
\;-\; \dfrac{bc}{a} \\[4mm]
\;-\; \dfrac{bc}{a} \quad -\; \dfrac{b^2 c}{a^2} \\[2mm]
\hline
\dfrac{b^2 c}{a^2} \\[4mm]
\dfrac{b^2 c}{a^2} \quad +\; \dfrac{b^3 c}{a^3} \\[2mm]
\hline
\;-\; \dfrac{b^3 c}{a^3}
\end{array}
$$

그러므로 $\dfrac{c}{a+b}$ 를 무한대까지 가는 급수 $\dfrac{c}{a} - \dfrac{bc}{a^2} + \dfrac{b^2 c}{a^3} - \dfrac{b^3 c}{a^4} + \cdots$ 와 비교할 수 있다.

$a = 2,\ b = 4,\ c = 3$ 이면

$$\frac{c}{a+b} = \frac{3}{2+4} = \frac{3}{6} = \frac{1}{2} = \frac{3}{2} - 3 + 6 - 12 + \cdots.$$

$a = 10, \ b = 1, \ c = 11$이면

$$\frac{c}{a+b} = \frac{11}{10+1} = 1 = \frac{11}{10} - \frac{11}{100} + \frac{11}{1000} - \frac{11}{10000} + \cdots$$

만약 급수의 첫 번째 항만을 생각한다면 $\frac{11}{10}$ 이 되며 분수의 값보다 $\frac{1}{10}$ 이 많다. 두 번째 항까지 더하면 $\frac{99}{100}$ 가 되며 $\frac{1}{100}$ 이 적다. 세 번째 항까지 더하면 $\frac{1001}{1000}$ 이 되며 $\frac{1}{1000}$ 이 많다. 이와 같이 계속할 수 있다.

304 제수에 2개 이상의 항이 있어도 앞과 같은 방법으로 나눗셈을 무한 반복할 수 있다. 즉, 분수 $\dfrac{1}{1-a+a^2}$ 이 주어진다면 이와 동일한 값을 가지는 무한급수를 다음의 과정을 통해 구할 수 있다.

$$
\begin{array}{l}
1-a+a^2)\ \ 1 \quad\ \ \star \quad\ \ \star \qquad (1+a-\cdots \\[4pt]
\qquad\quad \underline{1\ \ -a\ \ +a^2} \\
\qquad\qquad\ a\ \ -a^2 \\
\qquad\qquad\ \underline{a\ \ -a^2\ \ +a^3} \\
\qquad\qquad\qquad\ -a^3 \\
\qquad\qquad\qquad\ \underline{-a^3\ \ +a^4\ \ -a^5} \\
\qquad\qquad\qquad\qquad\ -a^4\ \ +a^5 \\
\qquad\qquad\qquad\qquad\ \underline{-a^4\ \ +a^5\ \ -a^6} \\
\qquad\qquad\qquad\qquad\qquad\ a^6 \\
\qquad\qquad\qquad\qquad\qquad\ \underline{a^6\ \ -a^7\ \ +a^8} \\
\qquad\qquad\qquad\qquad\qquad\qquad\ a^7\ \ -a^8 \\
\qquad\qquad\qquad\qquad\qquad\qquad\ \underline{a^7\ \ -a^8\ \ +a^9} \\
\qquad\qquad\qquad\qquad\qquad\qquad\qquad\ -a^9
\end{array}
$$

이로부터 다음과 같은 수식을 얻는다.

$$\frac{1}{1-a+a^2} = 1+a-a^3-a^4+a^6+a^7-\cdots$$

$a=1$일 경우 $1=1+1-1-1+1+1-1-1\cdots$을 얻는다. 이것은 급수 $1-1+1-1+1\cdots$을 2개 갖고 있으며 이 급수가 $\frac{1}{2}$임을 알기 때문에 위의 급수의 합이 $\frac{2}{2}$(또는 1)가 되어도 전혀 이상하지 않다.

$a=\frac{1}{2}$이면 수식 $\dfrac{1}{\frac{3}{4}}=\frac{4}{3}=1+\frac{1}{2}-\frac{1}{8}-\frac{1}{16}+\frac{1}{64}+\frac{1}{128}-\frac{1}{512}-\cdots$ 을 얻는다.

$a=\frac{1}{3}$이면 수식 $\dfrac{1}{\frac{7}{9}}=\frac{9}{7}=1+\frac{1}{3}-\frac{1}{27}-\frac{1}{81}+\frac{1}{729}+\cdots$을 얻는다. 첫 네 항을 더하면 $\frac{104}{81}$가 되며 이는 $\frac{9}{7}$와 $\frac{1}{567}$만큼밖에 차이가 나지 않는다. $a=\frac{2}{3}$이면 수식 $\dfrac{1}{\frac{7}{9}}=\frac{9}{7}=1+\frac{2}{3}-\frac{8}{27}-\frac{16}{81}+\frac{64}{729}+\cdots$를 얻는다. 이 급수 값은 $a=\frac{1}{3}$인 경우의 급수 값과 동일하게 $\frac{9}{7}$이다. 두 급수의 차를 구하면 $\frac{1}{3}-\frac{7}{27}-\frac{15}{81}+\frac{63}{729}+\cdots$이 되며 이 값은 0이다.

305 이 장에서 설명한 방법들은 대부분의 분수들을 무한급수로 전개할 수 있게 도와주는 유용한 도구가 된다. 끝이 없는 무한급수가 어떠한 값이 될 수 있다는 것 역시 눈여겨볼 만하다. 이 분야의 수학에서 매우 중요한 발견들을 얻었다. 따라서 이 분야는 극도의 관심을 가지고 연구할 가치가 있다.

연습 문제

01. $\dfrac{ax}{a-x}$ 를 무한급수로 전개하여라.

$$x + \frac{x^2}{a} + \frac{x^3}{a^2} + \frac{x^4}{a^3} + \cdots$$

02. $\dfrac{b}{a+x}$ 를 무한급수로 전개하여라.

$$\frac{b}{a} \times \left(1 - \frac{x}{a} + \frac{x^2}{a^2} - \frac{x^3}{a^3} + \cdots\right)$$

03. $\dfrac{a^2}{x+b}$ 을 무한급수로 전개하여라.

$$\frac{a^2}{x} \times \left(1 - \frac{b}{x} + \frac{b^2}{x^2} - \frac{b^3}{x^3} + \cdots\right)$$

04. $\dfrac{1+x}{1-x}$ 를 무한급수로 전개하여라.

$$1 + 2x + 2x^2 + 2x^3 + 2x^4 + \cdots$$

05. $\dfrac{a^2}{(a+x)^2}$ 을 무한급수로 전개하여라.

$$1 - \frac{2x}{a} + \frac{3x^2}{a^2} - \frac{4x^3}{a^3} + \cdots$$

2.6. 다항식의 제곱

306 다항식의 제곱은 다항식을 다항식 자신과 곱해 얻을 수 있다. 예를 들어 $a+b$의 제곱은 다음과 같이 구할 수 있다.

$$
\begin{array}{r}
a + b \\
a + b \\
\hline
a^2 + ab \\
ab + b^2 \\
\hline
a^2 + 2ab + b^2
\end{array}
$$

307 $a+b$와 같이 밑이 2개의 항의 합으로 이루어질 때 그것의 제곱은 다음을 포함한다. 각 항의 제곱, a^2과 b^2 그리고 두 항의 곱의 2배 $2ab$이다. 그러므로 $a^2+2ab+b^2$은 $a+b$의 제곱이다. $a=10$이고 $b=3$이라면, 즉 $10+3$의 제곱을 구하려면 $100+60+9$, 혹은 169를 얻는다.

308 앞의 공식을 이용해서 큰 수도 두 부분으로 나누면 그 제곱을 구할 수 있다. 예로 57의 제곱을 구한다면 $50+7$로 나타낸 후 앞의 공식에 따라 $2500+700+49=3249$를 얻을 수 있다.

309 그러므로 $a+1$의 제곱은 a^2+2a+1이다. a의 제곱은 a^2이므로 이를 $2a+1$에 더해서 $a+1$의 제곱을 구할 수 있다. $2a+1$이 밑 a와 $a+1$의 합이 된다는 것에 주목하라.

따라서 10의 제곱은 100이므로 11의 제곱은 $100+21$이다(a는 10이므로 $2a+1$은 21). 57의 제곱은 $3,249$이므로 58의 제곱은 $3249+115=3364$이다. 59의 제곱은 $3364+117=3481$이며 60의 제곱은 $3481+119=3600$이다.

310 $a+b$와 같은 다항식의 제곱은 $(a+b)^2$과 같이 나타낸다. 그러므로 $(a+b)^2 = a^2 + 2ab + b^2$을 얻으며 다음과 같은 식을 유추할 수 있다.

$$(a+1)^2 = a^2 + 2a + 1 \qquad (a+2)^2 = a^2 + 4a + 4$$
$$(a+3)^2 = a^2 + 6a + 9 \qquad (a+4)^2 = a^2 + 8a + 16$$

311 만약 밑이 $a-b$라면 그 제곱은 $a^2 - 2ab + b^2$이다. 이 식 역시 두 항의 제곱을 포함하고 있지만 이 경우에는 그 합에서 두 항의 곱의 2배를 빼 주어야 한다. 예를 들어 $a = 10$, $b = -1$이라면 9의 제곱은 $100 - 20 + 1 = 81$이다.

312 식 $(a-b)^2 = a^2 - 2ab + b^2$을 보면 $(a-1)^2 = a^2 - 2a + 1$임을 알 수 있다. 즉, $a-1$의 제곱은 a^2에서 두 밑 a와 $a-1$을 빼서 얻을 수 있다. 예를 들어 $a = 50$이면 $a^2 = 2500$이며 $2a - 1 = 99$이므로 $49^2 = 2500 - 99 = 2401$이다.

313 앞의 규칙들은 분수에도 적용된다. $\dfrac{3}{5} + \dfrac{2}{5} = 1$의 제곱은 $\dfrac{9}{25} + \dfrac{12}{25} + \dfrac{4}{25} = \dfrac{25}{25} = 1$이며 $\dfrac{1}{2} - \dfrac{1}{3} = \dfrac{1}{6}$의 제곱은 $\dfrac{1}{4} - \dfrac{1}{3} + \dfrac{1}{9} = \dfrac{1}{36}$이다.

314 밑이 2개 이상의 항으로 이루어져 있어도 밑의 제곱을 구하는 방법은 똑같다. 예를 들어 $a+b+c$의 제곱을 구해 보자.

$$
\begin{array}{l}
a+b+c \\
\underline{a+b+c} \\
a^2 + ab + ac \\
\quad ab + b^2 + bc \\
\quad\quad \underline{ac + bc + c^2} \\
a^2 + 2ab + 2ac + b^2 + 2bc + c^2
\end{array}
$$

이 결과를 보면 밑의 각 항의 제곱과 두 항을 곱한 것의 2배로 이루어져 있다는 것을 알 수 있다.

315 앞의 사실을 예로 설명하기 위하여 256을 세 부분 $200+50+6$으로 나누어 보자. 256의 제곱은 다음과 같이 구성된다.

$$
\begin{aligned}
200^2 &= 40000 \\
50^2 &= 2500 \\
6^2 &= 36 \\
2(50 \times 200) &= 20000 \\
2(6 \times 200) &= 2400 \\
2(6 \times 50) &= \underline{600} \\
65536\ &= 256 \times 256,\ \text{또는}\ 256^2
\end{aligned}
$$

316 밑의 어떤 항이 음수일 경우 역시 같은 법칙으로 제곱을 구할 수 있다. 다만 두 항을 곱한 것의 2배로 이루어진 항의 부호만 주의하면 된다. 그러므로 $(a-b-c)^2 = a^2 + b^2 + c^2 - 2ab - 2ac - 2bc$가 된다. 만약에 256을 $300-40-4$로 나타내면 다음의 식을 얻는다.

양수 부분

$$
\begin{aligned}
300^2 &= 90000 \\
40^2 &= 1600 \\
2(40 \times 4) &= 320 \\
4^2 &= \underline{16} \\
&\ 91936
\end{aligned}
$$

음수 부분

$$
\begin{aligned}
2(40 \times 300) &= 24000 \\
2(4 \times 300) &= \underline{2400} \\
&\ -26400
\end{aligned}
$$

$$
\begin{aligned}
&91936 \\
-\,&\underline{26400} \\
&65536,\ \text{앞에처럼}\ 256\text{의 제곱}
\end{aligned}
$$

2.7. 다항식에서 밑(root) 찾아내기

317 이 연산에 규칙을 부여해 보자. $a+b$의 제곱은 $a^2+2ab+b^2$임을 주목하면 주어진 제곱의 밑을 구할 수 있다.

318 일단 제곱의 형태인 $a^2+2ab+b^2$이 여러 개의 항으로 이루어져 있기 때문에 그 밑 역시 1개 이상의 항으로 이루어져 있어야 한다. 제곱의 항들을 다음의 규칙대로 나열해 보자. 문자 중 하나, 예를 들어 a를 지수가 높은 순서부터 낮은 순서로 차례대로 써 넣는다. 그러면 첫 번째 항은 밑의 첫 번째 항의 제곱과 같을 것이다. 위의 제곱의 첫 번째 항은 a^2이기에 밑의 첫 번째 항은 a이다.

319 그러므로 밑의 첫 번째 항 a를 찾았으므로 제곱의 나머지 부분인 $2ab+b^2$을 보고 밑의 두 번째 항인 b를 찾을 수 있는지 살펴보자. 나머지 $2ab+b^2$은 곱 $(2a+b)b$로 나타낼 수 있으며 이는 $(2a+b)$와 b라는 인수를 가지고 있다. 나머지 $2ab+b^2$을 $2a+b$로 나누면 밑의 두 번째 부분 b를 얻을 수 있음이 명백하다.

320 앞의 나머지를 $2a+b$로 나눠서 얻은 몫은 밑의 두 번째 항이 된다. 이 나눗셈에서 $2a$는 이미 찾아낸 몫의 첫 번째 항인 a의 2배임을 관찰할 수 있다. 그러므로 두 번째 항을 아직 몰라서 당분간 빈칸으로 남겨 두더라도 일단 나누기를 해야 한다. 왜냐하면 그 안에 있는 첫 항 $2a$를 처리해야 하기 때문이다. 그 몫(여기서는 b)을 찾으면 그것을 빈칸에 넣으면 나누기가 끝난다.

321 제곱 $a^2 + 2ab + b^2$의 밑을 구하는 계산을 다음과 같이 나타낼 수 있다.

$$
\begin{array}{r}
a^2 + 2ab + b^2 \quad (a + b \\
\underline{a^2} \\
2a + b) \qquad 2ab + b^2 \\
\underline{2ab + b^2} \\
0
\end{array}
$$

322 이와 같은 방법으로 다른 다항식이 제곱이란 가정하에 다음 예를 통하여 제곱근을 구할 수 있다.

$$
\begin{array}{r}
a^2 + 6ab + 9b^2 \quad (a + 3b \\
\underline{a^2} \\
2a + 3b) \qquad 6ab + 9b^2 \\
\underline{6ab + 9b^2} \\
0
\end{array}
$$

$$
\begin{array}{r}
4a^2 - 4ab + b^2 \quad (2a - b \\
\underline{4a^2} \\
4a - b) \qquad -4ab + b^2 \\
\underline{-4ab + b^2} \\
0
\end{array}
$$

$$
\begin{array}{r}
9p^2 + 24pq + 16q^2 \quad (3p + 4q \\
\underline{9p^2} \\
6p + 4q) \qquad 24pq + 16q^2 \\
\underline{24pq + 16q^2} \\
0
\end{array}
$$

$$
\begin{array}{r}
25x^2 - 60x + 36 \quad (5x - 6 \\
\underline{25x^2} \\
10x - 6) \qquad -60x + 36 \\
\underline{-60x + 36} \\
0
\end{array}
$$

323 나눗셈 후에 나머지가 있다는 것은 밑이 2개보다 많은 항으로 이루어져 있다는 증거다. 그러한 경우에는 이미 찾아낸 두 항을 밑의 첫 번째 부분이라 본다. 밑의 다른 부분은 나머지에서 얻을 수 있다. 다음의 예들은 이 과정을 명료하게 보여 준다.

$$
\begin{array}{r}
a^2 + 2ab - 2ac - 2bc + b^2 + c^2 \quad (a+b-c \\
a^2 \\
\hline
2a+b)\quad 2ab - 2ac - 2bc + b^2 + c^2 \\
2ab \qquad\quad + b^2 \\
\hline
2a+2b-c)\quad -2ac - 2bc + c^2 \\
-2ac - 2bc + c^2 \\
\hline
0
\end{array}
$$

$$
\begin{array}{r}
a^4 + 2a^3 + 3a^2 + 2a + 1 \quad (a^2 + a + 1 \\
a^4 \\
\hline
2a^2 + a)\quad 2a^3 + 3a^2 \\
2a^3 + a^2 \\
\hline
2a^2 + 2a + 1)\quad 2a^2 + 2a + 1 \\
2a^2 + 2a + 1 \\
\hline
0
\end{array}
$$

$$
\begin{array}{r}
a^4 - 4a^3b + 8ab^3 + 4b^4 \qquad (a^2 - 2ab - 2b^2 \\
a^4 \\
\hline
2a^2 - 2ab)\quad -4a^3b + 8ab^3 + 4b^4 \\
-4a^3b + 4a^2b^2 \\
\hline
2a^2 - 4ab - 2b^2)\quad -4a^2b^2 + 8ab^3 + 4b^4 \\
-4a^2b^2 + 8ab^3 + 4b^4 \\
\hline
0
\end{array}
$$

$$
\begin{array}{r}
(a^3 - 3a^2b + 3ab^2 - b^3 \\
a^6 - 6a^5b + 15a^4b^2 - 20a^3b^3 + 15a^2b^4 - 6ab^5 + b^6 \\
a^6
\end{array}
$$

$$2a^3 - 3a^2b)\quad -6a^5b + 15a^4b^2$$
$$-6a^5b + 9a^4b^2$$

$$2a^3 - 6a^2b + 3ab^2)\qquad 6a^4b^2 - 20a^3b^3 + 15a^2b^4$$
$$6a^4b^2 - 18a^3b^3 + 9a^2b^4$$

$$2a^3 - 6a^2b + 6ab^2 - b^3)\qquad -2a^3b^3 + 6a^2b^4 - 6ab^5 + b^6$$
$$-2a^3b^3 + 6a^2b^4 - 6ab^5 + b^6$$
$$0$$

324 앞의 규칙을 통해 『제곱근을 찾아내는 산술』과 같은 책들에서 가르치는 방법을 이끌어 낼 수 있다. 다음은 수를 사용한 예이다.

$$
\begin{array}{r}
\dot{5}2\dot{9} \quad (23 \\
4 \\
\hline
43)\quad 129 \\
129 \\
\hline
0
\end{array}
\qquad
\begin{array}{r}
2\dot{3}0\dot{4} \quad (48 \\
16 \\
\hline
88)\quad 704 \\
704 \\
\hline
0
\end{array}
$$

$$
\begin{array}{r}
\dot{4}09\dot{6} \quad (64 \\
36 \\
\hline
124)\quad 496 \\
496 \\
\hline
0
\end{array}
\qquad
\begin{array}{r}
\dot{9}60\dot{4} \quad (98 \\
81 \\
\hline
188)\quad 1504 \\
1504 \\
\hline
0
\end{array}
$$

$$
\begin{array}{r}
\dot{1}562\dot{5} \quad (125 \\
1 \\
\hline
22)\quad 56 \\
44 \\
\hline
245)\quad 1225 \\
1225 \\
\hline
0
\end{array}
\qquad
\begin{array}{r}
99800\dot{1} \quad (999 \\
81 \\
\hline
189)\quad 1880 \\
1701 \\
\hline
1989)\quad 17901 \\
17901 \\
\hline
0
\end{array}
$$

325 앞의 계산을 다 한 후에도 나머지가 있을 수 있다. 이는 주어진 수

가 제곱이 아니라는 증거이기 때문에 그 수의 밑을 구할 수 없다. 그러한 경우에는 근호를 사용해야 한다. 근호는 식 앞에 쓰며, 식은 괄호 안에 들어가거나 선 밑에 쓴다. a^2+b^2의 제곱근은 $\sqrt{(a^2+b^2)}$, 혹은 $\sqrt{a^2+b^2}$ 과 같이 나타낸다. $1-x^2$의 제곱근은 이와 같이 $\sqrt{(1-x^2)}$ 또는 $\sqrt{1-x^2}$ 으로 나타낸다. 근호 대신 분수 지수 $\frac{1}{2}$ 을 사용할 수도 있다. 분수 지수를 사용해서 a^2+b^2의 제곱근을 나타내면 $(a^2+b^2)^{\frac{1}{2}}$ 이다.

2.8. 무리수의 연산

326 2개 이상의 무리수를 더해야 한다면 다음과 같은 규칙을 따라야 한다. 전에 나온 방법처럼 적절한 부호를 가진 각 항을 모두 연결하여 간단하게 만든다. 예를 들어 $\sqrt{a}+\sqrt{a}$는 $2\sqrt{a}$로 대체할 수 있으며 $\sqrt{a}-\sqrt{a}$는 서로를 소거시키기 때문에 0이 된다. 즉, $3+\sqrt{2}$ 와 $1+\sqrt{2}$ 의 합은 $4+2\sqrt{2}$ 혹은 $4+\sqrt{8}$ 이며, $5+\sqrt{3}$ 와 $4-\sqrt{3}$ 의 합은 9이다. $2\sqrt{3}+3\sqrt{2}$ 와 $\sqrt{3}-\sqrt{2}$ 의 합은 $3\sqrt{3}+2\sqrt{2}$ 이다.

327 뺄셈 역시 간단하다. 뺄셈 부호가 붙은 수들의 부호를 바꾸어 주고 더해 준다. 아래의 뺄셈에서 첫 번째 줄에서 두 번째 줄을 빼 보자.

$$\begin{array}{r} 4-\ \sqrt{2}+2\sqrt{3}-3\sqrt{5}+4\sqrt{6} \\ 1+2\sqrt{2}-2\sqrt{3}-5\sqrt{5}+6\sqrt{6} \\ \hline 3-3\sqrt{2}+4\sqrt{3}+2\sqrt{5}-2\sqrt{6} \end{array}$$

328 곱하기를 할 때는 $\sqrt{a}$ 곱하기 $\sqrt{a}$ 가 a라는 사실을 기억하자.

$\sqrt{}$ 안의 수가 다른 경우, 예를 들어 $\sqrt{a}$ 와 $\sqrt{b}$ 의 곱은 $\sqrt{ab}$ 이다. 이 사실을 염두에 둔다면 다음의 예를 쉽게 계산할 수 있다.

$$
\begin{array}{r}
1+\sqrt{2} \\
1+\sqrt{2} \\
\hline
1+\sqrt{2} \\
\sqrt{2}+2 \\
\hline
1+2\sqrt{2}+2 = 3+2\sqrt{2}
\end{array}
\qquad
\begin{array}{r}
4+2\sqrt{2} \\
2-\sqrt{2} \\
\hline
8+4\sqrt{2} \\
-4\sqrt{2}-4 \\
\hline
8-4 = 4
\end{array}
$$

329 이러한 규칙들은 허수에도 적용된다. $\sqrt{-a}$ 와 $\sqrt{-a}$ 의 곱은 $-a$ 다. $-1+\sqrt{-3}$ 의 세제곱을 구하려면 먼저 그 수의 제곱을 구한 후 다시 같은 수와 곱한다. 이 과정은 다음의 계산에 잘 나타나 있다.

$$
\begin{array}{r}
-1+\sqrt{-3} \\
-1+\sqrt{-3} \\
\hline
1-\sqrt{-3} \\
-\sqrt{-3}-3 \\
\hline
1-2\sqrt{-3}-3 =
\end{array}
\quad
\begin{array}{r}
-2-2\sqrt{-3} \\
-1+\sqrt{-3} \\
\hline
2+2\sqrt{-3} \\
-2\sqrt{-3}+6 \\
\hline
2+6 = 8
\end{array}
$$

330 무리수의 나눗셈을 할 때에는 주어진 수를 분수 형태로 나타낸 후 그 분수를 분모가 유리수인 분수로 다시 나타낸다. 만약 $a+\sqrt{b}$ 가 분모라면 $a-\sqrt{b}$ 를 분모와 분자에 곱하여 새로운 분모 a^2-b 를 얻는다. 예를 들어 $3+2\sqrt{2}$ 를 $1+\sqrt{2}$ 로 나눌 때에는 $\dfrac{3+2\sqrt{2}}{1+\sqrt{2}}$ 의 분모와 분자에 $1-\sqrt{2}$ 를 곱한다. 분자는 다음과 같이 계산한다.

$$
\begin{array}{r}
3 + 2\sqrt{2} \\
1 - \sqrt{2} \\
\hline
3 + 2\sqrt{2} \\
-3\sqrt{2} - 4 \\
\hline
3 - \sqrt{2} - 4 = -\sqrt{2} - 1
\end{array}
$$

분모는 다음과 같이 계산한다.

$$
\begin{array}{r}
1 + \sqrt{2} \\
1 - \sqrt{2} \\
\hline
1 + \sqrt{2} \\
-\sqrt{2} - 2 \\
\hline
1 - 2 = -1
\end{array}
$$

우리가 얻은 분수는 $\dfrac{-\sqrt{2}-1}{-1}$ 이며 분모와 분자에 -1을 곱하면 분자는 $\sqrt{2}+1$가 되며 분모는 $+1$이 된다. $\sqrt{2}+1$이 처음에 주어진 분수 $\dfrac{3+2\sqrt{2}}{1+\sqrt{2}}$ 와 같다는 것을 보여 주는 것은 간단하다. $\sqrt{2}+1$과 제수 $1+\sqrt{2}$ 의 곱은 다음과 같다.

$$
\begin{array}{r}
1 + \sqrt{2} \\
1 + \sqrt{2} \\
\hline
1 + \sqrt{2} \\
\sqrt{2} + 2 \\
\hline
1 + 2\sqrt{2} + 2 = 3 + 2\sqrt{2}
\end{array}
$$

다른 예를 보자. $8 - 5\sqrt{2}$를 $3 - 2\sqrt{2}$로 나눌 경우에 그 분수는 $\dfrac{8-5\sqrt{2}}{3-2\sqrt{2}}$ 이다. 분모와 분자를 $3 + 2\sqrt{2}$로 곱하면 다음과 같은 분자를 얻는다.

$$
\begin{array}{r}
8 - 5\sqrt{2} \\
3 + 2\sqrt{2} \\
\hline
24 - 15\sqrt{2} \\
16\sqrt{2} - 20 \\
\hline
24 + \sqrt{2} - 20 = 4 + \sqrt{2}
\end{array}
$$

또한 다음과 같은 분모를 얻는다.

$$
\begin{array}{r}
3 - 2\sqrt{2} \\
3 + 2\sqrt{2} \\
\hline
9 - 6\sqrt{2} \\
6\sqrt{2} - 8 \\
\hline
9 - 8 = 1
\end{array}
$$

결과적으로 몫은 $4 + \sqrt{2}$ 이며 이는 앞의 예와 같이 주어진 분수의 분모와 곱하여 다음과 같이 증명할 수 있다.

$$
\begin{array}{r}
4 + \sqrt{2} \\
3 - 2\sqrt{2} \\
\hline
12 + 3\sqrt{2} \\
-8\sqrt{2} - 4 \\
\hline
12 - 5\sqrt{2} - 4 = 8 - 5\sqrt{2}
\end{array}
$$

331 같은 방법으로 무리수로 이루어진 분수를 분모가 유리수인 분수로 만들 수 있다. 분수 $\dfrac{1}{5 - 2\sqrt{6}}$ 이 있다면 분모와 분자에 동시에 $5 + 2\sqrt{6}$ 을 곱하여 $\dfrac{5 + 2\sqrt{6}}{1} = 5 + 2\sqrt{6}$ 과 같이 변형시켜 준다. 같은 방법으로 분수 $\dfrac{2}{-1 + \sqrt{-3}}$ 는 $\dfrac{2 + 2\sqrt{-3}}{-4} = \dfrac{1 + \sqrt{-3}}{-2}$ 이 되고 분수 $\dfrac{\sqrt{6} + \sqrt{5}}{\sqrt{6} - \sqrt{5}}$ 는 $11 + 2\dfrac{\sqrt{30}}{1} = 11 + 2\sqrt{30}$ 이 된다.

332 분모가 여러 개의 항으로 이루어져 있다면 이와 같은 방법으로 근

호를 하나씩 지워나간다. 분수 $\dfrac{1}{\sqrt{10}-\sqrt{2}-\sqrt{3}}$ 가 있다면 분모와 분자에 $\sqrt{10}+\sqrt{2}+\sqrt{3}$ 을 곱하여 분수 $\dfrac{\sqrt{10}+\sqrt{2}+\sqrt{3}}{5-2\sqrt{6}}$ 을 얻는다. 다시 분모와 분자에 $5+2\sqrt{6}$ 을 곱하면 분모가 1이 되어 $5\sqrt{10}+11\sqrt{2}+9\sqrt{3}+2\sqrt{60}$ 을 얻는다.

2.9. 세제곱과 세제곱근의 전개

333 $a+b$의 세제곱을 계산하려면 $a+b$의 제곱인 $a^2+2ab+b^2$에 $a+b$를 곱해야 한다. 즉 다음과 같다.

$$
\begin{array}{r}
a^2+2ab+b^2 \\
a+b \\
\hline
a^3+2a^2b+ab^2 \\
a^2b+2ab^2+b^3 \\
\hline
\end{array}
$$

$$세제곱은 \quad a^3+3a^2b+3ab^2+b^3$$

앞의 세제곱은 다음을 포함한다. 밑의 두 항 a와 b의 세제곱과 $3a^2b+3ab^2$이다. $3a^2b+3ab^2$은 $(3ab)\times(a+b)$와 같으며 이는 $a\times b$의 3배에 $a+b$를 곱한 것과 같다.

334 두 항으로 이루어진 밑의 세제곱을 구할 때에는 앞의 규칙을 사용하면 편리하다. 예를 들어 $5=3+2$의 세제곱은 $27+8+(18\times5)=125$이다. $7+3=10$의 세제곱은 $343+27+(63\times10)=1000$이다. 36의 세제곱을 구하려면 밑을 $36=30+6$으로 나타낸 후 앞의 규칙에 따라 다음과 같이 세제곱 $27000+216+(54026)=46656$을 구할 수 있다.

335 반면에 세제곱이 $a^3 + 3a^2b + 3ab^2 + b^3$으로 주어지고 그 밑을 찾아야 한다면 다음 사실을 기억해야만 한다.

세제곱이 한 문자의 지수에 따라 높은 순서부터 낮은 순서로 나열되어 있을 때 a의 세제곱이 a^3이므로 세제곱의 a^3으로부터 밑의 첫 번째 항이 a임을 알 수 있다. $a^3 + 3a^2b + 3ab^2 + b^3$에서 a^3을 빼면 $3a^2b + 3ab^2 + b^3$을 얻는데, 이것을 통해 밑의 두 번째 항을 알아낼 수 있다.

336 앞의 §333에서 두 번째 항이 $+b$라는 것을 알고 있다. 앞의 나머지를 통해 어떻게 $+b$를 얻을 수 있는지 알아보자. 앞의 나머지는 두 항의 곱, $(3a^2 + 3ab + b^2) \times (b)$으로 나타낼 수 있으며 이를 $3a^2 + 3ab + b^2$으로 나누면 밑의 두 번째 항인 $+b$를 얻는다.

337 일반적으로 세제곱의 밑을 구할 때에는 두 번째 항과 제수를 모르는 상태에서 시작한다. 그러나 제수의 첫 번째 항은 언제나 밑의 첫 번째 항의 제곱의 3배이다. 앞의 경우에는 밑의 첫 번째 항이 a이므로 제수의 첫 번째 항은 $3a^2$이 된다. 밑의 다른 부분인 b를 찾아내고 이를 통해 제수의 나머지를 찾아내서 나눗셈을 할 수 있다. 나눗셈이 나누어떨어지게 하기 위해서는 $3a^2$과 두 항의 곱의 3배인 $3ab$ 그리고 b^2 또는 두 번째 항의 제곱을 붙여야 한다.

338 지금까지 설명한 것을 다른 예에 적용해 보자.

$$
\begin{array}{r}
a^3 + 12a^2 + 48a + 64 \quad (a+4 \\
\underline{a^3 \qquad\qquad\qquad} \\
3a^2 + 12a + 16)\quad 12a^2 + 48a + 64 \\
\underline{12a^2 + 48a + 64} \\
0
\end{array}
$$

$$a^6 - 6a^5 + 15a^4 - 20a^3 + 15a^2 - 6a + 1 \ (a^2 - 2a + 1$$

$$\underline{\quad a^6 \qquad\qquad\qquad\qquad\qquad\qquad\qquad}$$

$$3a^4 - 6a^3 + 4a^2) \quad \underline{- 6a^5 + 15a^4 - 20a^3}$$
$$- 6a^5 + 12a^4 - 8a^3$$

$$3a^4 - 12a^3 + 12a^2 + 3a^2 - 6a + 1) \quad 3a^4 - 12a^3 + 15a^2 - 6a + 1$$
$$\underline{3a^4 - 12a^3 + 15a^2 - 6a + 1}$$
$$0$$

339 우리가 한 계산은 수의 세제곱근을 구하기 위해 쓰는 법칙과 똑같다. 다음의 예를 통해 $2,197$의 세제곱근을 구하기 위해 사용하는 연산들을 살펴보자.

$$
\begin{array}{r|l}
 & \dot{2}19\dot{7} \quad (10+3=13 \\
 & \overline{1000} \\
300 & 1197 \\
90 & \\
9 & \\
\hline
399 & 1197 \\
 & 0
\end{array}
$$

또한 $34,965,783$의 세제곱근을 구해 보자.[18]

$$
\begin{array}{r|l}
 & \dot{3}4965\dot{7}8\dot{3} \quad (300+20+7, \ \text{또는} \ 327 \\
 & 27000000 \\
270000 & 7965783 \\
18000 & \\
400 & \\
\hline
288400 & 5768000 \\
307200 & 2197783 \\
6720 & \\
49 & \\
\hline
313969 & 2197783 \\
 & 0
\end{array}
$$

---

18) 역자 주: 계산기가 나오기 전에는 세제곱근을 구하는 문제가 매우 중요했다.

2.10. 다항식의 거듭제곱

340 제곱과 세제곱을 공부했으니 이제 일반적인 거듭제곱에 대해 알아보자. 밑이 다항식일 때는 괄호 안에 꼭 넣어야 한다. $(a+b)^5$은 $a+b$의 다섯 제곱을 의미하며 $(a-b)^6$은 $a-b$의 여섯 제곱을 의미한다. 이 절에서는 이 거듭제곱의 성질에 대해서 알아보자.

341 $a+b$가 밑, 혹은 한 제곱이면 높은 지수의 거듭제곱은 곱셈을 이용해서 다음과 같은 방법으로 구할 수 있다.

$$
\begin{aligned}
(a+b)^1 \;=&\;\; a+b \\
&\;\; \underline{a+b} \\
&\;\; a^2+ab \\
&\;\;\;\;\;\; \underline{ab+b^2} \\
(a+b)^2 \;=&\;\; a^2+2ab+b^2 \\
&\;\; \underline{a+b} \\
&\;\; a^2+2a^2b+ab^2 \\
&\;\;\;\;\;\; \underline{a^2b+2ab^2+b^3} \\
(a+b)^3 \;=&\;\; a^3+3a^2b+3ab^2+b^3 \\
&\;\; \underline{a+b} \\
&\;\; a^4+3a^3b+3a^2b^2+ab^3 \\
&\;\;\;\;\;\; \underline{a^3b+3a^2b^2+3ab^3+b^4} \\
(a+b)^4 \;=&\;\; a^4+4a^3b+6a^2b^2+4ab^3+b^4 \\
&\;\; \underline{a+b} \\
&\;\; a^5+4a^4b+6a^3b^2+4a^2b^3+ab^4 \\
&\;\;\;\;\;\; \underline{a^4b+4a^3b^2+6a^2b^3+4ab^4+b^5} \\
(a+b)^5 \;=&\;\; a^5+5a^4b+10a^3b^2+10a^2b^3+5ab^4+b^5 \\
&\;\; \underline{a+b} \\
&\;\; a^6+5a^5b+10a^4b^2+10a^3b^3+5a^2b^4+ab^5 \\
&\;\;\;\;\;\; \underline{a^5b+5a^4b^2+10a^3b^3+10a^2b^4+5ab^5+b^6} \quad \cdots \\
(a+b)^6 \;=&\;\; a^6+6a^5b+15a^4b^2+20a^3b^3+15a^2b^4+6ab^5+b^6
\end{aligned}
$$

342 밑이 $a-b$인 경우의 거듭제곱도 같은 방법으로 구할 수 있다. 두 번째, 네 번째, 여섯 번째 항인 짝수 항에 음의 부호가 붙는다는 점을 제외하면 앞의 연산과 다른 점이 없다.

$$
\begin{aligned}
(a-b)^1 \;=\;& a-b \\
& \underline{a-b} \\
& a^2 - ab \\
& \underline{\quad -ab + b^2} \\
(a-b)^2 \;=\;& a^2 - 2ab + b^2 \\
& \underline{a-b} \\
& a^3 - 2a^2 b + ab^2 \\
& \underline{\quad -a^2 b + 2ab^2 - b^3} \\
(a-b)^3 \;=\;& a^3 - 3a^2 b + 3ab^2 - b^3 \\
& \underline{a-b} \\
& a^4 - 3a^3 b + 3a^2 b^2 - ab^3 \\
& \underline{\quad -a^3 b + 3a^2 b^2 - 3ab^3 + b^4} \\
(a-b)^4 \;=\;& a^4 - 4a^3 b + 6a^2 b^2 - 4ab^3 + b^4 \\
& \underline{a-b} \\
& a^5 - 4a^4 b + 6a^3 b^2 - 4a^2 b^3 + ab^4 \\
& \underline{\quad -a^4 b + 4a^3 b^2 - 6a^2 b^3 + 4ab^4 - b^5} \\
(a-b)^5 \;=\;& a^5 - 5a^4 b + 10a^3 b^2 - 10a^2 b^3 + 5ab^4 - b \\
& \underline{a-b} \\
& a^6 - 5a^5 b + 10a^4 b^2 - 10a^3 b^3 + 5a^2 b^4 - ab^5 \\
& \underline{\quad -a^5 b + 5a^4 b^2 - 10a^3 b^3 + 10a^2 b^4 - 5ab^5 + b^6} \quad \cdots \\
(a-b)^6 \;=\;& a^6 - 6a^5 b + 15a^4 b^2 - 20a^3 b^3 + 15a^2 b^4 - ab^5 + b^6
\end{aligned}
$$

b의 홀수 지수에는 음의 부호가 붙어 있으며 b의 짝수 지수에는 양의 부호가 붙어 있다. 이 이유는 명백하다. $-b$는 밑의 항이며 b의 거듭제곱은 다음의 순서대로 전개된다.

$-b,\ +b^2,\ -b^3,\ +b^4,\ -b^5,\ +b^6, \cdots$ 이는 짝수 지수에 양의 부호가 붙고, 홀수 지수에는 반대로 음의 부호가 붙는다는 것을 의미한다.

343 여기서 중요한 질문을 할 수 있다. 반복적으로 계산하지 않고 $a+b$ 또는 $a-b$의 모든 거듭제곱을 구하려면 어떻게 해야 할까?

$a+b$의 거듭제곱의 전개식에서 짝수 지수의 부호, 즉 제곱, 네제곱, 여섯 제곱 등을 바꾸면 $a-b$의 거듭제곱을 얻는다. 그러므로 $a+b$의 모든 거듭제곱을 구할 수 있다면 $a-b$의 거듭제곱 역시 찾아낼 수 있다. 관건은 전 단계의 거듭제곱을 계산하지 않으면서도 높은 지수를 가진 $a+b$의 거듭제곱을 찾아낼 수 있는 규칙을 발견하는 것이다.

344 앞에서 얻은 거듭제곱들을 보자. 각 항의 앞에 붙는 수들을 계수라고 한다. 각 항에서 계수들을 제외한 거듭제곱에서 일정한 규칙을 발견할 수 있다. 먼저 첫 번째 항을 보면 a가 거듭제곱의 지수를 가지고 있다. 다음 항부터는 a의 지수가 하나씩 줄어든다. 반면에 b의 지수는 하나씩 늘어난다. 결국 a의 지수가 0이 되고 b의 지수가 전체 거듭제곱의 지수와 동일할 때까지 항은 늘어난다. 만약 $a+b$의 10제곱을 구한다면 계수를 제외한 항들은 a^{10}, $a^9 b$, $a^8 b^2$, $a^7 b^3$, $a^6 b^4$, $a^5 b^5$, $a^4 b^6$, $a^3 b^7$, $a^2 b^8$, ab^9, b^{10}이다.

345 이제 각 항의 계수를 찾아내는 규칙을 발견하는 일만 남았다. 첫 번째 항의 계수는 언제나 1이다. 두 번째 항의 계수는 언제나 거듭제곱의 지수와 같다. 다른 항들의 계수의 규칙을 찾아내기는 쉽지 않다. 그러나 계속해서 높은 거듭제곱의 계수를 찾아내면 다음의 표에 나타나듯이 그 규칙을 찾아낼 수 있다.

지수	계수
1	$1, 1$
2	$1, 2, 1$
3	$1, 3, 3, 1$
4	$1, 4, 6, 4, 1$
5	$1, 5, 10, 10, 5, 1$
6	$1, 6, 15, 20, 15, 6, 1$
7	$1, 7, 21, 35, 35, 21, 7, 1$
8	$1, 8, 28, 56, 70, 56, 28, 8, 1$
9	$1, 9, 36, 84, 126, 126, 84, 36, 9, 1$
10	$1, 10, 45, 120, 210, 252, 210, 120, 45, 10, 1$

표의 계수를 보면 $a+b$의 10제곱이 다음과 같다는 것을 알 수 있다.

$$a^{10} + 10a^9 b + 45a^8 b^2 + 120a^7 b^3 + 210a^6 b^4 + 252a^5 b^5$$
$$+ 210a^4 b^6 + 120a^3 b^7 + 45a^2 b^8 + 10ab^9 + b^{10}$$

346 각 지수의 거듭제곱의 계수들을 살펴보자. 각 지수의 계수들의 합은 같은 지수의 2의 거듭제곱과 같다는 것을 관찰할 수 있다.[19] $a = 1,\ \ b = 1$이라면 계수를 제외한 각 항들은 1이 되며, 2의 거듭제곱의 값은 각 계수들의 합과 동일하다. 앞의 거듭제곱의 계수의 합은 1,024이며, $(1+1)^{10} = \ 2^{10} = 1024$이다. 다른 지수를 가진 거듭제곱 역시 같은 규칙을 따르며 이는 다음과 같다.

---

19) 역자 주 : $(a+b)^n$의 계수들의 합은 2^n과 같다. 예를 들면 3제곱의 계수의 합을 계산해 보면 $1+3+3+1 = 8$이고 이것은 $(1+1)^3 = 2^3 = 8$과 같다.

$$
\begin{array}{ll}
1 & 1+1 = 2 = 2^1 \\
2 & 1+2+1 = 4 = 2^2 \\
3 & 1+3+3+1 = 8 = 2^3 \\
4 & 1+4+6+4+1 = 16 = 2^4 \\
5 & 1+5+10+10+5+1 = 32 = 2^5 \\
6 & 1+6+15+20+15+6+1 = 64 = 2^6 \\
7 & 1+7+21+35+35+21+7+1 = 128 = 2^7, \cdots
\end{array}
$$

347 계수에 관해 주목할 점이 있다. 처음부터 중간까지 증가한 후 그 순서대로 감소한다. 지수가 짝수일 경우에는 가장 큰 계수가 중간에 있다. 지수가 홀수일 경우에는 가운데에 있는 두 계수가 동일한 값을 지니며 다른 계수보다 큰 값을 가진다.

348 주어진 지수, 예를 들어 7이라는 지수를 가진 거듭제곱의 계수를 계산하려면 다음과 같은 분수를 써야 한다.

$$
\frac{7}{1}, \frac{6}{2}, \frac{5}{3}, \frac{4}{4}, \frac{3}{5}, \frac{2}{6}, \frac{1}{7}
$$

앞의 분수들의 분자를 보면 거듭제곱의 지수와 같은 값에서 1씩 줄어드는 것을 알 수 있다. 반면에 분모는 $1, 2, 3, 4, 5$와 같이 증가한다. 첫 번째 항의 계수는 언제나 1이며, 첫 번째 분수의 값은 두 번째 항의 계수가 된다. 첫 번째 분수와 두 번째 분수의 곱은 세 번째 항의 계수의 값이다. 첫 번째, 두 번째, 세 번째 분수의 곱은 네 번째 항의 계수의 값이다. 다음 표를 보면 잘 알 수 있다.

첫 번째 항의 계수는 $\quad 1 \qquad\qquad = 1$

두 번째 항의 계수는 $\quad \dfrac{7}{1} \qquad\qquad = 7$

세 번째 항의 계수는 $\quad \dfrac{7\times6}{1\times2} \qquad = 21$

네 번째 항의 계수는 $\quad \dfrac{7\times6\times5}{1\times2\times3} \qquad = 35$

다섯 번째 항의 계수는 $\dfrac{7\times6\times5\times4}{1\times2\times3\times4} \qquad = 35$

여섯 번째 항의 계수는 $\dfrac{7\times6\times5\times4\times3}{1\times2\times3\times4\times5} \qquad = 21$

일곱 번째 항의 계수는 $\dfrac{7\times6\times5\times4\times3\times2}{1\times2\times3\times4\times5\times6} \qquad = 7$

여덟 번째 항의 계수는 $\dfrac{7\times6\times5\times4\times3\times2\times1}{1\times2\times3\times4\times5\times6\times7} \qquad = 1$

349 그러므로 지수가 2인 거듭제곱의 분수는 $\dfrac{2}{1}$, $\dfrac{1}{2}$과 같다. 첫 번째 항의 계수는 1, 두 번째 항의 계수는 $\dfrac{2}{1} = 2$이며 세 번째 항의 계수는 $\dfrac{2}{1} \times \dfrac{1}{2} = 1$이다.

지수가 3인 거듭제곱은 분수 $\dfrac{3}{1}, \dfrac{2}{2}, \dfrac{1}{3}$을 가지고 있기 때문에

$$\text{첫 번째 항의 계수} = 1$$
$$\text{두 번째 항의 계수} = \dfrac{3}{1} = 3$$
$$\text{세 번째 항의 계수} = \dfrac{3}{1} \times \dfrac{2}{2} = 3$$
$$\text{네 번째 항의 계수} = \dfrac{3}{1} \times \dfrac{2}{2} \times \dfrac{1}{3} = 1$$

이 된다.

지수가 4인 거듭제곱은 분수 $\dfrac{4}{1}, \dfrac{3}{2}, \dfrac{2}{3}, \dfrac{1}{4}$을 가지고 있기 때문에

첫 번째 항의 계수 $=1$

두 번째 항의 계수$=\dfrac{4}{1}=4$

세 번째 항의 계수$=\dfrac{4}{1}\times\dfrac{3}{2}=6$

네 번째 항의 계수$=\dfrac{4}{1}\times\dfrac{3}{2}\times\dfrac{2}{3}=4$

다섯 번째 항의 계수$=\dfrac{4}{1}\times\dfrac{3}{2}\times\dfrac{2}{3}\times\dfrac{1}{4}=1$

이 된다.

350 이 규칙을 사용하면 거듭제곱을 계산할 때 전 단계 지수의 계수를 찾는 반복적인 계산을 하지 않으면서도 주어진 지수의 계수를 찾아낼 수 있다. 지수 10을 가진 거듭제곱은 다음과 같이 찾아낼 수 있다. 먼저 다음 과 같은 분수를 써놓은 후 분수를 이용해서 계수들을 찾아낸다.

$$\frac{10}{1}\,,\frac{9}{2}\,,\frac{8}{3}\,,\frac{7}{4}\,,\frac{6}{5}\,,\frac{5}{6}\,,\frac{4}{7}\,,\frac{3}{8}\,,\frac{2}{9}\,,\frac{1}{10}$$

첫 번째 항의 계수$=1$

두 번째 항의 계수$=\dfrac{10}{1}=10$

세 번째 항의 계수$=10\times\dfrac{9}{2}=45$

네 번째 항의 계수$=45\times\dfrac{8}{3}=120$

다섯 번째 항의 계수$=120\times\dfrac{7}{4}=210$

여섯 번째 항의 계수$=210\times\dfrac{6}{5}=252$

일곱 번째 항의 계수$=252\times\dfrac{5}{6}=210$

여덟 번째 항의 계수$=210\times\dfrac{4}{7}=120$

$$\text{아홉 번째 항의 계수} = 120 \times \frac{3}{8} = 45$$

$$\text{열 번째 항의 계수} = 45 \times \frac{2}{9} = 10$$

$$\text{열한 번째 항의 계수} = 10 \times \frac{1}{10} = 1$$

351 이 분수들의 값을 계산하지 않고 분수 그대로 써도 좋다. 이 방법을 사용하면 $a+b$의 어떤 거듭제곱도 표현하기 쉽다.

$$(a+b)^{100} = a^{100} + \frac{100}{1}a^{99}b + \frac{100 \times 99}{1 \times 2}a^{98}b^2 + \frac{100 \times 99 \times 98}{1 \times 2 \times 3}a^{97}b^3$$
$$+ \frac{100 \times 99 \times 98 \times 97}{1 \times 2 \times 3 \times 4}a^{96}b^4 + \cdots$$

이렇게 하면 다음에 나오는 항들의 규칙도 쉽게 추측할 수 있다.

2.11. 앞의 규칙의 기초가 되는 문자의 배열

352 앞에서 다루던 계수들의 기원을 보면 다음과 같은 사실을 알 수 있다. 각 항들의 계수는 그 항을 이루는 문자들을 재배열할 수 있는 경우의 수와 같다. 예를 들어 $(a+b)^2$을 전개하면 항 ab가 두 번 나타나는 것을 알 수 있다. 이 경우 계수가 2이다. 실제로 항 ab를 이루는 문자의 순서를 바꿀 수 있기에 ab 또는 ba로 나타낼 수 있다. 반면에 aa는 순서를 바꾸어도 동일하므로 한 번만 나타난다. $(a+b)^3$을 전개하면 나타나는 항 aab는 $aab,\ aba,\ baa$로 재배열할 수 있으므로 계수가 3이 된다. $(a+b)^4$을 전개하면 나타나는 항 a^3b 또는 $aaab$는 4가지 형태 $aaab,\ aaba,\ abaa,\ baaa$로 나타낼 수 있으므로 계수는 4가 된다. $aabb$는 $aabb,\ abba,\ baba,$

$abab$, $bbaa$, $baab$로 6가지로 표현되므로 계수는 6이 된다. 다른 경우도 마찬가지이다.

353 $(a+b+c+d)^4$과 같이 밑이 2개 이상의 항으로 이루어진 네제곱을 보자. $(a+b+c+d)^4$은 4개의 인수 $(a+b+c+d)(a+b+c+d)$ $(a+b+c+d)(a+b+c+d)$의 곱으로 나타낼 수 있다. 곱셈의 과정을 보면 첫 번째 인수의 각 문자는 두 번째 인수의 각 문자와 곱하고 이를 또 세 번째 인수의 각 문자와 곱한 후 마지막으로 네 번째 인수의 각 문자와 곱한다. 이렇게 얻은 항은 모두 4개의 문자로 이루어져 있기도 하고 a^4과 같이 1가지 종류의 문자로만 이루어질 수도 있다. abc^2과 같이 종류가 2개 이상인 문자로 이루어진 항은 그 항을 재배열할 수 있는 수만큼 나타나며 이를 통해 계수가 나오는 것이다.

354 그러므로 문자를 몇 가지 방법으로 배열할 수 있는지를 아는 것은 매우 중요하다. 항이 1가지 문자로 이루어져 있는지, 아니면 다른 문자도 포함하고 있는지에 대해 주목해야 한다. 1가지 종류의 문자로 이루어진 항의 배열방법은 하나밖에 없다. 그렇기 때문에 $a^2, a^3, a^4, \ldots$ 등과 같은 항들의 계수는 1이다.

355 항을 이루는 모든 문자가 다르다고 가정하자. 가장 간단한 예인 두 문자로 이루어진 ab를 보면 2가지 종류의 배열, ab 또는 ba가 가능하다.

　　세 문자로 이루어진 abc를 보자. 첫 번째 자리는 a, b, c 중 어느 것이나 나올 수 있으며 남은 2개의 문자가 뒤에 2가지 방법으로 배열된다. 즉, 첫 번째 자리에 a가 있다면 abc, acb와 같은 2가지 배열을 얻는다. 첫 번째 자리에 b가 있다면 bac, bca와 같은 2가지 배열을 얻는다. c가 첫 번째 자리에 있을 때에도 cab, cba와 같이 2가지 배열을 얻는다. $3 \times 2 = 6$이기 때문에 abc를 배열할 수 있는 경우의 수는 6이다.

4개의 문자로 이루어진 $abcd$를 보자. 첫 번째 자리는 a, b, c, d 중 어느 것이나 차지할 수 있으며 남은 3개의 문자가 이와 같이 6가지 방법으로 배열된다. $4 \times 6 = 24 = 4 \times 3 \times 2 \times 1$이기 때문에 $abcd$를 배열할 수 있는 경우의 수는 24이다.

5개의 문자로 이루어진 $abcde$를 보자. 첫 번째 자리는 a, b, c, d, e 중 어느 것이나 차지할 수 있으며 남은 4개의 문자가 이와 같이 24가지 방법으로 배열된다. $5 \times 24 = 120 = 5 \times 4 \times 3 \times 2 \times 1$이기 때문에 $abcde$를 배열할 수 있는 경우의 수는 120이다.

356 따라서 한 항에 아무리 많은 문자가 나오더라도 문자의 종류가 모두 다르다면 그 항을 배열할 수 있는 경우의 수를 쉽게 구할 수 있다. 이는 다음의 표에 잘 정리되어 있다.

문자의 개수	배열할 수 있는 경우의 수
1	$1 = 1$
2	$2 \times 1 = 2$
3	$3 \times 2 \times 1 = 6$
4	$4 \times 3 \times 2 \times 1 = 24$
5	$5 \times 4 \times 3 \times 2 \times 1 = 120$
6	$6 \times 5 \times 4 \times 3 \times 2 \times 1 = 720$
7	$7 \times 6 \times 5 \times 4 \times 3 \times 2 \times 1 = 5040$
8	$8 \times 7 \times 6 \times 5 \times 4 \times 3 \times 2 \times 1 = 40320$
9	$9 \times 8 \times 7 \times 6 \times 5 \times 4 \times 3 \times 2 \times 1 = 362880$
10	$10 \times 9 \times 8 \times 7 \times 6 \times 5 \times 4 \times 3 \times 2 \times 1 = 3628800$

357 그러나 앞의 표는 오직 문자의 종류가 전부 다를 경우에만 사용할 수 있다. 이는 주어진 항에 같은 종류의 문자가 있을 경우 배열 가능한

경우의 수가 현저히 줄어들며 모든 문자가 같을 경우에는 1가지 방법으로만 배열되기 때문이다. 같은 문자의 개수에 따라서 앞의 수들이 어떻게 변하는지 알아보자.

358 2개의 문자가 주어지면 배열할 수 있는 경우의 수는 2이다. 그러나 그 두 문자가 같은 경우 배열할 수 있는 경우의 수는 1로 줄어들며 이는 앞의 표의 값의 반임을 알 수 있다. 만약 3개의 문자가 주어지면 배열할 수 있는 경우의 수는 3이다. 그러나 그 3개의 문자가 같다면 배열할 수 있는 경우의 수는 하나로 줄어들며 앞 표의 값을 $6 = 3 \times 2 \times 1$로 나누어야 한다. 동일한 4개의 문자가 주어지면 앞 표에서 배열할 수 있는 경우의 수를 24 또는 $4 \times 3 \times 2 \times 1$로 나누어야 한다.

그러므로 주어진 항이 갖는 배열 가능한 경우의 수를 구하는 것은 간단하다. 예를 들어 $aaabbc$에는 6개의 문자가 있다. 이 문자가 모두 다르다면 $6 \times 5 \times 4 \times 3 \times 2 \times 1$로 배열할 수 있는 경우의 수를 가진다. 그러나 이 항에는 3개의 a가 존재하므로 주어진 수를 $3 \times 2 \times 1$로 나누며 b가 2번 나오므로 2×1로 나누어야 한다. 그러므로 $aaabbc$의 배열할 수 있는 전체 경우의 수는 $\dfrac{6 \times 5 \times 4 \times 3 \times 2 \times 1}{3 \times 2 \times 1 \times 2 \times 1} = 5 \times 4 \times 3 = 60$이다.

359 앞의 규칙을 이용하면 어떠한 거듭제곱의 지수가 주어지더라도 모든 항의 계수를 찾아낼 수 있다. 예를 들어 $(a+b)^7$을 살펴보자.

첫 항은 a^7이며, 이 항은 한 번만 나타난다. 모든 항은 7개의 문자로 구성되어 있으며 모든 문자가 다를 경우에 각 항의 배열의 수는 $7 \times 6 \times 5 \times 4 \times 3 \times 2 \times 1$이 된다. 그러나 두 번째 항 a^6b는 a가 6번 나오므로 $6 \times 5 \times 4 \times 3 \times 2 \times 1$로 나누어야 한다. 그러므로 두 번째 항의 계수는

$$\frac{7\times6\times5\times4\times3\times2\times1}{6\times5\times4\times3\times2\times1}=\frac{7}{1}$$

이다.

세 번째 항 a^5b^2 에는 a 가 5번, b 가 2번 나오기 때문에 배열할 수 있는 경우의 수를 $5\times4\times3\times2\times1$ 과 2×1 로 나누어야 한다.

그러므로 세 번째 항의 계수는

$$\frac{7\times6\times5\times4\times3\times2\times1}{5\times4\times3\times2\times1\times2\times1}=\frac{7\times6}{1\times2}$$

이다.

네 번째 항 a^4b^3 을 보면 a 가 4번, b 가 3번 나오므로 7개의 문자의 배열할 수 있는 경우의 수를 $4\times3\times2\times1$ 로 나누고 또 $3\times2\times1$ 로 나누어야 한다. 그러므로 네 번째 항의 계수는

$$\frac{7\times6\times5\times4\times3\times2\times1}{4\times3\times2\times1\times3\times2\times1}=\frac{7\times6\times5}{1\times2\times3}$$

가 된다.

이와 같은 방법과 규칙을 사용해 다섯 번째 항의 계수 $\dfrac{7\times6\times5\times4}{1\times2\times3\times4}$ 를 구할 수 있으며 나머지 계수 역시 구할 수 있다.[20]

---

20) 영문역자 주 : 이항의 거듭제곱의 계수를 구하는 규칙은 조합론에서도 그 유래를 찾아볼 수 있다. 조합론은 식들을 하나로 줄였다는 점이 장점이다.

순열과 조합의 차이를 알아보자. 순열은 주어진 공식을 구성하는 문자들이 얼마나 많은 방법으로 배열될 수 있는지에 대해서 다룬다. 조합은 그 문자들이 몇 번 나오는지, 혹은 함께 나오는지, 1개씩 나오는지, 2개씩 나오는지, 3개씩 나오는지 등을 다룬다.

식 abc 는 $abc,\ acb,\ bac,\ bca,\ cab,\ cba$ 의 6가지 배열이 나온다. 조합으로 이 식을 보자. 3개의문자를 하나씩 선택하면 3개의 조합 $a,\ b,\ c$ 가 나온다. 만약 2개씩 선택하면 3개의 조합 $ab,\ ac,\ bc$ 가 나온다. 만약 3개를 선택하면 오직 1개의 조합 abc 가 나온다.

360 2개 이상의 항으로 구성된 밑의 거듭제곱 역시 이와 비슷한 방법을 사용해서 모든 항의 계수를 구할 수 있다[21]. 이를 $a+b+c$의 세제곱에 적용시켜 보자. $(a+b+c)^3$의 항들은 3개의 문자의 모든 가능한 조합을 통해 생성된다. 각 항들은 §352에 나타나 있듯이 배열할 수 있는 경우의 수를 계수로 가진다.

곱셈을 하지 않고도 배열의 수만 가지고 $(a+b+c)^3$을 다음과 같이 나타낼 수 있다.

$$a^3 + 3a^2b + 3a^2c + 3ab^2 + 6abc + 3ac^2 + b^3 + 3b^2c + 3bc^2 + c^3$$

만약 $a=1$, $b=1$, $c=1$이면 $1+1+1=3$의 세제곱은 $1+3+3+3+6+3+1+3+3+1=27$이다.

이 결과는 정확하고 위의 법칙을 확증한다. 그러나 만일 $a=1$, $b=1$, $c=-1$이면 $1+1-1=1$의 세제곱은 $1+3-3+3-6+3+1-3+3+1=1$이다. 이 결과 역시 앞의 법칙을 확증한다.

이제 똑같은 방법으로 n개의 다른 것들이 $1\times2\times3\times4\cdots\times n$개의 다른 순열을 만족한다는 것을 볼 수 있다. 만약 n개 중에 r개가 동일하다면 순열의 수는 $\dfrac{1\times2\times3\cdots\times n}{1\times2\times3\cdots\times r}$이 된다. 비슷하게 n개 중에 r개씩을 선택할 경우의 수는 $\dfrac{n(n-1)(n-2)\cdots(n-r+1)}{1\times2\times3\times\cdots\times r}$이 된다. §359의 예에서 $n=7$인 경우를 생각하면, 세 번째 항이 a^5b^2이며 지수가 $r=2$이므로 계수 $=\dfrac{7\times6}{1\times2}$이 된다. 네 번째 항은 지수가 $r=3$이므로 계수$=\dfrac{7\times6\times5}{1\times2\times3}$가 된다. 이러한 방법으로 순열과 같은 결과를 얻을 수 있다.

조합론의 완성과 확장된 논문을 위하여 Frenicle, De Montmort와 James Bernoulli 등에게 신세를 많이 졌다. 이 두 분은 확률 계산의 큰 식견을 가지고 이 이론을 조사하였다.

21) 영문역자 주 : 이항식과 구별하기 위하여 두 항보다 더 많은 항으로 이루어진 밑이나 수식을 다항식이라고 한다.

2.12. 무한급수의 무리수의 거듭제곱 표현

361 앞에서 밑 $a+b$의 일반적인 거듭제곱을 찾아내는 방법들을 알아보
았으므로 지수를 정하지 않은 $a+b$의 거듭제곱도 나타낼 수 있다. 지수를
n이라는 미지수로 나타내면 다음과 같이 $a+b$의 n제곱을 일반적으로 나
타낼 수 있다.

$$(a+b)^n = a^n + \frac{n}{1}a^{n-1}b + \frac{n}{1} \times \frac{n-1}{2}a^{n-2}b^2$$
$$+ \frac{n}{1} \times \frac{n-1}{2} \times \frac{n-2}{3}a^{n-3}b^3$$
$$+ \frac{n}{1} \times \frac{n-1}{2} \times \frac{n-2}{3} \times \frac{n-3}{4}a^{n-4}b^4 + \cdots$$

362 만약 같은 지수를 가진 $a-b$의 거듭제곱을 찾아야 한다면 다음과
같이 짝수 번째 항들의 부호만 바꾸면 된다.

$$(a-b)^n = a^n - \frac{n}{1}a^{n-1}b + \frac{n}{1} \times \frac{n-1}{2}a^{n-2}b^2$$
$$- \frac{n}{1} \times \frac{n-1}{2} \times \frac{n-2}{3}a^{n-3}b^3$$
$$+ \frac{n}{1} \times \frac{n-1}{2} \times \frac{n-2}{3} \times \frac{n-3}{4}a^{n-4}b^4 - \cdots$$

363 무리수인 경우에 다음과 같이 지수를 분수로 나타낼 수 있다. 즉,
$\sqrt[2]{a} = a^{\frac{1}{2}}$, $\sqrt[3]{a} = a^{\frac{1}{3}}$, $\sqrt[4]{a} = a^{\frac{1}{4}}$, $\sqrt[2]{a+b} = (a+b)^{\frac{1}{2}}$, $\sqrt[3]{a+b}$
$= (a+b)^{\frac{1}{3}}$, $\sqrt[4]{a+b} = (a+b)^{\frac{1}{4}}$, ... 등이다. 이 공식들은 위와 같은 분수
지수를 가진 무리수들을 다른 형태로 나타낼 수 있게 한다는 점에서 매우
유용하다.

따라서 $a+b$의 제곱근을 구하려면 지수 n에 $\frac{1}{2}$을 대입하기만 하면 된다. §361의 일반 공식을 통해 다음과 같은 계수를 얻을 수 있다.

$$\frac{n}{1} = \frac{1}{2}, \quad \frac{n-1}{2} = -\frac{1}{4}, \quad \frac{n-2}{3} = -\frac{3}{6},$$

$$\frac{n-3}{4} = -\frac{5}{8}, \quad \frac{n-4}{5} = -\frac{7}{10}, \quad \frac{n-5}{6} = -\frac{9}{12}$$

그러면

$$a^n = a^{\frac{1}{2}} = \sqrt{a} \ \text{와} \ \ a^{n-1} = \frac{1}{\sqrt{a}}, \quad a^{n-2} = \frac{1}{a\sqrt{a}}, \quad a^{n-3} = \frac{1}{a^2\sqrt{a}}$$

등이 되며 이는 $a^n = \sqrt{a}$ 와 $a^{n-1} = \dfrac{\sqrt{a}}{a}$, $a^{n-2} = \dfrac{a^n}{a^2} = \dfrac{\sqrt{a}}{a^2}$,

$a^{n-3} = \dfrac{\sqrt{a}}{a^3}$, $a^{n-4} = \dfrac{\sqrt{a}}{a^4}$ 등과 같이 나타낼 수도 있다.

364 이를 바탕으로 $a+b$의 제곱근은 다음과 같이 나타낼 수 있다.

$$\sqrt{a+b} = \sqrt{a} + \frac{1}{2}b\frac{\sqrt{a}}{a} - \frac{1}{2}\times\frac{1}{4}b^2\frac{\sqrt{a}}{a^2} + \frac{1}{2}\times\frac{1}{4}\times\frac{3}{6}b^3\frac{\sqrt{a}}{a^3}$$

$$- \frac{1}{2}\times\frac{1}{4}\times\frac{3}{6}\times\frac{5}{8}b^4\frac{\sqrt{a}}{a^4}\dots$$

365 a가 어떤 수의 제곱이면 $\sqrt{a}$ 의 값을 지정할 수 있고 $a+b$의 제곱근은 근호를 사용하지 않고 무한급수로 나타낼 수 있다.

예를 들어 $a = c^2$이라면 $\sqrt{a} = c$이므로

$$\sqrt{c^2+b} = c + \frac{1}{2}\frac{b}{c} - \frac{1}{8}\frac{b^2}{c^3} + \frac{1}{16}\frac{b^3}{c^5} - \frac{5}{128}\frac{b^4}{c^7}\dots$$

이 방법을 사용하면 모든 수의 제곱근을 찾아낼 수 있다. 첫 번째 부분이

c^2이 되도록 주어진 수를 두 부분으로 나누면 된다. 예를 들어 6의 제곱근을 구하려면 $6 = 4 + 2$로 나타내면 $c^2 = 4,\ c = 2,\ b = 2$이므로 다음과 같은 결과를 얻는다.

$$\sqrt{6} = 2 + \frac{1}{2} - \frac{1}{16} + \frac{1}{64} - \frac{5}{1024} + \cdots$$

이러한 식에서 첫 번째 항과 두 번째 항을 더하면 $2\frac{1}{2} = \frac{5}{2}$이다. 이를 제곱하면 $\frac{25}{4}$이며 6보다 $\frac{1}{4}$이 많다. 그러나 세 번째 항까지 더하면 $2\frac{7}{16} = \frac{39}{16}$이며 이를 제곱하면 $\frac{1521}{256}$이며 이는 6보다 $\frac{15}{256}$가 작다.

366 이러한 예에서 $\frac{5}{2}$는 $\sqrt{6}$의 실제 값과 매우 가깝기 때문에 6을 $\frac{25}{4} - \frac{1}{4}$로 쓰면 $c^2 = \frac{25}{4},\ c = \frac{5}{2},\ b = -\frac{1}{4}$이다. 이를 앞의 식을 이용해서 쓰고 첫 번째와 두 번째 항을 더하면 다음과 같다.

$$\sqrt{6} = \frac{5}{2} + \frac{1}{2} \times \frac{-\dfrac{1}{4}}{\dfrac{5}{2}} = \frac{5}{2} - \frac{1}{2} \times \frac{\dfrac{1}{4}}{\dfrac{5}{2}} = \frac{5}{2} - \frac{1}{20} = \frac{49}{20}$$

이 분수의 제곱은 $\frac{2401}{400}$이며 이는 6과 $\frac{1}{400}$밖에 차이가 나지 않는다. 이제 $6 = \frac{2401}{400} - \frac{1}{400}$이라 하면 $c = \frac{49}{20},\ b = -\frac{1}{400}$이다. 이를 앞의 식을 이용해서 쓴 후 첫 번째와 두 번째 항을 더하면 다음과 같다.

$$\sqrt{6} = \frac{49}{20} + \frac{1}{2} \times \frac{-\dfrac{1}{400}}{\dfrac{49}{20}} = \frac{49}{20} - \frac{1}{2} \times \frac{\dfrac{1}{400}}{\dfrac{49}{20}}$$

$$= \frac{49}{20} - \frac{1}{1960} = \frac{4801}{1960}$$

이 분수의 제곱은 $\dfrac{23049601}{3841600}$ 이며 6을 앞과 같은 분모로 나타내면 $\dfrac{23049600}{3841600}$ 이기에 단지 $\dfrac{1}{3841600}$ 만큼의 오차가 있다는 것을 알 수 있다.

367 이와 같은 방법으로 $a+b$의 세제곱근을 무한급수로 나타낼 수 있다. $\sqrt[3]{a+b} = (a+b)^{\frac{1}{3}}$ 을 앞의 식처럼 나타내면 지수 n의 값이 $\dfrac{1}{3}$인 거듭제곱으로 볼 수 있다. 이 경우

$$\frac{n}{1} = \frac{1}{3}, \quad \frac{n-1}{2} = -\frac{1}{3}, \quad \frac{n-2}{3} = -\frac{5}{9}, \quad \frac{n-3}{4}$$
$$= -\frac{2}{3}, \quad \frac{n-4}{5} = -\frac{11}{15} \cdots$$

와 같은 계수들을 가지며 a의 지수는 $a^n = \sqrt[3]{a}$ 와 $a^{n-1} = \dfrac{\sqrt[3]{a}}{a}$, $a^{n-2} = \dfrac{\sqrt[3]{a}}{a^2}$, $a^{n-3} = \dfrac{\sqrt[3]{a}}{a^3}, \cdots$ 등과 같기 때문에 다음과 같이 나타낼 수 있다.

$$\sqrt[3]{a+b} = \sqrt[3]{a} + \frac{1}{3}b\frac{\sqrt[3]{a}}{a} - \frac{1}{9}b^2\frac{\sqrt[3]{a}}{a^2} + \frac{5}{81}b^3\frac{\sqrt[3]{a}}{a^3}$$
$$- \frac{10}{243}b^4\frac{\sqrt[3]{a}}{a^4} + \cdots$$

368 만약 $a = c^3$, 즉 a가 어떤 수의 세제곱이라면 $\sqrt[3]{a} = c$다. 이 경우에는

$$\sqrt[3]{c^3+b} = c + \frac{1}{3}\frac{b}{c^2} - \frac{1}{9}\frac{b^2}{c^5} + \frac{5}{81}\frac{b^3}{c^8} - \frac{10}{243}\frac{b^4}{c^{11}} + \cdots$$

으로 나타낼 수 있으므로 근호가 없이 나타낼 수 있다.

369 이는 무리수의 거듭제곱도 하나의 공식으로 나타낼 수 있다는 것을
보여 준다. 모든 수는 $c^3 + b$와 같은 형태로 나타낼 수 있기 때문에 앞의
공식을 이용하면 어떤 수의 세제곱근의 근삿값을 구할 수 있다.

2의 세제곱근을 구하려면 2를 $1 + 1$로 나타낸다. $c = 1$, $b = 1$이므로
$\sqrt[3]{2} = 1 + \dfrac{1}{3} - \dfrac{1}{9} + \dfrac{5}{81} - \cdots$ 이다. 첫 번째 항과 두 번째 항의 합은
$1\dfrac{1}{3} = \dfrac{4}{3}$ 이며 이것의 세제곱은 $\dfrac{64}{27}$ 이다. 이는 2보다 $\dfrac{10}{27}$ 이 크다. 이제
$2 = \dfrac{64}{27} - \dfrac{10}{27}$ 이라 하면 $c = \dfrac{4}{3}$ 이며 $b = -\dfrac{10}{27}$ 이다. $\sqrt[3]{2} = \dfrac{4}{3}$
$+ \dfrac{1}{3} \times \dfrac{-\dfrac{10}{27}}{\dfrac{16}{9}}$ 의 첫 번째 항과 두 번째 항을 더하면 $\dfrac{4}{3} - \dfrac{5}{72} = \dfrac{91}{72}$
이 되며 이것의 세제곱은 $\dfrac{753571}{373248}$ 이다. $2 = \dfrac{746496}{373248}$ 이기 때문에
$\dfrac{7075}{3735248}$ 만큼의 오차만 나온다.[22]

2.13. 음수지수의 거듭제곱의 전개

370 앞에서 $\dfrac{1}{a}$ 을 a^{-1} 로 표현할 수 있다는 것을 알았다. 그러므로

---

[22] 영문역자 주 : 1694년의 『철학논문집(Philosophical Transaction)』에서 Hally 박사는 일반
식을 이용해서 임의의 지수를 가진 거듭제곱의 밑을 구하는 방법을 선보인다. 그 일반식은
다음과 같다.

$$\sqrt[m]{a^m \pm b} = \frac{m-2}{m-1}a + \sqrt{\frac{a^2}{(m-1)^2} \pm \frac{2b}{(m^2-m)a^{m-1}}}$$

『철학논문집』을 참조할 만한 여건이 안 되는 사람은 Caille의 M. D'Abbe가 쓴 『수학의 기초
(Lecons Elementairies de Mathmatiques)』개정판에서 이 공식과 그 활용도를 볼 수 있다.
Hutton 박사의 『수학사전(Math Dictionary)』도 참고하라.

$\dfrac{1}{a+b}$도 $(a+b)^{-1}$로 표현할 수 있다. 분수 $\dfrac{1}{a+b}$은 $a+b$의 -1제곱, 즉 지수가 -1인 거듭제곱으로 볼 수 있다. 앞의 $(a+b)^n$을 구하는 공식은 이 경우에도 적용된다.

371 $\dfrac{1}{a+b}$은 $(a+b)^{-1}$과 같으므로 §361의 일반적인 공식에서 $n=-1$인 경우를 생각하자. 각 항의 계수들은 $\dfrac{n}{1}=-1$, $\dfrac{n-1}{2}=-1$, $\dfrac{n-2}{3}=-1$, $\dfrac{n-3}{4}=-1$ 등과 같으며 각 항의 지수들은 $a^n=a^{-1}=\dfrac{1}{a}$, $a^{n-1}=a^{-2}=\dfrac{1}{a^2}$, $a^{n-2}=a^{-3}=\dfrac{1}{a^3}$, $a^{n-3}=a^{-4}=\dfrac{1}{a^4}$ 등과 같다.

그러므로 다음과 같은 결과를 얻을 수 있으며 이는 나눗셈을 통해 찾아낸 급수와 동일하다.

$$(a+b)^{-1} = \frac{1}{a+b} = \frac{1}{a} - \frac{b}{a^2} + \frac{b^2}{a^3} - \frac{b^3}{a^4} + \frac{b^4}{a^5} - \frac{b^5}{a^6}\cdots$$

372 $\dfrac{1}{(a+b)^2}$이 $(a+b)^{-2}$라는 점을 이용해서 이를 무한급수로 나타내어 보자. 이 경우에는 지수 n이 -2이기 때문에

$$\frac{n}{1} = -\frac{2}{1}, \quad \frac{n-1}{2} = -\frac{3}{2}, \quad \frac{n-2}{3} = -\frac{4}{3}, \quad \frac{n-3}{4} = -\frac{5}{4}$$

등과 같이 각 항의 계수들을 구할 수 있고

$$a^n = \frac{1}{a^2}, \quad a^{n-1} = \frac{1}{a^3}, \quad a^{n-2} = \frac{1}{a^4}, \quad a^{n-2} = \frac{1}{a^5}$$

등과 같은 각 항을 구할 수 있다.

그러므로

$$(a+b)^{-2} = \frac{1}{a^2} - \frac{2 \times b}{1 \times a^3} + \frac{2 \times 3 \times b^2}{1 \times 2 \times a^4} - \frac{2 \times 3 \times 4 \times b^3}{1 \times 2 \times 3 \times a^3}$$

$$+ \frac{2 \times 3 \times 4 \times 5 \times b^4}{1 \times 2 \times 3 \times 4 \times a^4} - \cdots$$

이며

$$\frac{2}{1} = 2, \ \frac{2 \times 3}{1 \times 2} = 3, \ \frac{2 \times 3 \times 4}{1 \times 2 \times 3} = 4, \ \frac{2 \times 3 \times 4 \times 5}{1 \times 2 \times 3 \times 4} = 5, \cdots$$

이므로 다음과 같은 결과를 얻는다.

$$\frac{1}{(a+b)^2} = \frac{1}{a^2} - 2\frac{b}{a^3} + 3\frac{b^2}{a^4} - 4\frac{b^3}{a^5} + 5\frac{b^4}{a^6} - 6\frac{b^5}{a^7} + 7\frac{b^6}{a^8} - \cdots$$

373 $n = -3$이면 $\dfrac{1}{(a+b)^3}$ 또는 $(a+b)^{-3}$의 값을 나타내는 급수를 얻는다. 이 경우 각 항의 계수들은 $\dfrac{n}{1} = -\dfrac{3}{1}, \ \dfrac{n-1}{2} = -\dfrac{4}{2}, \ \dfrac{n-2}{3} = -\dfrac{5}{3}$ 등과 같고 a의 지수들은 $a^n = \dfrac{1}{a^3}, \ a^{n-1} = \dfrac{1}{a^4}, \ a^{n-2} = \dfrac{1}{a^5}$ 등과 같다. 이를 통해 다음과 같은 결과를 얻는다.

$$\frac{1}{(a+b)^3} = \frac{1}{a^3} - \frac{3 \times b}{1 \times a^4} + \frac{3 \times 4 \times b^2}{1 \times 2 \times a^5} - \frac{3 \times 4 \times 5 \times b^3}{1 \times 2 \times 3 \times a^6}$$

$$+ \frac{3 \times 4 \times 5 \times 6 \times b^4}{1 \times 2 \times 3 \times 4 \times a^7} - \cdots$$

$$= \frac{1}{a^3} - 3\frac{b}{a^4} + 6\frac{b^2}{a^5} - 10\frac{b^3}{a^6} + 15\frac{b^4}{a^7}$$

$$- 21\frac{b^5}{a^8} + 28\frac{b^6}{a^9} - \cdots$$

$n = -4$라면 $\dfrac{n}{1} = -\dfrac{4}{1}$, $\dfrac{n-1}{2} = -\dfrac{5}{2}$, $\dfrac{n-2}{3} = -\dfrac{6}{3}$, $\dfrac{n-3}{4} = -\dfrac{7}{4}$ 등의 계수를 얻는다. a의 지수들은 $a^n = \dfrac{1}{a^4}$, $a^{n-1} = \dfrac{1}{a^5}$, $a^{n-2} = \dfrac{1}{a^6}$, $a^{n-3} = \dfrac{1}{a^7}$, $a^{n-4} = \dfrac{1}{a^8}$ 등과 같다. 그러므로 다음과 같은 결과를 얻는다.

$$
\begin{aligned}
\frac{1}{(a+b)^4} &= \frac{1}{a^4} - \frac{4 \times b}{1 \times a^5} + \frac{4 \times 5 \times b^2}{1 \times 2 \times a^6} - \frac{4 \times 5 \times 6 \times b^3}{1 \times 2 \times 3 \times a^7} \\
&\quad + \frac{4 \times 5 \times 6 \times 7 \times b^4}{1 \times 2 \times 3 \times 4 \times a^8} - \cdots \\
&= \frac{1}{a^4} - 4\frac{b}{a^5} + 10\frac{b^2}{a^6} - 20\frac{b^3}{a^7} + 35\frac{b^4}{a^8} - 56\frac{b^5}{a^9} + \cdots
\end{aligned}
$$

374 여러 경우를 통해 다음과 같은 결론을 내릴 수 있다. $a+b$의 모든 음의 지수에 대해 일반적으로 다음과 같은 식을 적용할 수 있다.

$$
\begin{aligned}
\frac{1}{(a+b)^m} &= \frac{1}{a^m} - \frac{mb}{a^{m+1}} + \frac{m(m-1)b^2}{2a^{m+2}} \\
&\quad - \frac{m(m-1)(m-2)b^3}{2 \times 3 \times a^{m+3}} \cdots
\end{aligned}
$$

이 공식을 사용하면 분수를 대입하여 무리수를 표현할 수 있고 m 대신에 분수인 지수를 대입하여 모든 분수를 무한급수로 만들 수 있다.

375 다음 사실은 이 주제를 심도 있게 보여 준다. 앞에서 다음의 경우가 참이라는 사실을 알았다.

$$
\frac{1}{a+b} = \frac{1}{a} - \frac{b}{a^2} + \frac{b^2}{a^3} - \frac{b^3}{a^4} + \frac{b^4}{a^5} - \frac{b^5}{a^6} + \cdots
$$

위 급수와 $a+b$의 곱은 1이어야 한다. 이는 다음의 곱셈에서 볼 수 있듯이 참이다.

$$\begin{array}{l}
\dfrac{1}{a} - \dfrac{b}{a^2} + \dfrac{b^2}{a^3} - \dfrac{b^3}{a^4} + \dfrac{b^4}{a^5} - \dfrac{b^5}{a^6} + \cdots \\[4pt]
\underline{a + b} \\[4pt]
1 - \dfrac{b}{a} + \dfrac{b^2}{a^2} - \dfrac{b^3}{a^3} + \dfrac{b^4}{a^4} - \dfrac{b^5}{a^5} + \cdots \\[4pt]
\quad + \dfrac{b}{a} - \dfrac{b^2}{a^2} + \dfrac{b^3}{a^3} - \dfrac{b^4}{a^4} + \dfrac{b^5}{a^5} - \cdots \\
\hline
\end{array}$$

첫 번째 항을 제외한 항들이 모두 소거되는 것에 주목하자.

376 다음의 경우도 참이라는 사실을 알 수 있다.

$$\frac{1}{(a+b)^2} = \frac{1}{a^2} - \frac{2b}{a^3} + \frac{3b^2}{a^4} - \frac{4b^3}{a^5} + \frac{5b^4}{a^6} - \frac{6b^5}{a^7} + \cdots$$

이 급수에 $(a+b)^2$을 곱하면 그 곱은 1이어야만 한다.

$(a+b)^2 = a^2 + 2ab + b^2$이므로

$$\begin{array}{l}
\dfrac{1}{a^2} - \dfrac{2b}{a^3} + \dfrac{3b^2}{a^4} - \dfrac{4b^3}{a^5} + \dfrac{5b^4}{a^6} + \dfrac{6b^5}{a^7} \cdots \\[4pt]
\underline{a^2 + 2ab + b^2} \\[4pt]
1 - \dfrac{2b}{a} + \dfrac{3b^2}{a^2} - \dfrac{4b^3}{a^3} + \dfrac{5b^4}{a^5} - \dfrac{6b^5}{a^6} + \cdots \\[4pt]
\quad + \dfrac{2b}{a} - \dfrac{4b^2}{a^2} + \dfrac{6b^3}{a^3} - \dfrac{8b^4}{a^4} + \dfrac{10b^5}{a^5} + \cdots \\[4pt]
\qquad\quad + \dfrac{b^2}{a^2} - \dfrac{2b^2}{a^3} + \dfrac{3b^4}{a^4} - \dfrac{4b^5}{a^5} + \cdots \\
\hline
\end{array}$$

이 계산을 하면 1이 나오는데, 이것은 당연한 결과다.

377 만약 $\dfrac{1}{(a+b)^2}$ 로부터 얻은 급수에 $a+b$를 곱하면, 분수 $\dfrac{1}{a+b}$ 이 나오거나 이미 계산한 급수 $\dfrac{1}{a} - \dfrac{b}{a^2} + \dfrac{b^2}{a^3} - \dfrac{b^3}{a^4} + \dfrac{b^4}{a^5} \cdots$ 이 나올 것이다. 실제로 곱셈을 해보면 예상한 대로

$$\begin{array}{l}
\dfrac{1}{a^2} - \dfrac{2b}{a^3} + \dfrac{3b^2}{a^4} - \dfrac{4b^3}{a^5} + \dfrac{5b^4}{a^6} - \cdots \\[2mm]
a + b \\[1mm]
\hline
\dfrac{1}{a} - \dfrac{2b}{a^2} + \dfrac{3b^2}{a^3} - \dfrac{4b^3}{a^4} + \dfrac{5b^4}{a^5} - \cdots \\[2mm]
\quad\ + \dfrac{b}{a^2} - \dfrac{2b^2}{a^3} + \dfrac{3b^3}{a^4} - \dfrac{4b^4}{a^5} + \cdots \\[1mm]
\hline
\dfrac{1}{a} - \dfrac{b}{a^2} + \dfrac{b^2}{a^3} - \dfrac{b^3}{a^4} + \dfrac{b^4}{a^5} - \cdots
\end{array}$$

이 된다.

제3장 비와 비례

3.1. 산술적 비와 두 수의 차

378 주어진 두 양은 같거나 같지 않거나 둘 중 하나이다. 후자인 경우 그중 하나가 나머지 하나보다 크다고 할 때 얼마나 큰지 아니면 몇 배가 되는지를 알아보는 것은 두 양을 바라보는 하나의 관점이다. 이러한 질문에 대한 대답으로 두 양에 대한 관계(relation) 혹은 비(ratio)를 생각할 수 있다. 전자를 산술적 비, 후자를 기하적 비라고 한다. 이러한 명칭은 대상이 무엇이든 상관이 없고 어떻게 표현할 것인지는 전적으로 상황에 따라 다를 뿐이다.

379 양을 언급할 때는 서로 같은 종류여야 한다. 그렇지 않으면 '같다'와 '그렇지 않다'를 얘기할 수 없다. 2파운드와 3엘23)을 숫자만으로 단순 비교할 수 없는 것과 마찬가지다. 이후로 고려할 대상은 같은 종류의 양뿐이다. 그래야만 수로 나타낼 수 있고 우리가 다루는 대상은 오직 수이기 때문이다.

---

23) 역자 주 : ell, 영국에서 쓰던 길이의 단위로 45인치다.

380 주어진 두 수에 대하여 하나가 나머지보다 얼마나 큰지에 대한 대답은 두 수의 산술적 비를 결정하는 것이다. 그러나 이 산술적 비에는 두 수의 차(difference)도 포함한다. 좀 더 나은 표현으로는 후에 언급할 기하적 비로서 비와 관계를 사용할 것이다.

381 두 수의 차는 큰 수에서 작은 수를 빼면 알 수 있으므로 얼마나 더 큰지를 알아볼 때 이만큼 쉬운 것도 없다. 두 수가 같으면 차는 없다. 예를 들어 6과 2×3의 차는 0이다.

382 5와 3같이 서로 다른 두 수에 대하여 5가 3보다 얼마나 큰지를 알아볼 때 5에서 3을 빼서 2를 얻는다. 마찬가지로 15는 5보다 10이 크고 20은 12보다 8이 크다.

383 지금 주제와 관련하여 3가지를 생각해야 한다. 첫째는 두 수 중에서 큰 수이고, 둘째는 작은 수 그리고 셋째는 두 수의 차이다. 이 양들은 서로 연결되어 있고 두 양이 주어지면 나머지를 구할 수 있다.

　큰 수를 a, 작은 수를 b, 그 차를 d라고 하면 $d = a - b$가 되고, 이와 같이 두 수 a와 b가 주어지면 b에서 a를 빼서 d를 구한다.

384 혹은 두 수의 차와 작은 수가 주어진다면, 즉 d와 b가 주어진다면 큰 수를 $a = b + d$로 구할 수 있다. 이는 $b + d$에서 작은 수 b를 빼면 d가 남고 이 수는 두 수의 차이기 때문이다. 예를 들어 작은 수가 16이고 차가 8이면 큰 수는 24이다.

385 끝으로 차 d와 큰 수 a가 주어지면 작은 수는 큰 수에서 차를 빼서 $b = a - d$로 구할 수 있다.

386 앞에서 알아본 것과 같이 세 수 a, b, d의 관계는 다음과 같이 서로 연결되어 있다. 첫째, $d = a - b$. 둘째, $a = b + d$. 셋째, $b = a - d$. 이 세 식 중 하나가 주어지면 나머지는 쉽게 유도할 수 있다. 그러므로 일반적으로 $z = x + y$일 때, $y = z - x$와 $x = z - y$를 이끌어 낼 수 있다.

387 산술적 비와 관련하여 두 수 a와 b에 임의의 수 c를 더하거나 두 수에서 c를 빼도 그 차는 같다. 즉, d가 두 수 a와 b의 차일 때 $a + c$와 $b + c$의 차도 d이다. 뿐만 아니라 $a - c$와 $b - c$의 차도 d이다. 예를 들어 20과 12의 차는 8이고 임의의 수를 더하거나 두 수에서 임의의 수를 뺀 값들의 차도 역시 8이다.

388 증명은 다음과 같다. $a - b = d$라고 하자. 임의의 수 c에 대하여 $(a + c) - (b + c) = d$이고 $(a - c) - (b - c) = d$ 이다.

389 a와 b의 각각 2배인 수에 대한 차는 a와 b의 차의 2배와 같다. 즉, $a - b = d$일 때 $2a - 2b = 2d$이다. 일반적으로 임의의 n에 대하여 $na - nb = nd$이다.

3.2. 산술비례

390 두 산술적 비(혹은 관계)가 같을 때 이 상등을 산술비례(arithmetic proportion)라고 한다.

$a - b = d$이고 $p - q = d$일 때, 즉 p와 q의 차가 a와 b의 차와 같을 때 4개의 수는 산술적 비례관계라고 말하고 $a - b = p - q$로 표현한다.

391 그러므로 산술비례는 4개의 항으로 이루어지며 첫 번째 항에서 두 번째 항의 수를 뺀 것이 세 번째 항에서 네 번째 수를 뺀 것과 같다. 예를 들어 4가지 수 12, 7, 9, 4는 $12 - 7 = 9 - 4$의 산술비례 형태를 취한다.

392 산술비례 $a - b = p - q$에서 두 번째와 세 번째 항의 수를 바꾸어 $a - p = b - q$로 해도 역시 참이다. 왜냐하면 $a = b + p - q$이니까 양변에서 p를 빼면 $a - p = b - q$가 되기 때문이다.

예를 들어 $12 - 7 = 9 - 4$에서 $12 - 9 = 7 - 4$ 역시 성립한다.

393 산술비례에서 첫 번째 항과 두 번째 항, 세 번째 항과 네 번째 항을 바꿀 수 있다. 즉, $a - b = p - q$를 $b - a = q - p$로 쓸 수 있는데 이는 $b - a$는 $a - b$의 반대부호이고 $q - p$는 $p - q$의 반대부호이기 때문이다. 예를 들어 $12 - 7 = 9 - 4$인데 $7 - 12 = 4 - 9$로도 쓸 수 있다.

394 산술비례에서 흥미로운 것은 두 번째 항과 세 번째 항의 합은 항상 첫 번째와 네 번째 항의 합과 같다는 것이다. 즉, 가운데 항의 수들의 합은 양 끝수의 합과 같다고 말할 수 있다. $12 - 7 = 9 - 4$는 $7 + 9 = 12 + 4$로

나타낼 수 있고 양쪽 다 16으로 같다.

395 이 원리를 증명해 보자. 먼저 $a-b=p-q$를 가정하고 양 변에 $b+q$를 더하면 $a+q=b+p$이다. 즉, 첫 번째와 네 번째 항의 수의 합과 두 번째와 세 번째 항의 수를 더한 결과와 같다는 것을 알 수 있다. 반대로 두 번째와 세 번째 수의 합이 첫 번째와 네 번째 수의 합과 같다면, 즉 $b+p=a+q$를 가정한다면 쉽게 $a-b=p-q$를 얻을 수 있는데 이는 주어진 식 $a+q=b+p$의 양 변에서 $b+q$를 뺀 결과이다.

4가지 수 18, 13, 15, 10의 예를 보면, 가운데 두 수의 합 $13+15=28$과 양 끝 두 수의 합 $18+10=28$이 같은 경우 $18-13=15-10$이 성립하는 산술비례를 확인할 수 있다.

396 이러한 성질을 통해 자연스럽게 다음과 같은 질문을 할 수 있다. 산술비례의 처음 3가지 수가 주어졌을 때 네 번째 수를 구하는 경우이다. 즉, 처음 a, b, p가 주어지고 q를 구할 때 $a+q=b+p$의 양변에서 a를 빼면 $q=b+p-a$에서 q 값을 쉽게 얻는다.

즉, 두 번째에서 세 번째를 더한 후 처음 것을 빼면 네 번째 값을 구할 수 있다. 예를 들어 3가지 수 19, 28, 13에서 두 번째와 세 번째 수를 더하면 41, 여기에서 첫 번째 수 19를 빼면 22이고 이것이 우리가 구하는 네 번째 수이다. 이 관계는 $19-28=13-22$나 $28-19=22-13$, 혹은 $28-22=19-13$과 같은 산술비례로 나타낼 수 있다.

397 산술비례에서 두 번째 항과 세 번째 항이 같은 경우에는 어떻게 될까? 이 경우에는 3개의 수가 주어지는데 첫 번째에서 두 번째를 뺀 것이 두 번째에서 세 번째를 뺀 것과 같다. 또는 첫 번째와 두 번째의 차가 두

번째와 세 번째의 차와 같다. 3가지 수 19, 15, 11인 경우 식 $19 - 15 = 15 - 11$이 성립한다.

398 이러한 3가지 수를 연속적인 산술비례관계라고 하는데 일반적으로 $19 : 15 : 11$로 나타낸다. 이를 등차수열(arithmetical progression)이라고 하고 이웃하는 항끼리 일정한 규칙을 갖는다.

이 등차수열은 증가하는 경우와 감소하는 경우로 나눌 수 있는데 증가하는 경우는 두 번째 항이 처음 항보다 크고 세 번째 항은 같은 양만큼 또한 커진다. 4, 7, 10의 경우가 이에 속하고, 반대로 감소하는 경우는 같은 양만큼 줄어드는데 9, 5, 1의 경우이다.

399 3가지 수 a, b, c가 산술비례관계를 이루어 $a - b = b - c$로 표현된다면 가운데의 합은 양쪽 수의 합과 같아서 $2b = a + c$가 성립한다. 또한 양변에서 a를 빼면 식 $2b - a = c$를 얻는다.

400 그러므로 처음 두 수 a와 b가 주어지면 두 번째 값에 2배 한 후 첫 번째 수를 빼면 나머지 세 번째 수의 값을 구할 수 있다. 예를 들어 처음 두 수로 1과 3이 주어지면 $2 \times 3 - 1 = 5$로 세 번째 수 5를 구할 수 있다. 3가지 수 1, 3, 5는 산술적 비례관계 $1 - 3 = 3 - 5$를 만족한다.

401 같은 방법으로 이 과정을 계속할 수 있는데 처음 두 수로 세 번째 수를 구했듯이 두 번째와 세 번째 수로 네 번째 수를 구할 수 있다. 처음 수 a와 두 번째 수 b로 세 번째 수는 $2b - a$가 되고, 네 번째 수는 $4b - 2a - b = 3b - 2a$, 다섯 번째는 $6b - 4a - 2b + a = 4b - 3a$가 된다. 또한 여섯 번째는 $8b - 6a - 3b + 2a = 5b - 4a$, 일곱 번째는 $10b - 8a$

$-4b + 3a = 6b - 5a$와 같이 계속해서 그다음 수를 얻을 수 있다.

3.3. 등차수열

402 이미 앞에서 같은 양만큼 계속해서 일정하게 커지거나, 혹은 작아지는 수들의 열을 등차수열이라 정의하였다.

자연수 $1, 2, 3, 4, 5, 6, 7, 8, 9, 10, \cdots$ 는 일정하게 1씩 커지는 등차수열이다. 또한 $25, 22, 19, 16, 13, 10, 7, 4, 1, \cdots$ 는 3씩 일정하게 감소하는 등차수열이다.

403 등차수열의 항은 일정하게 커지거나 혹은 작아지는데 그 일정한 수 혹은 양을 공차(difference)라고 한다. 그러므로 초항과 공차를 알고 있으면 등차수열의 나머지 항들을 구할 수 있다.

예를 들어 초항이 2이고 공차가 3이면 증가하는 다음 수열을 얻을 수 있다. $2, 5, 8, 11, 14, 17, 20, 23, 26, 29, \cdots$. 이는 앞의 항에 공차 3을 더해 그다음 각 항이 된다.

404 등차수열에서 각 항을 표시할 때 자연수 $1, 2, 3, 4, 5, \cdots$를 사용한다. 이를 지수(indices)라고 한다. 앞의 등차수열의 항과 각 항에 대응하는 수는 다음과 같다.

지수	1	2	3	4	5	6	7	8	9	10
등차수열	2,	5,	8,	11,	14,	17,	20,	23,	26,	29

예를 들어 열 번째 항의 값은 29이다.

405 a가 초항이고 d가 공차이면 증가와 감소에 따라 다음과 같은 등차수열을 만들 수 있다.

$$
\begin{array}{ccccccc}
1 & 2 & 3 & 4 & 5 & 6 & 7 \quad \cdots \\
a, & a \pm d, & a \pm 2d, & a \pm 3d, & a \pm 4d, & a \pm 5d, & a \pm 6d \quad \cdots
\end{array}
$$

바로 앞의 항을 특별히 알지 못해도 초항과 공차만으로 수열의 임의의 항을 구할 수 있다. 예를 들어 열 번째 항은 $a \pm 9d$이고, 100번째 항은 $a \pm 99d$임을 쉽게 알 수 있다. 일반적으로 제 n항은 $a \pm (n-1)d$이다.

406 수열에서 마지막 항의 지수는 항의 수를 나타내기 때문에 초항과 마지막 항은 유심히 관찰할 필요가 있다. 초항이 a이고 공차 d인 수열에서 제 n항은 증가 혹은 감소함에 따라 $a \pm (n-1)d$로 나타내므로, 먼저 구하려고 하는 항에서 1을 뺀 수에 공차를 곱한 값을 초항 a에서 더하거나 뺀다. 예를 들어 초항이 4, 공차가 3이고 항의 수가 100인 등차수열의 마지막 항은 $99 \times 3 + 4 = 301$이다.

407 초항 a, 마지막 n째 항이 z인 경우 공차 d를 구할 수 있다. 마지막 항 $z = a \pm (n-1)d$의 양 변에서 a를 빼면 $z - a = \pm (n-1)d$를 얻는다. 즉, 처음 항과 마지막 항의 차는 항의 수에서 1을 뺀 값에 공차를 곱한 것과 같다. 그러므로 공차는 $z - a$를 $n - 1$로 나누어 $\dfrac{z-a}{n-1}$가 된다. 이를 통해 다음의 규칙을 이끌어낼 수 있다. 즉, 마지막 항에서 초항을 뺀 후 항의 수에서 1을 뺀 수로 나누면 공차를 구할 수 있다. 이는 등차수열 각 항 모두에 적용된다.

408 예를 들어 초항이 2이고 마지막 항이 26, 항의 수는 9개인 증가하는 등차수열의 공차를 구해 보자. 먼저 마지막 항 26에서 초항 2를 빼면 24, 이것을 $9-1$, 즉 8로 나누면 3이 되는데 이것이 공차이다. 이렇게 만든 9개의 항을 갖는 등차수열은 다음과 같다.

$$
\begin{array}{ccccccccc}
1 & 2 & 3 & 4 & 5 & 6 & 7 & 8 & 9 \\
2, & 5, & 8, & 11, & 14, & 17, & 20, & 23, & 26
\end{array}
$$

초항 1, 마지막 항이 2, 항의 수 10인 경우를 보자. 공차는 $\dfrac{2-1}{10-1} = \dfrac{1}{9}$ 이다. 따라서 다음 등차수열을 얻는다.

$$
\begin{array}{cccccccccc}
1 & 2 & 3 & 4 & 5 & 6 & 7 & 8 & 9 & 10 \\
1, & 1\dfrac{1}{9}, & 1\dfrac{2}{9}, & 1\dfrac{3}{9}, & 1\dfrac{4}{9}, & 1\dfrac{5}{9}, & 1\dfrac{6}{9}, & 1\dfrac{7}{9}, & 1\dfrac{8}{9}, & 2
\end{array}
$$

또 다른 예로 초항 $2\dfrac{1}{3}$, 마지막 항 $12\dfrac{1}{2}$, 항의 수 7인 경우는 공차 $\dfrac{12\dfrac{1}{2}-2\dfrac{1}{3}}{7-1} = \dfrac{10\dfrac{1}{6}}{6} = \dfrac{61}{36} = 1\dfrac{25}{36}$ 가 되고 각 항은 다음과 같다.

$$
\begin{array}{ccccccc}
1 & 2 & 3 & 4 & 5 & 6 & 7 \\
2\dfrac{1}{3}, & 4\dfrac{1}{36}, & 5\dfrac{13}{18}, & 7\dfrac{5}{12}, & 9\dfrac{1}{9}, & 10\dfrac{29}{36}, & 12\dfrac{1}{2}
\end{array}
$$

409 초항이 a이고 마지막 항이 z, 공차 d인 등차수열에서 항의 수를 구해 보자. $z-a=(n-1)d$의 양변을 d로 나눈 식 $\dfrac{z-a}{d}=n-1$에서 $n=\dfrac{z-a}{d}+1$을 얻는다. 즉, 마지막 항에서 초항을 뺀 값을 공차로 나눈 후 1을 더한 것이 항의 수이다.

예를 들어 초항이 4이고 마지막 항이 100, 공차 12일 때 항의 수는

$$\frac{100-4}{12}+1=9$$ 이고 각 항은 다음과 같다.

$$
\begin{array}{ccccccccc}
1 & 2 & 3 & 4 & 5 & 6 & 7 & 8 & 9 \\
4, & 16, & 28, & 40, & 52, & 64, & 76, & 88, & 100
\end{array}
$$

초항이 2, 마지막 항이 6, 공차 $1\frac{1}{3}$ 인 등차수열의 항의 수는 $\dfrac{4}{1\frac{1}{3}}+1$ $=4$ 이고 다음은 그 4개의 항이다.

$$
\begin{array}{cccc}
1 & 2 & 3 & 4 \\
2, & 3\frac{1}{3}, & 4\frac{2}{3}, & 6
\end{array}
$$

또 다른 예를 보자. 초항이 $3\frac{1}{3}$, 마지막 항이 $7\frac{2}{3}$ 이고 공차 $1\frac{4}{9}$ 이면 항의 수는 $\dfrac{7\frac{2}{3}-3\frac{1}{3}}{1\frac{4}{9}}+1=4$, 수열은 다음과 같다.

$$
\begin{array}{cccc}
1 & 2 & 3 & 4 \\
3\frac{1}{3}, & 4\frac{7}{9}, & 6\frac{2}{9}, & 7\frac{2}{3}
\end{array}
$$

410 항의 수는 반드시 정수여야 한다. 앞에서 계산했던 몇 개의 예에서도 항의 수는 항상 정수였다. 만약 그렇지 않았다면 어딘가 잘못된 것이다. $\dfrac{z-a}{d}$ 의 값이 정수가 되지 않는다면 문제가 잘못된 것이다. $z-a$ 는 항상 d 의 배수여야 한다.

411 결론적으로 등차수열과 관련하여 고려해야 할 것은 다음 4가지다. 첫째 초항 a, 둘째 마지막 항 z, 셋째 공차 d, 그리고 넷째 항의 수 n 이다.

이와 같은 4가지 요소는 서로 관련되어 있어서 3개의 값이 주어지면 나머지 네 번째의 값을 다음과 같이 구할 수 있다.

1. a, d, n 이 주어진 경우, $z = a \pm (n-1)d$.

2. z, d, n 이 주어진 경우, $a = z \mp (n-1)d$.

3. a, z, n 이 주어진 경우, $d = \dfrac{z-a}{n-1}$.

4. a, z, d 가 주어진 경우, $n = \dfrac{z-a}{d} + 1$.

3.4. 등차수열의 합

412 종종 등차수열의 합을 구할 필요가 있다. 수열의 각 항의 값을 모두 더하는 것인데 각 항이 큰 수로 이루어져 있는 경우 합을 일일이 구하는 것은 다소 지루하다. 합을 쉽게 구할 수 있는 방법을 생각해 보자.

413 먼저 간단한 예를 들어 보자. 초항이 2이고, 공차가 3, 마지막 항은 29인 등차수열은 다음과 같이 10개의 항이 된다.

$$
\begin{array}{cccccccccc}
1 & 2 & 3 & 4 & 5 & 6 & 7 & 8 & 9 & 10 \\
2, & 5, & 8, & 11, & 14, & 17, & 20, & 23, & 26, & 29
\end{array}
$$

이 수열에서 초항과 마지막 항의 합은 31이고, 두 번째 항과 끝에서 두 번째 항의 합은 31이다. 세 번째 항과 끝에서 세 번째 항의 합도 역시 31임을 확인할 수 있고 계속해서 나머지도 같은 규칙을 갖는다. 결론적으로 수열의 양쪽 끝에서 같은 번 째 있는 항끼리 합은 항상 같고 그 값은 초항과 마지막 항의 합이다.

414 이러한 규칙은 아주 쉽게 발견된다. 초항이 a이고 마지막 항이 z, 공차가 d일 때 초항과 마지막 항의 합은 $a+z$, 두 번째 항은 $a+d$, 끝에서 두 번째 항은 $z-d$, 합하면 역시 $a+z$가 된다. 세 번째 항 $a+2d$와 뒤에서 세 번째 항 $z-2d$를 더해도 역시 합은 $a+z$로 같다. 수열의 앞과 뒤에서 같은 항만큼 떨어져 있는 항끼리의 합은 항상 $a+z$임을 알 수 있다.

415 그러므로 주어진 수열의 합을 구하기 위해서는 다음과 같이 초항부터 수열을 합으로 표현하고 그 아래에 역순으로 같은 수열을 쓴 다음 대응하는 항끼리 더한다.

$$
\begin{array}{ccccccccccccccccccc}
2 &+& 5 &+& 8 &+& 11 &+& 14 &+& 17 &+& 20 &+& 23 &+& 26 &+& 29 \\
29 &+& 26 &+& 23 &+& 20 &+& 17 &+& 14 &+& 11 &+& 8 &+& 5 &+& 2 \\
\hline
31 &+& 31 &+& 31 &+& 31 &+& 31 &+& 31 &+& 31 &+& 31 &+& 31 &+& 31
\end{array}
$$

각 합은 위에서 언급한 대로 모두 같은 값이고 항이 10개이므로 전체의 합은 $10 \times 31 = 310$이다. 이는 수열을 2번 더한 것이므로 구하고자 하는 수열의 합은 155이다.

416 초항 a, 마지막 항 z, 항 수 n인 임의의 등차수열도 같은 방법으로 합을 구할 수 있다. 주어진 수열의 아래에 역순으로 같은 수열을 쓴 다음 대응하는 항끼리 n개의 합을 구하면 $n(a+z)$이 되고 이는 수열의 합을 2번 더한 값이므로 $\dfrac{n(a+z)}{2}$이 주어진 수열의 합이다.

417 임의의 등차수열의 합을 쉽게 구할 수 있는데 이는 초항과 마지막 항을 더하고 항의 수를 곱한 값의 반이다. 또는 초항과 마지막 항을 더한

후 항의 수의 반을 곱해도 되고 초항과 마지막 항의 합의 반에 항의 수를
곱할 수도 있다.

418 이 규칙을 설명하기 위하여 다음 몇 개의 예를 들어 보기로 한다.
공차가 1인 등차수열인 자연수 1부터 100까지 합은 $\dfrac{100 \times 101}{2}$
$= \dfrac{10100}{2} = 5050$ 이다.

12시간 동안 괘종시계가 울리는 종의 횟수는 1, 2, 3, … 에서 12까지
합을 구하는 것과 같다. 이는 $\dfrac{12 \times 13}{2} = 6 \times 13 = 78$ 이다. 같은 수열이
1,000까지 계속되면 그 합은 500,500이고 10,000까지 합은 50,005,000
이 된다.

419 예를 들어 말을 산다고 가정할 때 가격은 말발굽 수에 따라 결정된
다. 그런데 첫 번째 말발굽은 5펜스, 두 번째 말발굽은 8펜스, 그다음은
11펜스 등 말발굽이 1개씩 늘어날 때마다 3펜스씩 금액을 더하여 지불해
야 한다. 사려고 하는 말의 총 말발굽 수가 32개일 때 얼마를 지불해야
할까?

이는 초항이 5, 공차 3, 항의 수가 32인 등차수열의 합을 구하는 문제이
다. §406과 §411을 이용하여 마지막 항 $5 + (31 \times 3) = 98$ 을 먼저 구한
다. 전체의 합은 $\dfrac{103 \times 32}{2} = 103 \times 16$ 으로 1,648펜스이다. 즉, 말 가격
으로 6파운드 17실링 4펜스를 지불해야 한다.[24]

24) 역자 주 : 옛날 영국의 화폐 단위는 파운드, 실링, 펜스, 기니, 크라운, 플로린, 랜드 등의
단위를 썼다. 1파운드는 20실링, 1실링은 12펜스라는 화폐제도가 유지되었다. 21실링을
1기니, 5실링을 1크라운, 2실링 6펜스를 반 크라운, 2실링을 플로린이라 하여 화폐제도가
매우 복잡했지만 1975년 10진법으로 통일하였다.

420 일반적으로 초항, 공차, 항수가 각각 a, d, n으로 주어진 등차수열의 합을 구해 보자. 마지막 항은 $a \pm (n-1)d$이므로 초항과 마지막 항의 합은 $2a \pm (n-1)d$이고 항의 수 n을 곱하면 $2na \pm n(n-1)d$, 따라서 전체 수열의 합은 $na \pm \dfrac{n(n-1)d}{2}$이 된다.

이 식에 앞 예제를 적용해 보자. $a = 5$, $d = 3$, $n = 32$의 값을 대입하면 $5 \times 32 + \dfrac{32 \times 31 \times 3}{2} = 160 + 1488 = 1648$로 같은 결과를 얻는다.

421 1부터 n까지 자연수의 합은 초항이 1, 마지막 항이 n, 항수가 n인 등차수열이므로 그 합은 $\dfrac{n^2 + n}{2} = \dfrac{n(n+1)}{2}$이다. 예를 들어 $n = 1766$일 때 1부터 1,766까지의 합은 항의 반, 883에 1,767을 곱하여 1,560,261이다.

422 홀수인 자연수 수열 1, 3, 5, 7, $\cdots$에서 제 n항까지의 합을 구해 보자. 초항은 1, 공차 2, 항의 수 n인 수열의 마지막 항은 $1 + (n-1)2 = 2n - 1$이므로 전체 합은 n^2이 된다.

즉, 이 수열의 합은 항의 수를 제곱하여 자동적으로 얻는다. 다음과 같이 각 항에 대응하는 수열과 합을 한눈에 알아볼 수 있다.

항	1	2	3	4	5	6	7	8	9	10, $\cdots$
수열	1,	3,	5,	7,	9,	11,	13,	15,	17,	19, $\cdots$
합	1,	4,	9,	16,	25,	36,	49,	64,	81,	100, $\cdots$

423 초항이 1이고, 공차 3인 등차수열 1, 4, 7, 10, $\cdots$의 제 n항은 $1 + (n-1)3 = 3n - 2$이다. 초항과 마지막 항의 합은 $3n - 1$이므로 수열

의 총합은 $\dfrac{n(3n-1)}{2}=\dfrac{3n^2-n}{2}$가 된다. 예를 들어 $n=20$인 경우 합은 $10\times59=590$이다.

424 다시 초항이 1이고, 공차 d, 항의 수가 n인 등차수열의 제 n항은 $1+(n-1)d$이므로 초항의 합은 $2+(n-1)d$이다. 항의 수를 곱하면 $2n+n(n-1)d$이고 이것을 다시 2로 나누면 수열의 합은 $n+\dfrac{n(n-1)d}{2}$가 된다.

공차 d 에 1, 2, 3, 4, …를 차례로 대입하면 다음과 같은 식을 얻을 수 있다.

$$d=1 \text{ 일 때,} \quad \text{합은} \quad n+\frac{n(n-1)}{2}=\frac{n^2+n}{2}$$

$$d=2 \quad \cdots \quad n+\frac{2n(n-1)}{2}=n^2$$

$$d=3 \quad \cdots \quad n+\frac{3n(n-1)}{2}=\frac{3n^2-n}{2}$$

$$d=4 \quad \cdots \quad n+\frac{4n(n-1)}{2}=2n^2-n$$

$$d=5 \quad \cdots \quad n+\frac{5n(n-1)}{2}=\frac{5n^2-3n}{2}$$

$$d=6 \quad \cdots \quad n+\frac{6n(n-1)}{2}=3n^2-2n$$

$$d=7 \quad \cdots \quad n+\frac{7n(n-1)}{2}=\frac{7n^2-5n}{2}$$

$$d=8 \quad \cdots \quad n+\frac{8n(n-1)}{2}=4n^2-3n$$

$$d=9 \quad \cdots \quad n+\frac{9n(n-1)}{2}=\frac{9n^2-7n}{2}$$

$$d=10 \quad \cdots \quad n+\frac{10n(n-1)}{2}=5n^2-4n$$

연습 문제

01. 초항 3, 공차 2, 항의 수 20인 등차수열의 합을 구하시오.

🔓 440

02. 초항 10, 공차 $-\dfrac{1}{3}$, 항의 수 21인 등차수열의 합을 구하시오.

🔓 140

03. 12시간 동안, 즉 작은 시곗바늘이 1바퀴 도는 동안 괘종시계의 종은 몇 번 울렸을까?

🔓 78

04. 이탈리아 시계는 바늘이 한 바퀴 도는 동안 24시간이 지난다. 그동안 시계의 종은 몇 번 울렸을까?

🔓 300

05. 1야드의 간격으로 한 평면의 일직선상에 100개의 돌이 놓여 있다. 첫 번째 돌에서 1야드 떨어져 있는 바구니에 이 돌을 하나씩 옮겨 바구니에 모두 담으려 한다. 움직여야 할 거리는 모두 얼마인가?

🔓 5마일 1,300야드

3.5. 각수

425 다각수(polygonal numbers) 이론은 초항이 1이고 공차가

1, 2, 3, … 등의 정수를 갖는 등차수열에서 유도된다. 다각수는 이 등차
수열의 각 항을 서로 더하여 만든다.

426 공차가 1일 때 1부터 시작하므로 이 수열은 다음과 같이 구할 수
있다. 1, 2, 3, 4, 5, 6, 7, 8, 9, 10, 11, 12, …. 또한 초항부터 각
항까지의 합을 구하면

$$1, \ 3, \ 6, \ 10, \ 15, \ 21, \ 28, \ 36, \ 45, \ 55, \ 66, \ \cdots$$

가 된다. 이는 $1 = 1$, $1 + 2 = 3$, $1 + 2 + 3 = 6$, $1 + 2 + 3 + 4 = 10$, …
등과 같이 쉽게 계산된다.

이 수열의 수를 점으로 다음과 같이 삼각형 모양으로 배열할 수 있다.
이를 삼각형수(triangular numbers) 혹은 삼각수(trigonal numbers)라고 한다.

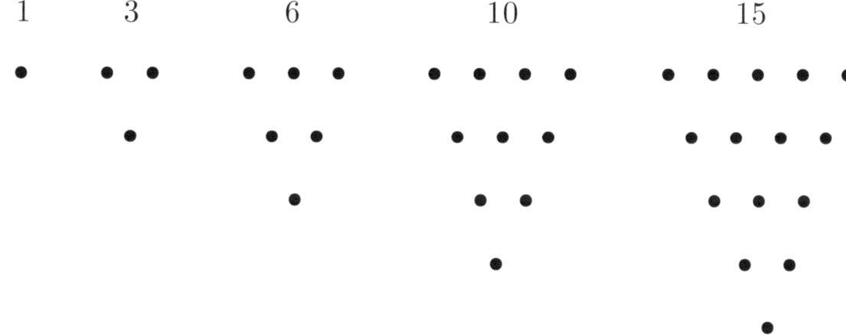

427 이 모든 삼각형에서 각 변에 있는 점이 몇 개인지 어떻게 알아낼까?
첫 번째 삼각형은 점이 1개다. 두 번째는 2개이고 세 번째 삼각형의 변은
3개다. 또 네 번째는 4개다. 그러므로 삼각수, 즉 삼각형을 이루는 점의
수를 간단히 삼각형(triangle)이라 하고 변에 있는 점들을 그냥 변(side)이라
고 하자. 변을 포함한 모든 점의 배열은 이 삼각형을 구성한다. 세 번째
삼각수, 즉 세 번째 삼각형은 변이 3개의 점이고 네 번째 것의 변은 4개의

점으로 이루어져 있다. 다음과 같이 그림으로 확인할 수 있다.

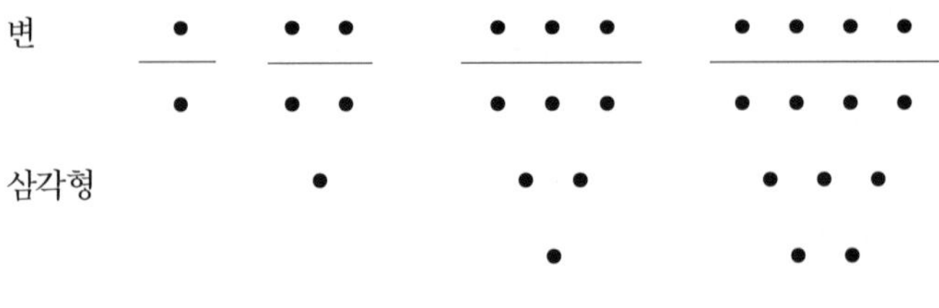

428 다음은 변이 주어질 때 삼각형을 어떻게 결정하는지의 문제이다. 이것 역시 간단하다. 변이 n이면 삼각형은 $1+2+3+4+\cdots+n$이다. 이 수열의 합은 $\dfrac{n^2+n}{2}$ 이므로 삼각형의 값[25]은 바로 $\dfrac{n^2+n}{2}$ 이 된다.

따라서 만약 $\begin{cases} n=1 \\ n=2 \\ n=3 \\ n=4 \end{cases}$ 이면 삼각형은 $\begin{cases} 1 \\ 3 \\ 6 \\ 10 \end{cases}$ 이고 $n=100$일 때 삼각형은 5,050이 될 것이다.

429 삼각형 변이 n이면 삼각수는 $\dfrac{n^2+n}{2}$이다. 이는 $\dfrac{n(n+1)}{2}$로 바꾸어 쓸 수 있고 n이나 혹은 $n+1$ 둘 중 하나는 짝수이다. 이 경우 분모 2를 먼저 없앨 수 있기 때문에 계산은 간편하다.

만약 $n=12$이면 삼각형은 $\dfrac{12\times13}{2}=6\times13=78$이고, $n=15$이면 $\dfrac{15\times16}{2}=15\times8=120$이다.

430 공차가 2인 다음 수열을 보자.

---

25) 영문역자 주 : 1762년 헤이그에서 M. De Joncourt는 1부터 20,000까지의 삼각수에 대한 표를 만들어 발표했다. 이 자리에서 저자는 직접 많은 예를 들어 보임으로써 큰 수의 계산에서 유용함을 입증하였다.

$$1, \ 3, \ 5, \ 7, \ 9, \ 11, \ 13, \ 15, \ 17, \ 19, \ 21, \cdots$$

이 수열의 초항, 두 번째 항, 세 번째 항 등 각 항까지의 합은 다음과 같다.

$$1, \ 4, \ 9, \ 16, \ 25, \ 36, \ 49, \ 64, \ 81, \ 100, \ 121, \cdots$$

이러한 각 항의 수를 사각수 혹은 제곱수라고 한다. 이는 자연수를 제곱한 수이기 때문이다. 다음 그림을 보면 이러한 명칭은 아주 자연스러운데 각 항의 점들이 정사각형 모양으로 배열되어 있음을 알 수 있다.

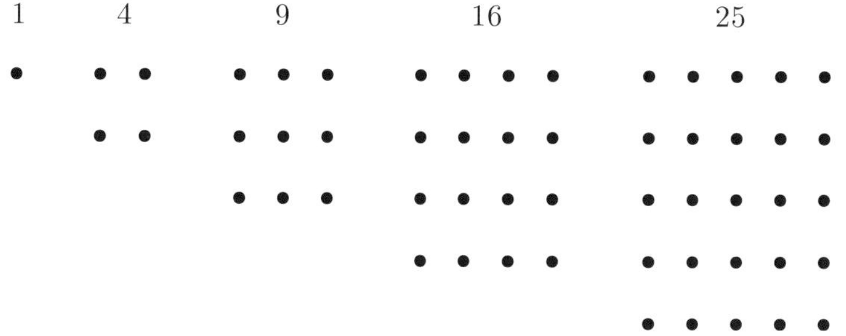

431 앞 그림에서 알 수 있듯이 각 정사각형의 한 변에 놓여 있는 점의 수는 각 다각형 수의 제곱근이다. 예를 들어 16개의 점으로 이루어진 정사각형은 한 변에 4개의 점이 있고 25개 점의 정사각형은 한 변이 5개의 점으로 이루어진다. 일반적으로 변이 n이면, 즉 수열의 각 항이 1, 3, 5, 7, $\cdots$ 로 이루어진 경우 제곱수 혹은 사각형 수는 각 항까지의 합이고 이미 §422에서 언급했듯이 이 합은 n^2이 된다. 그러나 제곱수에 대한 더 이상의 확대는 불필요하다.

432 같은 방법으로 공차가 3일 때에는 오각수가 된다. 점으로 나타내기

가 쉽지 않다 하더라도 각 변은 오각형 모양이다.[26]

항	1	2	3	4	5	6	7	8	9	⋯
등차수열	1,	4,	7,	10,	13,	16,	19,	22,	25,	⋯
오각수	1,	5,	12,	22,	35,	51,	70,	92,	117,	⋯

433 한 변에 n개의 점이 있다면 오각수는 다음과 같다.

$$\frac{3n^2 - n}{2} = \frac{n(3n-1)}{2}$$

예를 들어 $n = 7$이면 오각수는 70이다. 변이 100이면 $n = 100$을 식에 대입하여 오각수 $14,950$을 얻는다.

434 공차가 4일 때에는 다음과 같은 육각수가 된다.

항	1	2	3	4	5	6	7	8	9	⋯
등차수열	1,	5,	9,	13,	17,	21,	25,	29,	33,	⋯
오각수	1,	6,	15,	28,	45,	66,	91,	120,	153,	⋯

항의 수는 여전히 육각형의 변에 있는 점의 수를 나타낸다.

---

26) 영문역자 주 : 그러나 변의 수가 임의로 주어졌을 때 다각형을 점으로 나타낼 수 없는 것은 아니다. 지금까지 찾아본 대수학 자료에는 이 부분에 대한 언급은 별로 없다.

변의 개수가 작은 다각형부터 그려 보자. 각 다각수는 대응하는 수열의 공차보다 일정하게 2가 많다. 다각형의 모든 변을 그리기 위해 먼저 한 꼭짓점을 택하고 그 점을 기준으로 처음 다각형의 변과 평행하도록 두 변을 대략 그린다. 그 위에 주어진 개수의 점을 간격이 일정하게 찍는다. 이렇게 하면 다각형의 두 변을 정확히 그릴 수 있는데 이 방법은 삼각형뿐만 아니라 변의 개수가 임의인 모든 다각형을 그릴 때 똑같이 적용된다. 이렇게 완성한 다각형은 삼각형으로 분할할 수 있는데 이에 대한 변환이나 다각수가 포함된 관계식 등 수학적 호기심을 일으키기에 충분한 내용들이 많다. 그러나 여기에서 더 이상 논의는 불필요하다.

435 따라서 변에 n개의 점이 있으면 전체 육각수는 $2n^2 - n = n(2n-1)$이 된다. 더욱이 모든 육각수에서 삼각형을 볼 수 있는데 육각형 끝에서 하나씩 건너 첫 번째, 세 번째, 다섯 번째 점을 택하면 삼각형 모양을 확인할 수 있다.

436 같은 방법으로 칠각수, 팔각수 등을 구할 수 있다. 다음은 각 다각형에 대한 수를 구하는 식이다. 다각형의 변에 있는 점의 수를 n이라고 할 때 각 다각수는 다음과 같다.[27]

$$\text{삼각수} \quad : \quad \frac{n^2 + n}{2} = \frac{n(n+1)}{2}$$

$$\text{사각수} \quad : \quad \frac{2n^2 + 0n}{2} = n^2$$

$$\text{오각수} \quad : \quad \frac{3n^2 - n}{2} = \frac{n(3n-1)}{2}$$

$$\text{육각수} \quad : \quad \frac{4n^2 - 2n}{2} = 2n^2 - n = n(2n-1)$$

$$\text{칠각수} \quad : \quad \frac{5n^2 - 3n}{2} = \frac{n(5n-3)}{2}$$

$$\text{팔각수} \quad : \quad \frac{6n^2 - 4n}{2} = 3n^2 - 2n = n(3n-2)$$

$$\text{구각수} \quad : \quad \frac{7n^2 - 5n}{2} = \frac{n(7n-5)}{2}$$

$$\text{십각수} \quad : \quad \frac{8n^2 - 6n}{2} = 4n^2 - 3n = n(4n-3)$$

$$\text{십일각수} \quad : \quad \frac{9n^2 - 7n}{2} = \frac{n(9n-7)}{2}$$

---

27) 영문역자 주 : m각수를 구하는 방법은 초항이 1, 공차가 d, 항수 n인 등차수열의 합을 통해 쉽게 유도된다. $1 + (1+d) + (1+2d) + \cdots + (1+(n-1)d)$의 합은 $\frac{(2+(n-1)d)n}{2}$ 이다. $d = m - 2$이므로 위 식에 대입하면 $\frac{2n + (n^2 - n)(m-2)}{2} = \frac{(m-2)n^2 - (m-4)n}{2}$ 이다.

$$\text{십이각수} \quad : \quad \frac{10n^2 - 8n}{2} = 5n^2 - 4n = n(5n - 4)$$

$$\text{이십각수} \quad : \quad \frac{18n^2 - 16n}{2} = 9n^2 - 8n = n(9n - 8)$$

$$\text{이십오각수} \quad : \quad \frac{23n^2 - 21n}{2} = \frac{n(23n - 21)}{2}$$

$$m\text{각수} \quad : \quad \frac{(m-2)n^2 - (m-4)n}{2}$$

437 앞의 식에서 알 수 있듯이 변의 수가 n인 $m-$각수는 $\dfrac{(m-2)n^2 - (m-4)n}{2}$ 이다. 이는 변의 수를 알면 대응하는 다각수를 구할 수 있다는 것을 의미한다.

$m = 3$이면 삼각수는 $\dfrac{n^2 + n}{2}$ 이고 $m = 4$의 사각수는 n^2임을 쉽게 알 수 있다.

438 변이 36인 25각형의 예를 보자. 앞의 공식에서 25각형의 식 $\dfrac{23n^2 - 21n}{2}$ 에 변의 수 n에 $n = 36$을 대입하면 다각수는 14,526이다.

439 집을 한 채 산다고 가정해 보자. 변의 수가 12인 365각수에 해당하는 집값을 지불해야 한다. 몇 크라운을 지불해야 할까?

집값은 일반식에 $m = 365$와 $n = 12$를 대입하면 23,970크라운이다.[28]

---

28) 영문역자 주 : 이 문제는 "다각형수 혹은 다각수에 관하여"라는 제목이 붙어 있다. 다각형수 (figurate number)와 다각수(polygonal number)를 구별하는 학자들이 있는데 이러한 구별이 전혀 근거 없는 것은 아니다. 흔히 다각형수라고 부르는 것은 하나의 등차수열로부터 나온 것이고 다각형수를 이루는 각 수들은 그 등차수열의 앞의 수를 모두 더해 만든다. 이에 비해 다각수는 다른 등차수열에 의해 만든다. 그러므로 엄밀히 말해서 다각수로 만든 수열을 다각

3.6. 기하적 비(geometrical ratio)

440 두 수의 기하적 비는 '주어진 한 수가 나머지 수의 몇 배인가?' 하는 문제 상황에서 나타난다. 이는 하나의 수를 나머지 다른 한 수로 나누어 해결할 수 있는데 그 몫을 비로 표현한다.

형 수로 만든 수열과 같다고 할 수 없다. 다음 표를 보면 이유는 분명하다.

다각형수 표

상수	1	1	1	1	1	1	⋯
자연수	1	2	3	4	5	6	⋯
삼각수	1	3	6	10	15	21	⋯
피라미드수	1	4	10	20	35	56	⋯
삼각 피라미드수	1	5	15	35	70	126	⋯

다각수 표

수열의 공차

1	삼각형수	1	3	6	10	15	⋯
2	사각형수	1	4	9	16	25	⋯
3	오각형수	1	5	12	22	35	⋯
5	육각형수	1	6	15	28	45	⋯

지수로 특별한 수열을 만들 수 있다. 다음 지수표의 처음 두 수열은 다각형 수열이고 세 번째는 다각수다. a에 1, 2, 3, ⋯ 등을 대입할 수 있다.

지수표

a^0	1	1	1	1	1	⋯
a^1	1	2	3	4	5	⋯
a^2	1	4	9	16	25	⋯
a^3	1	8	27	64	125	⋯
a^4	1	16	81	256	625	⋯

16, 17세기 대수학자들은 이러한 서로 다른 종류의 수에 관심이 많았다. 서로의 관련성과 성질 등을 연구하였지만 그 결과에 대한 유용성은 크지 않다. 지금은 수학의 체계(systems)를 도입할 때 가끔 등장한다.

441 여기서 3가지를 고려해야 한다. 우선 주어진 두 수 중에서 처음 수인데 이를 전항(antecedent), 두 번째는 그 나머지 수로 후항(consequent), 세 번째는 이 두 수 사이의 비이다. 즉, 전항을 후항으로 나눈 몫이 비이다. 예를 들어 18과 12의 관계에서 18은 전항, 12는 후항, 몫은 $\dfrac{18}{12}=1\dfrac{1}{2}$ 이다. "전항은 후항의 한 배 반이다"라고 말할 수 있다.

442 이 관계는 보통 2가지로 나타내는데 전항을 앞에, 후항을 뒤에 놓아 $a : b$ 로, 또 하나는 b에 대한 a의 비를 나타낸다.

앞의 예에서 이 관계를 나눗셈으로 나타내었다. 비를 알기 위해서는 a를 b로 나누어야 하고 이 관계는 기호로 표현해야 한다.

443 이 관계는 전항은 분자, 후항은 분모인 분수로 표현한다. 이는 분모 분자를 최대공약수로 나누어 가장 간단한 형태로 나타낼 수 있다. 앞의 예에서 $\dfrac{18}{12}$ 은 최대공약수 6으로 약분하면 간단하게 $\dfrac{3}{2}$ 이다.

444 비가 다르면 관계도 당연히 다르다. 다른 비를 고려할 때마다 다른 기하적 관계를 생각할 수 있다.

가장 먼저 생각할 수 있는 비는 1이다. 예를 들어 $3 : 3$, $4 : 4$, $a : a$ 등의 비는 모두 1이다. 이러한 두 수를 상등관계라고 한다.

다음으로 서로 다른 수들의 비를 보자. $4 : 2$의 비는 2이고 이를 2배의 비라고 한다. $12 : 4$는 3배, $24 : 6$은 4배이다.

$12 : 9$의 비는 $\dfrac{4}{3}=1\dfrac{1}{3}$, $18 : 27$은 $\dfrac{2}{3}$의 분수 형태로 나타낸다. 또한 $6 : 12$, $5 : 15$같이 후항이 전항의 2배 혹은 3배일 때에는 $\dfrac{1}{2}$ (subduple), $\dfrac{1}{3}$ (subtriple)이라고 한다.

$11:7$, $8:5$ 등과 같이 전항과 후항 모두 정수인 두 수의 비로 만든 수를 유리수(rational)라 하고 $\sqrt{5}:8$ 혹은 $4:\sqrt{3}$ 과 같이 두 정수의 분수 형태로 나타낼 수 없는 수를 무리수(irrational 혹은 surd)라고 한다.

445 a를 전항, b를 후항, d가 그 두 수의 비일 때 $d=\dfrac{a}{b}$로 표현하는 것은 앞에서 이미 설명하였다. 만약 b와 d가 주어지면 $a=bd$에서 전항 a를 구할 수 있고 a와 d가 주어지면 후항 b는 $b=\dfrac{a}{d}$에서 구할 수 있다.

446 $a:b$의 전항, 후항에 같은 수를 곱하거나 나누면 비는 일정하다. $a:b$의 비가 d라고 하면 $d=\dfrac{a}{b}$이고 $na:nb$의 비는 $\dfrac{na}{nb}=d$, $\dfrac{a}{n}:\dfrac{b}{n}$ 의 비 역시 d이다.

447 비는 가장 간단한 형태로 표현했을 때 이해하기 쉽고 말하기도 쉽다. $\dfrac{a}{b}$를 간단히 하여 $\dfrac{p}{q}$가 되었을 때 $a:b=p:q$ 혹은 $a:b::p:q$라고 한다. 예를 들어 $6:3$의 비는 $\dfrac{2}{1}=2$가 되고 $6:3::2:1$이라고 쓴다. $18:12::3:2$, $24:18::4:3$, $30:45::2:3$ 등도 같은 경우다. 주어진 비가 더 이상 간단히 되지 않을 경우 이러한 관계는 불필요하다. $9:7::9:7$이라고 쓸 필요까지는 없다는 이야기나.

448 주어진 두 수가 클 경우 더욱 간단히 할 필요가 있다. 예를 들면 다음과 같이 $28844:14422::2:1$ 혹은 $10566:7044::3:2$, $57600:25200::16:7$과 같이 간단한 수의 비로 표현하면 한결 이해하기 쉽다.

449 관계를 분명히 하기 위하여 가능한 가장 작은 수로 표현해야 하는데 이는 두 수의 최대공약수로 나누어야 한다. 57600 : 25200는 두 수의 최대공약수 3,600으로 나누어 가장 간단한 비 16 : 7을 얻는다.

450 따라서 주어진 두 수의 최대공약수를 구하는 일은 중요하다. 다음 절에서 그 방법을 소개한다.

3.7. 두 수의 최대공약수

451 공약수가 1밖에 없는 경우가 있다. 분자 분모의 두 수가 이러한 성질, 즉 공약수가 1밖에 없을 때 더 이상 간단히 할 수 없다.[29] 48과 35의 경우 각각의 약수는 있지만 공약수는 1밖에 없다. 따라서 48 : 35는 가장 간단한 표현이다.

452 최대공약수를 구하는 방법은 다음과 같다.

먼저 두 수 중 큰 수를 작은 수로 나눈다. 그다음 앞서 작은 수, 즉 제수를 그 나머지로 나눈다. 두 번째 나눗셈에서 나머지는 세 번째 나눗셈에서 제수가 되고 앞에서의 제수는 그다음 나눗셈에서 피제수가 된다. 나머지가 없을 때까지 이 과정을 계속한다. 이 마지막 제수가 두 수의 최대공약수이다.

두 수 576과 252의 최대공약수를 구해 보자.

---

29) 영문역자 주 : 이 경우 두 수를 서로소라고 한다. §66을 참조하라.

$$252 \,)\,\overline{\,576\,} \quad (2$$
$$\underline{504}$$
$$72 \,)\,\overline{\,252\,} \quad (3$$
$$\underline{216}$$
$$36 \,)\,\overline{\,72\,} \quad (2$$
$$\underline{72}$$
$$0$$

이때 최대공약수는 36이다.

453 다른 예를 통해 방법을 자세히 설명해 보자. 504와 312의 최대공약수를 구해 보면

$$312 \,)\,\overline{\,504\,} \quad (1$$
$$\underline{312}$$
$$192 \,)\,\overline{\,312\,} \quad (1$$
$$\underline{192}$$
$$120 \,)\,\overline{\,192\,} \quad (1$$
$$\underline{120}$$
$$72 \,)\,\overline{\,120\,} \quad (1$$
$$\underline{72}$$
$$48 \,)\,\overline{\,72\,} \quad (1$$
$$\underline{48}$$
$$24 \,)\,\overline{\,48\,} \quad (2$$
$$\underline{48}$$
$$0$$

24가 두 수의 최대공약수이고 504 : 312는 이 최대공약수로 나누어 간단히 21 : 13이 된다.

454 관계 625 : 529가 주어지고 두 수의 최대공약수를 구하면

$$
\begin{array}{r}
529)\ 625\quad (1\\
\underline{529}\\
96)\ 529\quad (5\\
\underline{480}\\
49)\ 96\quad (1\\
\underline{49}\\
47)\ 49\quad (1\\
\underline{47}\\
2)\ 47\quad (23\\
\underline{46}\\
1)\ 2\quad (2\\
\underline{2}\\
0
\end{array}
$$

최대공약수는 1이다. 따라서 가장 간단한 형태는 그대로 625 : 529 이다.

455 앞에서 예를 든 최대공약수 구하는 방법에 대해 보다 일반적인 증명이 필요하다. 주어진 두 수 중에서 a를 큰 수, b를 작은 수, 두 수의 공약수 중의 하나를 d라고 하자. a와 b는 d로 나누고 $a-b$, $a-2b$, $a-3b$ 그리고 일반적으로 $a-nb$도 d로 나눈다.

456 역도 항상 참인데 d가 b와 $a-nb$를 나누면 a도 나눈다. 만약 nb가 d로 나뉘는데 a가 d로 나뉘지 않는다면 $a-nb$도 d로 나뉘지 않기 때문이다.

457 b와 $a-nb$의 최대공약수가 d이면 이 또한 a와 b의 최대공약수이다. a와 b의 공약수 중 d보다 더 큰 것이 있다면 그 역시 b와 $a-nb$의 공약수가 되기 때문이다. 즉, d는 두 수의 최대공약수가 될 수 없다. 결론적으로 d가 b와 $a-nb$의 최대공약수이면 d는 반드시 a와 b의 최대공약수도 된다.

458 큰 수 a를 작은 수 b로 나눈 몫을 n이라고 하자. 나머지는 $a - nb$ 가 되고 이는 b보다 작을 것이다. 처음 주어진 두 수 a와 b의 최대공약수는 b와 $a - nb$의 최대공약수와 같고 다시 앞의 식 b를 나머지 $a - nb$로 나누는 나눗셈을 반복한다. $a - nb$와 새롭게 만든 나머지의 최대공약수 역시 위 최대공약수와 같다.

459 나머지가 0이 될 때까지 이 과정을 반복한다. 이 나눗셈의 마지막 제수를 p라고 하면 이때의 피제수는 p의 곱, 즉 mp 형태가 된다. p는 p와 mp의 공약수이고 더 이상 큰 공약수는 없다. 즉, 이 마지막 제수가 처음 주어진 a와 b의 최대공약수이다.

460 이 법칙을 두 수 $1{,}728$과 $2{,}304$의 최대공약수를 구하는 데 적용해 보자.

$$
\begin{array}{r r l}
1728) & 2304 & (1 \\
& \underline{1728} & \\
576) & 1728 & (3 \\
& \underline{1728} & \\
& 0 &
\end{array}
$$

구하려는 최대공약수는 576이다. $1728 : 2304$는 $3 : 4$로 간단히 할 수 있다. 즉, 2304에 대한 1728의 비는 4에 대한 3의 비와 같다.

3.8. 기하비례

461 비가 같으면 기하 관계가 같다. 이 관계 등식을 기하비례(geometrical

proportion)라고 한다. 예를 들어 관계식 $a : b = c : d$ 혹은 $a : b :: c : d$ 는 $a : b$와 $c : d$가 같다는 것을 의미하고 a 대 b는 c 대 d로 읽는다. $8 : 4 :: 12 : 6$인 경우 $8 : 4$의 비는 $\dfrac{2}{1} = 2$로 $12 : 6$의 비와 같다.

462 기하비례 $a : b :: c : d$는 양쪽의 비가 같다. 즉, $\dfrac{a}{b} = \dfrac{c}{d}$이고 역으로 $\dfrac{a}{b} = \dfrac{c}{d}$이면 $a : b :: c : d$를 만족한다.

463 4개의 항을 가진 기하비례에서 두 번째 항으로 첫 번째 항을 나눈 비는 네 번째 항으로 세 번째 항을 나눈 비와 같다. 이를 통해 중요한 성질을 유도할 수 있다. 즉, 첫 번째 항과 네 번째 항의 곱은 두 번째 항과 세 번째 항의 곱과 같다. 다시 말해 양 끝 항들의 곱은 가운데 항들의 곱과 같다.

464 이를 증명해 보자. 비례식 $a : b :: c : d$, 즉 $\dfrac{a}{b} = \dfrac{c}{d}$의 양변에 b를 곱하면 $a = \dfrac{bc}{d}$가 되고 다시 d를 곱하면 $ad = bc$를 얻는다. 여기서 ad는 양 끝 항의 곱이고 bc는 가운데 항의 곱으로 서로 같다.

465 역으로 4개의 수 a, b, c, d가 양 끝의 두 수 a와 d의 곱과 가운데 두 수 b와 c의 곱이 같다고 가정하면 기하비례식을 얻을 수 있다. $ad = bc$이므로 양변을 bd로 나누면 $\dfrac{ad}{bd} = \dfrac{bc}{bd}$는 $\dfrac{a}{b} = \dfrac{c}{d}$가 되어 $a : b :: c : d$임을 알 수 있다.

466 비례식 $a : b :: c : d$의 4항은 비례등식을 만족하면서 서로 바뀔

수 있다. 양 끝 항끼리의 곱은 가운데 항끼리의 곱과 같으므로 다음 비례식이 성립한다.

첫째 $b : a :: d : c$ 　　　둘째 $a : c :: b : d$
셋째 $d : b :: c : a$ 　　　넷째 $d : c :: b : a$

467 이러한 4가지 비례식 외에도 같은 비례식 $a : b :: c : d$를 통해 $a+b : a :: c+d : c$를 유도할 수 있는데 처음 항에 두 번째 항을 더한 수 대 처음 항은 세 번째 항에 네 번째 항을 더한 수 대 세 번째 항의 수와 같다.

더욱이 처음 항에서 두 번째 항을 뺀 수 대 처음 항은 세 번째에서 네 번째 항을 뺀 수 대 세 번째 항의 값과 같다. 이는 양 끝 항끼리 곱하고 가운데 항끼리 곱해서 $ac - bc = ac - ad$를 얻고 $ad = bc$를 유도할 수 있기 때문이다.

같은 방법으로 $a+b : b :: c+d : d$와 $a-b : b :: c-d : d$가 성립한다는 것을 확인할 수 있다.

468 비례식 $a : b :: c : d$에서 유도할 수 있는 식은 일반적으로 $ma + nb : pa + qb :: mc + nd : pc + qd$ 형태를 갖는다. 이 비례식에서 양 끝 항끼리의 곱은 $mpac + npbc + mqad + nqbd$가 되는데 이는 $ad = bc$로부터 $mpac + npbc + mqbc + nqbd$가 되고, 같은 방법으로 가운데 항끼리의 곱 $mpac + mqbc + npad + nqbd$는 $mpac + mqbc + npbc + nqbd$로 되어 두 곱이 같다는 것을 확인할 수 있다.

469 그러므로 비례식이 하나 주어지면 또 다른 비례식을 무수히 많이

유도할 수 있다. 예를 들어 $6 : 3 :: 10 : 5$에서 유도할 수 있는 비례식 중 몇 개를 적어 보면 다음과 같다.

$$3 : 6 :: 5 : 10 \qquad 6 : 10 :: 3 : 5 \qquad 9 : 6 :: 15 : 10$$
$$3 : 3 :: 5 : 5 \qquad 9 : 15 :: 3 : 5 \qquad 9 : 3 :: 15 : 5$$

470 비례식에서 양 끝 항끼리의 곱은 가운데 항끼리의 곱과 같기 때문에 앞 세 항의 값이 주어지면 네 번째 항의 값을 구할 수 있다. 예를 들어 $24 : 15 :: 40 :$ (네 번째 항)인 경우 가운데 항끼리의 곱은 600, 이 값은 처음 항과 네 번째 항의 곱이 되어야 하므로 600을 24로 나누어 완성된 비례식 $24 : 15 :: 40 : 25$를 얻는다. 일반적으로 $a : b :: c :$ (네 번째 항)인 경우 네 번째 항의 값을 d라 하면 $ad = bc$이고 양변을 a로 나누어 $d = \dfrac{bc}{a}$가 된다. 이는 두 번째와 세 번째 항을 곱하고 처음 항으로 나눈 결과이다.

471 이것이 잘 알려진 비례법으로, 기하비례에 있는 세 수가 주어지고 나머지 네 번째 수를 구하는 문제다. 즉, 첫 번째 수 대 두 번째 수는 세 번째 수 대 네 번째 수와 같다.

472 하지만 몇 가지 주의할 필요가 있다. 먼저 $a : b :: c : d$와 $a : f :: c : g$와 같이 첫 항과 세 번째 항이 같은 두 비례식은 두 번째 항과 네 번째 항의 비가 같다. 즉, $b : d :: f : g$가 되는데 이는 처음 두 비례식의 각 내항끼리 바꿀 수 있으므로 $a : c :: b : d$와 $a : c :: f : g$가 되고 오른쪽 비 $b : d$와 $f : g$가 $a : c$로 같기 때문이다. 예를 들어 다음의 두 비례식 $5 : 100 :: 2 : 40$과 $5 : 15 :: 2 : 6$

에서 $100 : 40 :: 15 : 6$이다.

473 가운데 두 항이 서로 같은 두 비례식을 살펴보자. 이 경우 처음 항끼리의 비가 네 번째 항의 값을 서로 바꾼 비와 같다. 즉, 두 비례식 $a : b :: c : d$와 $f : b :: c : g$에서 $a : f :: g : d$가 성립한다는 의미다. 이것은 처음 두 비례식에서 각각 $ad = bc$, $fg = bc$를 얻고 등식 $ad = fg$를 만족하므로 $a : f :: g : d$ 혹은 $a : g :: f : d$로 표현할 수 있다.

474 두 비례식이 주어지면 각 항끼리 곱해 새로운 비례식을 만들 수 있다. $a : b :: c : d$와 $e : f :: g : h$에서 $ae : bf :: cg : dh$를 얻는데 이는 $ad = bc$와 $eh = fg$에서 $adeh = bcfg$이기 때문에 가능하다. $adeh$는 새로운 비례식에서 양 끝 항끼리의 곱이고 $bcfg$는 가운데 항끼리의 곱이다. 두 등식에서 항끼리의 곱은 서로 같으므로 이 새로운 비례식은 항상 참이다.

475 두 비례식 $6 : 4 :: 15 : 10$과 $9 : 12 :: 15 : 20$에서 다음과 같이 항끼리 곱해서 새로운 비례식을 만든다.

$6 \times 9 : 4 \times 12 :: 15 \times 15 : 10 \times 20$ 혹은 $54 : 48 :: 225 : 200$을 간단히 하면 $9 : 8 :: 9 : 8$이 된다.

476 마지막으로 두 수의 곱이 $ad = bc$와 같이 주어졌을 때 역으로 이것을 기하비례식으로 표현할 수 있을까? 첫 번째 곱의 두 수 중 한 수와 두 번째 곱의 한 수의 비는 두 번째 곱의 나머지 수와 첫 번째의 나머지 수의 비와 같다는 것을 이용하여 비례식을 만들 수 있다. 즉, 앞의 식 $ad = bc$에

서 $a : c :: b : d$로 쓸 수 있고 혹은 $a : b :: c : d$로도 쓸 수 있다. 예를 들어 $3 \times 8 = 4 \times 6$에서 $8 : 4 :: 6 : 3$ 혹은 $3 : 4 :: 6 : 8$의 비례식을 얻을 수 있다. 마찬가지로 $3 \times 5 = 1 \times 15$에서 $3 : 15 :: 1 : 5$ 혹은 $5 : 1 :: 15 : 3$, $3 : 1 :: 15 : 5$ 등이 가능하다.

3.9. 비례식의 규칙과 유용성

477 비례식은 일상생활에 매우 유용하다. 비례와 관련된 상황은 언제 어디서나 발생한다. 비례원리는 일상 생활용품과 가격의 관계 또는 환전 문제 등을 통해 설명할 수 있다.

478 두 화폐의 가치를 비교하고자 할 때, 예를 들어 루이도르(L)[30]와 뒤카(D)[31]의 가치는 각각 제3의 화폐와 비를 계산하여 비교할 수 있다. 베를린에서 루이도르는 5릭스달러(R)[32] 8드라크마[33]의 가치가 있고 뒤카는 3릭스달러로 통용된다. 분모를 같게 하면 달러로는 비례식 $1L : 1D :: 5\frac{1}{3}R : 3R$이고 드라크마 비는 $16 : 9$이다. 이 경우 비례식 $1L : 1D :: 128 : 72 :: 16 : 9$이 성립하고 양 끝 항끼리의 곱은 내항끼리의 곱과 같으므로 9루이도르 = 16뒤카이다. 이 관계만 알고 있으면 옛 화폐 루이도르를 뒤카로 바꿀 수 있으며 그 반대도 가능하다. 1,000루이도르는 뒤카로 바꿀 때 얼마가 될까?

---

30) 역자 주 : 1640년 루이 13세 때 처음 사용하기 시작하여 프랑스 혁명 전까지 사용하였던 프랑스 금화.
31) 역자 주 : 제1차 세계대전 전 유럽 각국에서 사용하였던 금화 혹은 은화.
32) 역자 주 : 독일 네덜란드 등 유럽에서 사용했던 은화.
33) 역자 주 : 옛 그리스 화폐.

루이도르 　　　 루이도르 　　　 뒤카 　　　 뒤카

$9 \quad : \quad 1000 \quad :: \quad 16 \quad : \quad 1777\frac{7}{9}$

거꾸로 1,000 뒤카는 다음과 같이 루이도르로 바꿀 수 있다.

뒤카 　　　 뒤카 　　　 루이도르 　　　 루이도르

$16 \quad : \quad 1000 \quad :: \quad 9 \quad : \quad 562\frac{1}{2}$

479 미국의 도시 피터즈버그[34]에서 뒤카를 여러 화폐로 환전해 보자. 루블[35]을 스타이버[36]로 바꾸거나 혹은 네덜란드의 반 페니 동전으로 바꿀 때 1루블에 45스타이버로 환전하면 비례식 45 : 105 :: 3 : 7로부터 등식 7루블 ＝ 3뒤카가 성립한다.

거꾸로 1뒤카를 루블로 바꿔 보자. 비례식 $3 : 1 :: 7 : 2\frac{1}{3}$에서 1뒤카는 $2\frac{1}{3}$ 루블에 해당한다. 하지만 1루블에 50스타이버로 계산하면 비례식 50 : 105 :: 10 : 21로부터 21루블 ＝ 10뒤카이다. 그러므로 1뒤카는 $2\frac{1}{10}$ 루블이다. 1루블을 44스타이버로 환전할 때에는 비례식 $44 : 105 :: 1 : 2\frac{17}{44}$에서 1뒤카는 2루블 $38\frac{7}{11}$ 코펙[37]이라는 것을 알 수 있다.

480 예를 들어 피터즈버그 사람이 뒤카를 사용하는 베를린 사람에게 1,000루블을 송금할 때 실제 얼마를 받을 수 있을까?

---

34) 역자 주 : 미국 버지니아 주 남동부에 있는 도시.
35) 역자 주 : 옛 소련의 화폐.
36) 역자 주 : 네덜란드의 옛 니켈화.
37) 역자 주 : 러시아의 화폐 단위, 1코펙은 $\frac{1}{100}$ 루블.

환율이 $47\frac{1}{2}$일 때, 즉 1루블로 $47\frac{1}{2}$의 스타이버를 얻을 수 있을 때 네덜란드에서 20스타이버는 1플로린으로 환전할 수 있고 $2\frac{1}{2}$네덜란드 플로린은 1네덜란드 달러로 환전할 수 있다. 또한 네덜란드와 베를린의 환율은 142이다. 즉, 100네덜란드 달러는 베를린에서 142달러로 환전할 수 있다. 마지막으로 베를린에서 1뒤카는 3달러로 환전한다.

481 앞의 문제를 풀기 위해서 하나씩 정리를 해보자. 스타이버부터 시작해 보면 1루블 $= 47\frac{1}{2}$스타이버이므로   2루블 $= 95$스타이버다.

루불		루불		스타이버		스타이버
2	:	1000	::	95	:	47500

또한 다음 비례식을 얻는다.

스타이버		스타이버		플로린		플로린
20	:	47500	::	1	:	2375

$2\frac{1}{2}$플로린은 1네덜란드 달러이므로 5플로린 $=$ 2네덜란드 달러이다. 따라서 다음 비례식이 성립한다.

플로린		플로린		네덜란드달러		네덜란드달러
5	:	2375	::	2	:	950

환율 142를 적용하여 베를린 달러로 바꾸면 다음과 같다.

네덜란드달러		네덜란드달러		베를린달러		베를린달러
100	:	950	::	142	:	1349

따라서 다음 식에서 원하는 값을 구할 수 있다.

$$
\begin{array}{ccccccc}
\text{베를린달러} & & \text{베를린달러} & & \text{뒤카} & & \text{뒤카} \\
3 & : & 1349 & :: & 1 & : & 449\tfrac{2}{3}
\end{array}
$$

482 이 문제에서 완전한 지불에 대한 계산이 필요하다. 베를린 은행이 이 돈을 지불할 때 5퍼센트의 할인율을 적용한다고 가정해 보자. 다시 말해 105 대신에 100을 지불하겠다는 것이므로 다음과 같은 비례식을 쓸 수 있다.

$$
105 \ : \ 100 \ :: \ 449\tfrac{2}{3} \ : \ 428\tfrac{16}{63} \ \text{뒤카}
$$

즉, 피터즈버그에서 송금한 1,000루블은 베를린 은행에서 $428\tfrac{16}{63}$ 뒤카로 찾을 수 있다.

483 이러한 6단계에 걸친 계산 과정은 환산법(Rule of Reduction) 혹은 복비례산(Double Rule of Three)을 이용한 것이다. 먼저 각 6단계 중 앞 두 단계를 살펴보자.

1단계	2블루	:	95스타이버
2단계	20스타이버	:	1네덜란드플로린
3단계	5네덜란드플로린	:	2네덜란드달러
4단계	100네덜란드달러	:	142달러
5단계	3달러	:	1뒤카
6단계	105뒤카	:	100뒤카

이 계산 과정을 보면 주어진 금액에 세 번째 항이나 두 번째 단계의 앞의 항을 곱한다. 다음 첫 번째 것을 곱한 것으로 나눈다. 이는 세 번째 항의 곱을 주어진 금액에 곱하고 첫 번째 항을 모두 곱한 것으로 나눈 몫과 같다. 아니면 다음 비례관계로 표현할 수도 있다. 즉, 앞의 항을 모두 곱한 것과 주어진 루블의 비는 두 번째 항을 모두 곱한 것과 베를린에서 받아야 하는 뒤카의 비와 같다.

484 각 단계의 첫 번째 항에 있는 수들의 공약수가 두 번째 혹은 세 번째의 공약수와 같으면 계산은 좀 더 간단하다. 이 경우 공약수로 미리 약분할 수 있기 때문이다. 앞의 예제

$$(2 \times 20 \times 5 \times 100 \times 3 \times 105) : 1000 :: (95 \times 2 \times 142 \times 100)$$
$$: \frac{1000 \times 95 \times 2 \times 142 \times 100}{2 \times 20 \times 5 \times 100 \times 3 \times 105}$$

에서 분자 분모를 공약수로 약분하여 정리하면 $\dfrac{10 \times 19 \times 142}{3 \times 21} = \dfrac{26980}{63} = 428\dfrac{16}{63}$ 뒤카인데 이는 앞의 결과와 같다.

485 환산법을 이용하는 방법은 다음과 같다. 우선 주어진 문제에서 화폐의 종류를 파악하고 비교하려는 화폐와 환율을 고려한 관계식을 만든다. 다시 두 번째 화폐와 세 번째 화폐의 관계식을 만들고 이를 계속한다. 그러므로 앞선 관계식의 두 번째 항의 화폐와 그다음 관계식의 첫 번째 항의 화폐는 같다. 맨 마지막 관계식의 두 번째 항의 화폐가 구하려는 화폐이다.

486 이 방법을 다른 예에 적용해 보자.

함부르크에서 2은행달러에 1퍼센트의 수수료를 내야 한다. 즉, 50뒤카는 100달러가 아닌 101은행달러의 값어치가 있다. 함부르크와 쾨니스버그 사이의 환전은 119폴란드 드라크마의 환율을 적용한다. 즉, 1은행달러는 119폴란드 드라크마의 값어치가 있다. 1000뒤카는 폴란드 플로린으로 얼마를 바꿀 수 있을까?

30폴란드 드라크마를 1폴란드 플로린으로 계산한다.

$$
\begin{array}{rcccll}
1 & : & 1000 & :: & 2 & \text{은행 달러} \\
100 & : & - & :: & 101 & \text{은행 달러} \\
1 & : & - & :: & 119 & \text{폴란드 드라크마} \\
30 & : & - & :: & 1 & \text{폴란드 플로린}
\end{array}
$$

따라서 다음 합성 관계를 성립한다.

$$(100 \times 30) \; : \; 1000 \; :: \; (2 \times 101 \times 119) \; : \; \frac{1000 \times 2 \times 101 \times 119}{100 \times 30}$$

$$= \frac{2 \times 101 \times 119}{3} = 8013\frac{2}{3} \ \text{폴란드 플로린}$$

487 정확히 이해하기 위해 또 다른 예를 살펴보자. 암스테르담 뒤카를 라이프치히 화폐로 바꿀 때 5플로린 4스타이버의 환율을 적용한다. 즉, 1뒤카는 104스타이버의 가치가 있고 5뒤카는 26네덜란드 플로린의 가치가 있다. 암스테르담의 환전 수수료는 5퍼센트이다. 즉, 105에 대한 은행의 가치는 100으로 줄어든다. 은행에서 라이프치히 화폐를 암스테르담 화폐로 바꿀 때는 $133\frac{1}{4}$ 은행달러를 받는다. 결국 2네덜란드 달러는 5네덜란드 플로린이다. 이러한 조건으로 라이프치히에서 100뒤카를 환전할 때 몇 달러를 받을까?

$$
\begin{array}{rcccll}
5 & : & 1000 & :: & 26 & \text{네덜란드 플로린} \\
105 & : & - & :: & 100 & \text{네덜란드은행 플로린} \\
400 & : & - & :: & 533 & \text{라이프치히 달러} \\
5 & : & - & :: & 2 & \text{은행달러}
\end{array}
$$

따라서 다음 관계식을 얻는다.

$$(5 \times 105 \times 400 \times 5) \; : \; 1000 \; :: \; (26 \times 100 \times 533 \times 2)$$

$$: \frac{1000 \times 26 \times 100 \times 533 \times 2}{5 \times 105 \times 400 \times 5}$$

$$= \frac{4 \times 26 \times 533}{21} = 2639\frac{13}{24}$$

즉, $2639\frac{13}{24}$ 달러를 받는다.

3.10. 합성 관계

488 둘 혹은 그 이상의 관계를 합성하는 것을 합성 관계라고 말한다. 각 관계에서 앞의 성분끼리 곱하고 뒤의 성분끼리 곱해서 합성 관계를 만들어 낸다. 이러한 두 곱 사이의 주어진 관계를 합성한 결과이다.

3개의 관계 $a : b, \ c : d, \ e : f$의 합성 관계는 $ace = bdf$이다.

489 관계를 합성하는 과정에서 앞의 성분과 뒤의 성분을 공통으로 나누는 약수가 있을 때 그 약수로 각각을 나누면 비를 간단히 할 수 있다.

예를 들어 다음과 같은 3개의 관계가 주어졌을 때

$$12 : 25, \quad 28 : 33, \quad 55 : 56$$

합성 관계는 $(12 \times 28 \times 55) : 25 \times 33 \times 56) = 2 : 5$로 간단히 되는데 이는 좌변의 앞의 성분과 뒤의 성분을 공약수로 나눔으로써 가능하다. 마지막 $2 : 5$가 구하고자 하는 합성 관계이다.

490 문자로 주어질 경우도 같은 연산이 시행된다. 특별한 경우, 한 관계의 앞의 성분이 바로 전 관계의 뒤의 성분과 같을 때, 예를 들어

$$\begin{aligned} a &: b \\ b &: c \\ c &: d \\ d &: c \\ c &: a \end{aligned}$$

의 합성관계는 $1 : 1$이다.

491 직사각형 모양인 두 밭의 크기를 비교할 때 합성 관계를 활용할 수 있다. 두 밭의 길이의 관계와 폭의 관계로부터 각 성분끼리 곱한 합성 관계는 두 밭의 넓이의 비가 된다.

예를 들어 길이가 500피트이고 폭이 60피트인 밭 A와 길이가 360피트이고 폭이 100피트인 밭 B의 크기를 비교해 보자. 길이의 비를 나타내는 관계는 $500 : 360$이고 폭은 $60 : 100$이다. 두 관계로부터 다음의 합성 관계를 구할 수 있다.

$$(500 \times 60) : (360 \times 100) = 5 : 6$$

따라서 밭 A와 밭 B의 크기의 비는 $5 : 6$이다.

492 비슷한 예를 더 살펴보자. 길이가 720피트이고 폭이 88피트인 밭 A와 길이가 660피트이고 폭이 90피트인 밭 B의 경우는

$$\text{길이의 관계} \qquad 720 : 660$$
$$\text{폭의 관계} \qquad 88 : 90$$

을 약분하여

$$\text{밭 A와 B의 관계는} \qquad 16 : 15$$

가 된다.

493 길이와 폭에 높이까지 주어질 경우에도 합성 관계를 활용할 수 있다. 높이까지 생각하여 두 방의 부피를 비교할 수 있다. 예를 들어 길이가 36피트이고 폭이 16피트, 높이가 14피트인 방 A와 길이 42피트, 폭 24피트, 높이 10피트인 방 B의 관계는

$$\begin{array}{ccc}
\text{길이} & 36 : 42 \\
\text{폭} & 16 : 24 \\
\text{높이} & 14 : 10
\end{array}$$

이다. 각각을 공약수로 나눈 합성 관계는 $4 : 5$이고 이는 두 방 A와 B의 크기의 비를 나타낸다.

494 2개 혹은 3개의 관계식이 같은 관계일 때, 이들의 합성은 제곱비나 세제곱비가 된다. 예를 들어 같은 두 관계 $a : b$와 $a : b$의 합성은 $a^2 : b^2$이고 같은 관계식의 세 개의 합성은 $a^3 : b^3$이다.

495 지름의 제곱비로 두 원의 크기를 비교할 수 있다.

지름이 각각 45피트와 30피트인 두 원 A와 B의 크기의 비는 각각을 제곱한 45×45 대 30×30이다. 이는 두 원의 지름의 비를 나타내는 관계를 두 번 합성한 결과로 간단히 하면 $9 : 4$이다.

496 또한 구의 지름을 세제곱하여 부피를 비교할 수도 있다. 지름이 각각 1피트, 2피트인 구 A와 B의 부피의 비는 $1^3 : 2^3$, 즉 $1 : 8$이다. 두 구가 같은 재질이라면 큰 구의 무게는 작은 것의 8배가 된다.

497 지름을 알고 있는 2개의 공은 그중 1개의 무게만 알면 나머지 공의 무게를 구할 수 있다. 공 A의 지름이 2인치, 무게가 5파운드면 지름이 8인치인 공 B의 무게는 다음과 같다. 비례식

$$2^3 : 8^3 :: 5 : 320\text{파운드}$$

에서 공 B의 무게는 320파운드이다. 또한 지름이 15인치인 공 C의 무게
는 다음 관계식에서 알 수 있다.

$$2^3 \; : \; 15^3 \; :: \; 5 \; : \; 2109\frac{3}{8}$$

498 분수 $\dfrac{a}{b} : \dfrac{c}{d}$ 는 분모의 곱 bd를 양쪽에 곱함으로써 항상 정수
비 $ad : bc$로 바꿀 수 있다. 이 둘은 같아서 $\dfrac{a}{b} : \dfrac{c}{d} :: ad : bc$라고
쓸 수 있다. 만약 ad와 bc의 공약수가 있다면 비는 더욱 간단하다. 다음
예는 15×36과 24×25의 공약수로 나누어 간단한 정수 비를 구한 것이다.

$$\frac{15}{24} \; : \; \frac{25}{36} \; :: \; (15 \times 36) \; : \; (24 \times 25) \; :: \; 9 \; : \; 10$$

499 비례식 $\dfrac{1}{a} : \dfrac{1}{b} :: b : a$ 에서 두 분수 $\dfrac{1}{a}$과 $\dfrac{1}{b}$의 비는 $b : a$와 같
다. 즉, 분자가 1인 두 분수의 비는 각각의 분모를 바꾼 비와 같다. 이는
분자가 같은 두 분수에서도 마찬가지인데 비례식 $\dfrac{c}{a} : \dfrac{c}{b} :: b : a$에서 이를
확인할 수 있다. 하지만 $\dfrac{a}{c} : \dfrac{b}{c}$와 같이 분모가 같은 두 분수의 비는 그대로
분자의 비 $a : b$가 된다. 비례식 $\dfrac{3}{8} : \dfrac{3}{16} :: \dfrac{6}{16} : \dfrac{3}{16}$에서 이는 간단
히 $6 : 3 :: 2 : 1$이 되고 $\dfrac{10}{7} : \dfrac{15}{7} :: 10 : 15$ 는 $2 : 3$과 같다.

500 1초에 16피트의 속도로 자유 낙하하는 물체는 2초에 64피트, 3초
후에는 144피트 낙하한다. 지상 2304피트 위치에 있는 돌이 땅위로 떨어
지는 데 걸리는 시간은 비례식 $16 : 2304 :: 1 : 144$에서 144는 걸리
는 시간의 제곱이므로 12초 후에 땅에 떨어진다. 결론은 높이는 시간의
제곱에 비례하고, 역으로 시간은 높이의 제곱근에 비례한다.[38]

501 움직인 거리나 높이를 구할 수도 있다. 같은 조건으로 우주 공간에서 돌이 1시간, 즉 3,600초 동안 움직인 거리는 얼마일까?

$$1^2 : 3600^2 :: 16 : 207360000\,피트$$

이 값은 39,272마일인데 지구 지름의 거의 5배 정도이다.

502 앞의 돌의 문제를 가격 문제로 바꾸어 적용할 수 있다. 다이아몬드의 가격은 무게에 비례하여 매기는 것보다 훨씬 비싸다. 이 경우는 무게의 제곱에 비례하여 가격이 결정된다. 즉, 가격의 비는 무게의 제곱비다. 다이아몬드의 무게 단위는 캐럿인데 1캐럿은 4그레인[39]이다. 1캐럿의 다이아몬드가 10리브르[40]이면 100캐럿의 값은 100캐럿의 제곱에 10배를 해야 한다. 비례법에 따라 계산하면 다음과 같다.

$$1 : 10000 :: 10 : 100000\,리브르$$

503 프랑스에서는 여행자와 말을 위해 보통 3마일마다 역을 설치한다. 말과 역의 개수에 따른 가격 문제는 합성 관계를 설명하기 위한 좋은 예다. 예를 들어 1마리의 말이 역을 사용할 때마다 1프랑을 지불해야 할 때, 28마리의 말이 $4\frac{1}{2}$ 역[41]을 사용하려면 얼마나 필요할까?

말의 비	1	:	28
역의 비	2	:	9
합성 비	2	:	252

---

38) 영문역자 주 : 런던 상공에서 시행한 무거운 물체의 낙하실험에 따르면 처음 1초에 $16\frac{1}{2}$ 피트 떨어진다. 계산 결과의 엄밀성을 요구하지 않는 경우 보통 소수점 이하는 생략한다.

39) 역자 주 : 그레인은 쌀이나 보리 등의 낟알 등을 일컫는다.

40) 역자 주 : 옛 프랑스 화폐 단위.

41) 역자 주 : 역의 개수는 정수이어야 하는데 분수를 사용하고 있다.

간단히 하면 1 : 126 :: 1리브르 : 126프랑, 즉 42크라운이다.

8마리의 말로 3마일을 여행할 때 1뒤카를 내야 한다면 30마리의 말로 4마일을 여행하려면 얼마를 지불해야 할까? 계산은 다음과 같다.

$$8 \ : \ 30$$
$$3 \ : \ 4$$

두 비례 관계를 합성하여 간단히 하면

$$1 \ : \ 5 \ :: \ 1뒤카 \ : \ 5뒤카$$

즉, 5뒤카를 내야 한다.

504 합성관계는 근로자의 임금 문제에도 이용된다. 통상 근로자 수와 근로일 수에 연계해 임금이 결정되기 때문이다.

예를 들어 하루 임금 25수(sous)[42]인 벽돌공이 있을 때 24명의 벽돌공이 50일 동안 일을 했다면 임금으로 모두 얼마를 지불해야 할까?

$$1 \ : \ 24$$
$$1 \ : \ 50$$
$$\overline{1 \ : \ 1200} \ :: \ 25 \ : \ 30000 \ 수$$

즉, 총 1,500프랑이 필요하다. 이 예제와 같이 5개의 조건이 주어진 상황의 산술계산을 통상 다섯 수의 법칙(rule of five) 혹은 복비례산(double rule of three)이라고 한다.

---

42) 역자 주 : 20수(sous)는 1프랑.

3.11. 등비수열

505 일정한 비로 커지거나 혹은 작아지는 일련의 수를 등비수열이라고 한다. 각 항에 일정한 비를 곱하여 수열의 다음 항이 결정된다. 앞의 항에 대한 그다음 항의 이러한 일정한 비를 지수 혹은 공비라고 한다. 처음 항이 1이고 공비가 2인 등비수열은 다음과 같다.

항	1	2	3	4	5	6	7	8	9	$\cdots$
수열	1,	2,	4,	8,	16,	32,	64,	128,	256,	$\cdots$

506 초항이 a, 공비가 b인 좀 더 일반적인 경우의 등비수열은 다음과 같다.

항	1	2	3	4	5	6	7	8	$\cdots$	n
수열	a,	ab,	ab^2,	ab^3,	ab^4,	ab^5,	ab^6,	ab^7,	$\cdots$	ab^{n-1}

n개의 항과 마지막 항이 ab^{n-1}인 이 수열에서 공비 b가 1보다 크면 증가하는 수열이 되고 $b=1$이면 모든 항의 값은 같다. 또 b가 1보다 작으면 감소수열이 된다. $a=1$이고 $b=\dfrac{1}{2}$인 감소수열은 다음과 같다.

$$1, \ \frac{1}{2}, \ \frac{1}{4}, \ \frac{1}{8}, \ \frac{1}{16}, \ \frac{1}{32}, \ \frac{1}{64}, \ \frac{1}{128}, \ \cdots$$

507 등비수열은 다음을 고려해야 한다.

1. 초항 a
2. 공비 b
3. 항의 수 n
4. 마지막 항 ab^{n-1}

처음 3개의 조건이 주어지면 b의 $n-1$제곱에 초항 a를 곱해서 마지막 항의 값을 구할 수 있다.

수열 $1,\ 2,\ 4,\ 8,\ \cdots$ 의 50번째 항의 값을 구해 보자. $a=1,\ b=2,$ $n=50$을 대입하면 2^{49}이다. $2^9=512,\ 2^{10}=1024$이므로 2^{20} $=1048576$, 다시 제곱하면 $2^{40}=1099511627776$인데 이 값에 2^9, 즉 512를 곱하면 50번째 항의 값 $2^{49}=562949953421312$를 얻는다.

508 등비수열과 관련하여 또 하나의 기본적인 문제는 각 수열의 합을 구하는 것이다. 지금부터 등비수열의 합을 구해 보자. 10개의 항을 갖는 다음 등비수열

$$1,\ 2,\ 4,\ 8,\ 16,\ 32,\ 64,\ 128,\ 256,\ 512$$

의 합을 s라 하면

$$s = 1 + 2 + 4 + 8 + 16 + 32 + 64 + 128 + 256 + 512$$

이다. 양변에 2를 곱하면

$$2s = 2 + 4 + 8 + 16 + 32 + 64 + 128 + 256 + 512 + 1024$$

이다. 아래 식에서 윗 식을 빼면 $s = 1024 - 1 = 1023$이 되고 이 값이 우리가 구하는 수열의 합이다.

509 같은 수열에서 항의 수를 n으로 일반화시켜 다음과 같이 나타내 보자.

$$s = 1 + 2 + 2^2 + 2^3 + 2^4 + \cdots + 2^{n-1}$$

양 변에 2를 곱하면

$$2s = 2 + 2^2 + 2^3 + 2^4 + 2^5 + \cdots + 2^n$$

이다. 이 식에서 위의 식을 변변 빼면 $s = 2^n - 1$이 됨을 확인할 수 있다. 즉, 주어진 수열의 마지막 항 2^{n-1}에 공비 2를 곱한 2^n에 1을 뺀 값이 수열의 총합이 된다.

510 이 식의 n에 1, 2, 3, 4, …를 차례로 대입하면 각 항까지의 합을 구할 수 있다.

$$1 = 1, \ 1 + 2 = 3, \ 1 + 2 + 4 = 7,$$
$$1 + 2 + 4 + 8 = 15, \quad 1 + 2 + 4 + 8 + 16 = 31,$$
$$1 + 2 + 4 + 8 + 16 + 32 = 63, \ \cdots$$

511 말을 팔려고 하는 사람이 다음과 같은 재미있는 조건을 내걸었다. 말 발톱 1개에 1페니의 값을 받고 2개에 2펜스, 3개에 4펜스, 4개에 8펜스 등 발톱의 개수에 따라 말의 값을 2배씩 올려 받기로 하였다. 그런데 말의 발톱 수는 총 32개다. 얼마를 받을 수 있을까?

말의 값은 1, 2, 4, 8, 16, …으로 시작하는 등비수열의 32번째 항까지의 합이다. 마지막 항은 2^{31}이다. 앞에서 계산한 $2^{20} = 1048576$과 $2^{10} = 1024$을 이용하여 $2^{20} \times 2^{10} = 2^{30} = 1073741824$을 구하고 다시 2를 곱하여 $2^{31} = 2147483648$, 여기에 2배하여 1을 빼면 $4,294,967,295$이고 이것이 말의 값이다. 이는 $17,895,697$파운드 1실링 3펜스와 같다.

512 공비가 3인 등비수열 1, 3, 9, 27, 81, 243, 729의 7개 항의

합 s는

$$s = 1 + 3 + 9 + 27 + 81 + 243 + 729$$

이다. 양 변에 공비 3을 곱하면

$$3s = 3 + 9 + 27 + 81 + 243 + 729 + 2187$$

이다. 이 식에서 위의 식을 변변 빼면 $2s = 2187 - 1 = 2186$이다. 합 s를 구하기 위해 양 변을 2로 나누면 $s = 1093$이다.

513 같은 수열에서 항의 수를 n으로 일반화하면 합 s는

$$s = 1 + 3 + 3^2 + 3^3 + 3^4 + \cdots + 3^{n-1}$$

이다. 공비 3을 곱하면

$$3s = 3 + 3^2 + 3^3 + 3^4 + 4^5 + \cdots + 3^n$$

이고 다시 변변 빼면 $2s = 3^n - 1$이 되고 $s = \dfrac{3^n - 1}{2}$을 얻는다. 이는 마지막 항에 공비 3을 곱하고 1을 뺀 후에 2로 나눈 값이다. 다음 몇 개의 예에서 이를 확인할 수 있다.

$$1 \qquad \frac{(3 \times 1) \quad 1}{2} = 1$$

$$1 + 3 \qquad \frac{(3 \times 3) - 1}{2} = 4$$

$$1 + 3 + 9 \qquad \frac{(3 \times 9) - 1}{2} = 13$$

$$1 + 3 + 9 + 27 \qquad \frac{(3 \times 27) - 1}{2} = 40$$

$$1 + 3 + 9 + 27 + 81 \qquad \frac{(3 \times 81) - 1}{2} = 121$$

514 초항 a, 공비 b, 항수 n인 등비수열의 합을 s라 하면

$$s = a + ab + ab^2 + ab^3 + ab^4 + \cdots + ab^{n-1}$$

이고 여기에 공비 b를 곱하면

$$bs = ab + ab^2 + ab^3 + ab^4 + ab^5 + \cdots + ab^n$$

이다. 이 식에서 다시 위의 식을 변변 빼면 $(b-1)s = ab^n - a$가 되고 $s = \dfrac{a(b^n - 1)}{b - 1}$을 얻는다. 결론적으로 등비수열의 합은 마지막 항에 공비를 곱하고 초항을 뺀 후 이 값을 공비에서 1을 뺀 수로 나누어 구한다.

515 초항 3, 공비 2, 항의 수가 일곱 개인 등비수열은 $a = 3$, $b = 2$, $n = 7$인 경우이다. 마지막 항은 3×2^7, 즉 $3 \times 64 = 192$이고 전체 수열은

$$3,\ 6,\ 12,\ 24,\ 48,\ 96,\ 192$$

이다. 마지막 항 192에 공비 2를 곱하고 초항 3을 빼면 381, 이것을 공비 2에서 1을 뺀 1로 나누면 그대로 381, 이것이 주어진 수열의 합이다.

516 6개의 항을 갖고 초항이 4, 공비 $\dfrac{3}{2}$인 등비수열 $4,\ 6,\ 9,\ \dfrac{27}{2},$ $\dfrac{81}{4},\ \dfrac{243}{8}$의 합을 구해 보자. 먼저 마지막 항에 공비를 곱하면 $\dfrac{729}{16}$, 여기에서 초항 $4 = \dfrac{64}{16}$을 빼면 $\dfrac{665}{16}$, 이 값을 $b - 1 = \dfrac{1}{2}$로 나누면 수열의 합은 $\dfrac{665}{8} = 83\dfrac{1}{8}$이다.

517 공비가 1보다 작은 양수이면 수열은 감소한다. 이 수열의 합은 아

주 작은 수들의 무한히 많은 항의 합으로 나타낸다.

예를 들어 초항이 1이고 공비가 $\dfrac{1}{2}$인 등비수열의 합 s는

$$s = 1 + \frac{1}{2} + \frac{1}{4} + \frac{1}{8} + \frac{1}{16} + \frac{1}{32} + \frac{1}{64} + \cdots$$

이고 양변에 2를 곱하면

$$2s = 2 + 1 + \frac{1}{2} + \frac{1}{4} + \frac{1}{8} + \frac{1}{16} + \frac{1}{32} + \cdots$$

이다. 다시 변변 빼면 무한 등비수열의 합 $s = 2$를 구할 수 있다.

518 초항이 1, 공비 $\dfrac{1}{3}$인 경우는

$$s = 1 + \frac{1}{3} + \frac{1}{9} + \frac{1}{27} + \frac{1}{81} + \cdots$$

이고 양변에 3을 곱하면

$$3s = 3 + 1 + \frac{1}{3} + \frac{1}{9} + \frac{1}{27} + \cdots$$

이다. 앞의 두 식에서 $2s = 3$을 얻고 합은 $s = 1\dfrac{1}{2}$이다.

519 초항이 2, 공비 $\dfrac{3}{4}$, 합 s인 등비수열은

$$s = 2 + \frac{3}{2} + \frac{9}{8} + \frac{27}{32} + \frac{81}{128} + \cdots$$

이다. 양변에 $\dfrac{4}{3}$을 곱하여

$$\frac{4}{3}s = \frac{8}{3} + 2 + \frac{1}{2} + \frac{9}{8} + \frac{27}{32} + \frac{81}{128} + \cdots$$

을 얻고 두 식을 변변 빼면 $\frac{1}{3}s = \frac{8}{3}$, 수열의 합 s는 8이다.

520 초항이 a, 공비 $\frac{b}{c}$, 여기서 b보다 c가 큰, 즉 공비가 1보다 작은 경우도 마찬가지다. 수열의 합은

$$s = a + \frac{ab}{c} + \frac{ab^2}{c^2} + \frac{ab^3}{c^3} + \frac{ab^4}{c^4} + \cdots$$

이다. 양 변에 $\frac{b}{c}$를 곱하면

$$\frac{b}{c}s = \frac{ab}{c} + \frac{ab^2}{c^2} + \frac{ab^3}{c^3} + \frac{ab^4}{c^4} + \cdots$$

이다. 앞에서 아래 식을 빼면 $\left(1 - \frac{b}{c}\right)s = a$가 되어 정리하면 합 s를 구하는 식 $s = \dfrac{a}{1 - \dfrac{b}{c}} = \dfrac{ac}{c - b}$를 얻는다.

즉, 1에서 공비를 뺀 값으로 초항을 나눈다. 또는 초항에 공비의 분모를 곱하고 공비의 분모에서 분자를 뺀 값으로 나누어 구할 수도 있다[43].

521 같은 방법으로 각 항의 부호 $+$와 $-$가 교대로 나타나는 수열의 합을 구할 수 있다.

$$s = a - \frac{ab}{c} + \frac{ab^2}{c^2} - \frac{ab^3}{c^3} + \frac{ab^4}{c^4} - \cdots$$

---

43) 영문역자 주 : 이는 §514의 특별한 경우이다.

의 경우에 공비 $\dfrac{b}{c}$ 를 양변에 곱하면

$$\frac{b}{c}s = \frac{ab}{c} - \frac{ab^2}{c^2} + \frac{ab^3}{c^3} - \frac{ab^4}{c^4} + \frac{ab^5}{c^5} - \cdots$$

이다. 앞의 두 식을 더하면 $(1 + \dfrac{b}{c})s = a$, 정리하면

$$s = \frac{a}{1 + \dfrac{b}{c}} = \frac{ac}{c+b}$$

이다.

522 초항 $a = \dfrac{3}{5}$, 공비 $\dfrac{2}{5}$ 인 경우 $b = 2$, $c = 5$ 라 할 수 있다. 이 수열의 합은 $\dfrac{3}{5} + \dfrac{6}{25} + \dfrac{12}{125} + \dfrac{24}{625} + \cdots = 1$ 이 된다. 초항 $\dfrac{3}{5}$ 을 1에서 공비 $\dfrac{2}{5}$ 를 뺀 값 $\dfrac{3}{5}$ 으로 나누면 1이 되기 때문이다.

또한 부호가 교대로 나타나는 수열

$$\frac{3}{5} - \frac{6}{25} + \frac{12}{125} - \frac{24}{625} + \cdots$$

의 합은

$$\frac{a}{1 + \dfrac{b}{c}} = \frac{\dfrac{3}{5}}{\dfrac{7}{5}} = \frac{3}{7}$$

이다.

523 계속해서 다음과 같은 등비수열의 합을 구해 보자.

$$\frac{3}{10} + \frac{3}{100} + \frac{3}{1000} + \frac{3}{10000} + \frac{3}{100000} + \cdots$$

여기서 초항은 $\frac{3}{10}$, 공비는 $\frac{1}{10}$ 이다. 1에서 공비를 뺀 값 $\frac{9}{10}$ 로 초항 $\frac{3}{10}$ 을 나누면 수열의 합은 $\frac{1}{3}$ 이다.

524 초항 9, 공비 $\frac{1}{10}$ 인 등비수열

$$9 + \frac{9}{10} + \frac{9}{100} + \frac{9}{1000} + \frac{9}{10000} + \cdots$$

의 합은 $\dfrac{9}{1 - \dfrac{1}{10}} = 10$ 이다. 이것을 십진소수로 표기하면 $9.9999999\cdots$ 이다.

연습 문제

01. 무보수로 주인의 밀농사를 경작하기로 한 하인이 11년간 경작한 밀의 총량은 얼마인가? 첫 해에 1알의 밀로 시작하여 매년 10배의 수확량 증가를 목표로 한다.

$11,111,111,110$

주의 : 밀의 적당한 양을 정해 놓고 감소하는 문제를 제시할 수도 있다. 이때는 전체 밀의 값을 계산할 수 있도록 밀의 평균 가격을 가정한다.

02. 첫 달에 $\frac{1}{4}$ 페니를 받고 다음 달에는 1페니, 그다음 달에는 4펜스의 비율로 계속 증가하는 임금을 받을 때, 12달 동안 일을 한 하인이 받을 수 있는 총 금액은 얼마인가?

5,825파운드 8실링 $5\frac{1}{4}$ 펜스

03. 체스를 발명한 인도인 세사는 총명한 자신의 아들에게 다음 문제를 맞히면 원하는 것을 다 주겠다고 약속하였다. 체스 판의 첫 칸에 밀 한 알을 놓고 두 번째 칸에 두 알, 세 번째 칸에 네 알 등 계속해서 2배씩 모두 64개의 칸을 채운다고 하자. 7,680개의 밀알은 1파인트의 양을 채울 수 있고 1쿼트, 즉 2파인트는 1파운드 7실링 6펜스의 값이 나간다고 할 때 체스 판에 놓인 총 밀알의 가격은 얼마인가?

64,481,488,296파운드

3.12. 무한 소수

525 분수 대신 소수를 사용할 수 있다는 것은 앞서 로그 계산에서 확인하였다. 상황에 따라 둘 다 편리하게 이용할 수 있다. 따라서 분수를 소수로, 혹은 소수를 분수로 바꿀 수 있어야 한다.

526 분수 $\frac{a}{b}$ 를 소수로 나타내 보자. 이는 분자 a를 분모 b로 나눈 몫을 의미한다. 먼저 a를 $a.0000000\cdots$ 로 쓰기로 하자. 소수점 이하 열 번째,

백 번째 혹은 그 어떤 자릿수도 모두 0이고 이는 모두 a와 같다. 이를 분모 b로 나누는데, 자릿수를 맞추는 데 유의하면서 나눗셈 법칙에 따라 계산하면 구하려는 소수를 얻는다. 몇 개의 예를 들어 설명해 보자.

분수 $\frac{1}{2}$의 경우 다음과 같다.

$$\frac{2)1.0000000}{0.5000000} = \frac{1}{2}$$

즉, $\frac{1}{2}$은 0.5000000 혹은 0.5와 같다. $\frac{1}{2}$은 $\frac{5}{10}$와 같으므로 앞의 결과는 분명하다.

527 분수 $\frac{1}{3}$의 경우는

$$\frac{3)1.0000000}{0.3333333} = \frac{1}{3}$$

하지만 이와 같이 유한 번의 나눗셈으로 얻은 소수는 $\frac{1}{3}$과 일치하지 않는다. 앞 절무한 등비수열에서와 같이 3을 무한으로 계속 더한 $\frac{3}{10} + \frac{3}{100} + \frac{3}{1000} + \frac{3}{10000} + \cdots$의 합이 $\frac{1}{3}$로 이것은 $0.33333333\cdots$으로 써야 옳다.

마찬가지로 $\frac{2}{3}$의 분수 표현은 다음과 같이 시작하여 무한히 6이 계속된다.

$$\frac{3)2.0000000}{0.6666666} = \frac{2}{3}$$

여기서 $\frac{2}{3}$ 가 $\frac{1}{3}$ 의 2배인 것을 소수에서도 확인할 수 있다.

528 분수 $\frac{1}{4}$ 은 다음과 같이 소수로 표현된다.

$$\frac{4)1.0000000}{0.2500000} = \frac{1}{4}$$

즉, $\frac{1}{4}$ 은 0.2500000 혹은 0.25로 쓴다. 이는 $\frac{2}{10}$ 는 $\frac{20}{100}$ 과 같고 $\frac{20}{100} + \frac{5}{100} = \frac{25}{100} = \frac{1}{4}$ 에서도 확인된다.

같은 방법으로 $\frac{3}{4}$ 은,

$$\frac{4)3.0000000}{0.7500000} = \frac{3}{4}$$

이므로 $\frac{3}{4} = 0.75$, 즉

$$\frac{7}{10} + \frac{5}{100} = \frac{75}{100} = \frac{3}{4}$$

$\frac{5}{4}$ 를 소수로 바꾸면 $\frac{4)5.0000000}{1.2500000} = \frac{5}{4}$ 이고 $1 + \frac{25}{100} = \frac{5}{4}$ 이다.

529 또한 $\frac{1}{5}$ 은 0.2로 바꿀 수 있고, $\frac{2}{5} = 0.4$, $\frac{3}{5} = 0.6$, $\frac{4}{5} = 0.8$, $\frac{5}{5} = 1$, $\frac{6}{5} = 1.2$ 등으로 계산할 수 있다.

분모가 6인 경우도 비슷하다. $\frac{1}{6}$ 의 소수 표현은 0.166666이다. 이는 0.666666 − 0.5와 같다.

$$0.666666 = \frac{2}{3}, \ 0.5 = \frac{1}{2} \ \text{이므로} \ 0.166666 = \frac{2}{3} - \frac{1}{2} \ \text{이고 간단히 하}$$

면 $\dfrac{4}{6} - \dfrac{3}{6} = \dfrac{1}{6}$ 로 역으로 계산할 수 있다.

$$\frac{2}{6} = 0.333333\cdots = \frac{1}{3}, \ \frac{3}{6} \text{은} \ 0.500000 = \frac{1}{2},$$

$$\frac{5}{6} = 0.833333 = 0.333333 + 0.5$$

이므로 $\dfrac{1}{3} + \dfrac{1}{2} = \dfrac{2}{6} + \dfrac{3}{6} = \dfrac{5}{6}$ 이다.

530 분모가 7인 경우는 좀 복잡하다. $\dfrac{1}{7} = 0.142857142857\cdots$ 로 소수점 이하 여섯 개의 숫자가 반복해서 나타난다. 이 소수 표현이 맞는지 검산하자. 우변의 소수는 초항이 $\dfrac{142857}{1000000}$, 공비 $\dfrac{1}{1000000}$ 인 무한등비수열의 합으로 쓸 수 있고 그 합은 다음과 같다.

$$\frac{\dfrac{142857}{1000000}}{1 - \dfrac{1}{1000000}} = \frac{142857}{999999} = \frac{1}{7}$$

즉, 우변의 소수를 등비수열의 합으로 계산하여 처음 분수 $\dfrac{1}{7}$ 이 됨을 확인할 수 있다.

531 소수로 표현된 결과의 정확성을 확인하는 또 다른 방법을 소개한다. 소수로 표현된 값을 s 라 할 때 과연 $\dfrac{1}{7}$ 이 되는지 증명해 보자.

$$
\begin{aligned}
s &= 0.142857142857142857\cdots \\
10s &= 1.\,4285714285714285 7\cdots \\
100s &= 14.\,2857142857142857\cdots \\
1000s &= 142.\,857142857142857\cdots \\
10000s &= 1428.\,57142857142857\cdots \\
100000s &= 14285.\,7142857142857\cdots \\
1000000s &= 142857.\,142857142857\cdots \\
-)\quad s &= 0.142857142857\cdots \\
\hline
999999s &= 142587
\end{aligned}
$$

결과를 999999로 나누면 $s = \dfrac{142857}{999999} = \dfrac{1}{7}$ 이다.

532 $\dfrac{2}{7}$ 를 소수로 바꾸면 $0.28571428,\cdots$ 이다. 이는 $2s$와 같으므로 확인 과정이 간단하다.

$$
\begin{aligned}
100s &= 14.28571428571\ \cdots \\
-)\quad 2s &= 0.28571428571\ \cdots \\
\hline
98s &= 14 \\
s &= \frac{14}{98} = \frac{1}{7}
\end{aligned}
$$

같은 방법으로 분수 $\dfrac{3}{7} = 0.42857142857,\ \cdots$ 은 $3s$ 이고

$$
\begin{aligned}
10s &= 1.42857142857\ \cdots \\
-)\quad 3s &= 0.42857142857\ \cdots \\
\hline
7s = 1, \qquad s &= \frac{1}{7}
\end{aligned}
$$

533 분모가 7인 분수는 6개의 숫자가 계속 반복되는 무한소수이다. 이 규칙성 때문에 관계 파악이 쉽다. 즉, 나눗셈을 계속할 때 그다음 수를 예측할 수 있다. 이미 나왔던 6개의 숫자가 반복해서 나올 것이기 때문이다. 적어도 6번 나눈 후에는 앞의 숫자를 관찰하면 된다.

534 분모가 8인 분수를 소수로 나타내면 다음과 같다.

$$\frac{1}{8} = 0.125, \quad \frac{2}{8} = 0.25, \quad \frac{3}{8} = 0.375, \quad \frac{4}{8} = 0.5,$$

$$\frac{5}{8} = 0.625, \quad \frac{6}{8} = 0.75, \quad \frac{7}{8} = 0.875, \quad \cdots$$

535 분모가 9인 분수는

$$\frac{1}{9} = 0.111 \cdots \qquad \frac{2}{9} = 0.222 \cdots \qquad \frac{3}{9} = 0.333 \cdots$$

분모가 10이면 $\frac{1}{10} = 0.1, \quad \frac{2}{10} = 0.2, \quad \frac{3}{10} = 0.3$ 과 같이 분수들의 소수 변환이 상대적으로 쉽다.

$$\frac{1}{100} = 0.01, \quad \frac{37}{100} = 0.37, \quad \frac{256}{1000} = 0.256, \quad \frac{24}{10000} = 0.0024, \quad \cdots$$

536 $\frac{1}{11} = 0.0909090 \cdots$ 을 확인해 보자. 먼저 소수 부분을 s라 두고, 즉

$$
\begin{aligned}
s &= 0.090909 \\
10s &= 0.909090 \\
100s &= 9.09090
\end{aligned}
$$

세 번째 식에서 처음 식을 변변 빼면 $99s = 9$, $s = \dfrac{9}{99} = \dfrac{1}{11}$ 이다. 이를 이용하여 다음 분수는 간단히 소수로 변환할 수 있다.

$$
\begin{aligned}
\frac{2}{11} &= 0.181818 \cdots \\[4pt]
\frac{3}{11} &= 0.272727 \cdots \\[4pt]
\frac{6}{11} &= 0.545454 \cdots
\end{aligned}
$$

537 하나 이상 여러 개의 숫자가 소수점 이하에서 반복해서 나타나는 소수가 있다. 이러한 소수에는 일정한 규칙이 있어 분수로 쉽게 바꿀 수 있다.[44]

우선 1개의 숫자 a가 계속 나타나는 경우에 이 수 s는 $s = 0.aaaaaaa, \cdots$와 같이 쓸 수 있다. 또한 다음과 같은 계산으로

$$
\begin{array}{r}
10s = a.aaaaaaa \cdots \\
-)\quad s = 0.aaaaaaa \cdots \\
\hline
9s = a, \quad s = \dfrac{a}{9}
\end{array}
$$

와 같이 소수를 분수로 나타낼 수 있다.

---

[44] 영문역자 주 : 숫자가 반복해서 나타나는 소수, 즉 순환소수에 대한 재미있는 연구가 많다. 현재의 대수학을 알기 전 이 주제에 대하여 연구하고 있었는데, 당시에는 1769년 「철학회보」에 실린 논문 「순환소수론」을 미처 발견하지도 못했을 때였다. 처음 이 연구를 시작했을 때의 추론 과정을 소개한다.

분모와 분자가 서로 소이고 1보다 작은 분수 $\dfrac{n}{d}$을 소수로 나타냈을 때 반복해서 나타나는 수의 자리, 즉 순환소수의 주기를 구해 보자. 우선 $10n$이 d보다 크다고 하자. 만약 그렇지 않다면 d보다 큰 $100n$이나 $1000n$ 등을 선택할 수 있다. $\dfrac{10n}{d}$ 혹은 $\dfrac{100n}{d}$ 등을 계산하고 간단히 한 것을 $\dfrac{n^1}{d^1}$라 하자.

이 과정을 계속하여 같은 나머지가 나오면 일정한 주기로 다시 처음과 같은 수들이 반복된다. 반복되는 수들의 자릿수를 s라 하고 몫의 정수 부분을 q라 하면 $\dfrac{n \times 10^s}{d} = q + \dfrac{n}{d}$라 쓸 수 있다. 이것을 정리한 식 $q = \dfrac{n}{d} \times (10^s - 1)$의 우변 q는 정수이므로 좌변도 정수이다. 특히 $\dfrac{10^s - 1}{d}$가 정수이어야 한다.

이 문제는 몇 가지의 경우로 나뉜다. 먼저 d가 10의 약수인 경우는 순환소수가 되지 않는다. 두 번째는 d가 홀수이면서 10의 약수가 아닌 경우다. 이 경우는 s의 값이 $d-1$까지 가능하지만 그렇게 될 확률은 거의 없다. 세 번째는 d가 짝수이면서 10의 어떤 멱의 인수가 되지 않는 경우다. 이때 10의 멱과의 공약수는 2^c 형태이다. 만약 $\dfrac{d}{2^c} = c$일 때 주기는 분수 $\dfrac{n}{d}$의 주기와 같다. 이 경우도 결국 두 번째와 방법이 같다.

538 2개의 숫자 ab가 반복해서 나타나는 경우 $s = 0.ababab\cdots$이다. $100s = ab.ababab\cdots$이므로 두 식에서 $99s = ab$가 된다. 따라서 $s = \dfrac{ab}{99}$ 이다. 3개의 숫자 abc의 반복, 즉 $s = abcabcabc\cdots$는 $1000s = abc.abcabcabc\cdots$에서 $999s = abc$를 얻고 정리하면 $s = \dfrac{abc}{999}$ 등으로 계속해서 정리할 수 있다.

이와 같이 숫자가 반복되는 형태의 소수는 쉽게 분수로 바꿀 수 있다. 예를 들어 $0.296296\cdots$는 분수 $\dfrac{296}{999}$ 이고 37로 약분하면 $\dfrac{8}{27}$ 이다.

역으로 이 분수를 처음 주어진 소수로 바꿀 수 있다. 분모는 $27 = 3 \times 9$ 이므로 분자 8을 9로 나누고 다시 3으로 나누면 다음과 같이 처음 소수가 됨을 확인할 수 있다.

$$
\begin{array}{r}
9)\ \underline{\quad 8.000000 \quad} \\
3)\ \underline{\quad 0.888888 \quad} \\
0.29629\cdots
\end{array}
$$

539 다음과 같은 분수를 소수로 바꿔 보자.

$$\frac{1}{1 \times 2 \times 3 \times 4 \times 5 \times 6 \times 7 \times 8 \times 9 \times 10}$$

분자 1을 다음과 같이 분모의 수로 차례로 나누면 위 분수를 소수로 표현할 수 있다.

$$
\begin{array}{rl}
2) & 1.0000000000000 \\
3) & 0.5000000000000 \\
4) & 0.1666666666666 \\
5) & 0.0416666666666 \\
6) & 0.0083333333333 \\
7) & 0.0013388888888 \\
8) & 0.0001984126984 1 \\
9) & 0.0000248015873 0 \\
10) & 0.0000027557319 2 \\
& 0.0000002755731 9
\end{array}
$$

3.13. 이자 계산

540 원금에 대한 이자는 백분율로 나타낸다. 또한 일반인이 알 수 있도록 100파운드에 대한 연간 이자를 공고한다. 연이율은 5퍼센트가 보통인데 이 경우 원금 100파운드에 대한 이자는 5파운드다. 하지만 일반적인 이자 계산은 상대적으로 간단하지 않다.

원금을 100으로 놓으면 퍼센트 이율의 계산은 쉽다. 만약 원금이 860파운드이면 1년 후의 이자는 $100 : 5 :: 860 : 43$에서 43파운드이다.

541 단리법의 이자 계산은 실효성이 없다. 일정 기간 후 원금에 붙는 이자를 합해 다시 원금이 되고 그 원금에 이자 계산을 반복하는 복리법에 대해 알아보자. 원금 100파운드에 연이율 5퍼센트면 1년 후 원리합계는 105파운드다. 원금 a일 때 원리합계는 어떻게 될까? 이는 100 대 a는 105 대 얼마일까와 같은 질문이다. 따라서 다음 식이 유도된다.

$$
\frac{105\,a}{100} = \frac{21\,a}{20} = \frac{21}{20}a = a + \frac{1}{20} \times a
$$

542 앞의 식에서 알 수 있듯이 원금에 다시 $\frac{1}{20}$ 의 금액을 합한 것이 1년 후의 원리합계이다. 이 원리합계가 2년째의 원금이 된다. 이 과정을 일정 기간 계속하여 전체 원리합계를 결정하는 것이 복리법이다.

543 예를 들어 원금이 1,000파운드, 연이율 5퍼센트의 원리합계를 계산하자. 이자는 매년 원금에 더해진다. 이 값은 분수가 될 것이고 소수 3자리 이하를 무시하자. 해가 거듭될수록 원금은 다음과 같이 커진다.

$$
\begin{array}{lll}
\text{1년 후} \cdots & 1050 & \text{파운드} \\
\text{2년 후} \cdots & \dfrac{52.5}{1102.5} & \\
\text{3년 후} \cdots & \dfrac{55.125}{1157.625} & \\
\text{4년 후} \cdots & \dfrac{57.881}{1215.506} & \\
\text{5년 후} \cdots & \dfrac{60.775}{1276.281 \cdots} & \\
\end{array}
$$

이는 직전 원금에 그 $\frac{1}{20}$ 을 더하여 다음해의 원금이 됨을 확인할 수 있다.

544 기간을 n 으로 일반화한 원리합계 식은 어떻게 될까? 이 계산은 복잡하고 자칫 지루할 수 있지만 다음과 같이 간단히 요약할 수 있다.

20파운드가 21파운드 되는 비율을 가정할 때 원금 a 는 1년 후에 $\frac{21}{20}a$ 가 된다. 2년 후에는 $\frac{21^2}{20^2}a = (\frac{21}{20})^2 a$, 3년 후에는 $(\frac{21}{20})^3 a$ 가 된다. 같은 비율로 4년 후, 5년 후에는 각각 $(\frac{21}{20})^4 a$, $(\frac{21}{20})^5 a$ 가 되고, 100년이 지나면 $(\frac{21}{20})^{100}a$ 가 될 것이다. 일반적으로 n 년 후 원리합계는 $(\frac{21}{20})^n a$ 이다.

545 앞의 계산에서 $\dfrac{21}{20}$ 은 $\dfrac{21}{20} = \dfrac{105}{100}$ 로 연이율 5퍼센트를 의미한다. 만약 연이율 6퍼센트면 원금 a에 대한 1년 후 원리합계는 $\dfrac{106}{100}a$, 2년 후에는 $(\dfrac{106}{100})^2 a$, 일반적으로 n년 후의 원리합계는 $(\dfrac{106}{100})^n a$이다.

이율 4퍼센트인 경우 n년 후의 원리합계는 $(\dfrac{104}{100})^n a$이다.

546 기간 n과 함께 원금 a인 경우 원리합계를 계산할 때 로그를 이용하면 수월하다. $(\dfrac{21}{20})^n a$에 로그를 취하면 $\log(\dfrac{21}{20})^n a = \log(\dfrac{21}{20})^n + \log a = n\log(\dfrac{21}{20}) + \log a$, 필요하다면 $\log\dfrac{21}{20} = \log 21 - \log 20$을 이용할 수도 있다.

547 연이율 5퍼센트로 원금 1,000파운드를 100년 동안 두었을 때 원리합계는 얼마나 될까? 이 경우 $n = 100$이므로 $100\log\dfrac{21}{20} + \log 1000$ 의 계산은 다음과 같다.

$$
\begin{array}{rrl}
 & \log 21 & = \ 1.3222193 \\
-) & \log 20 & = \ 1.3010300 \\
\hline
 & \log \dfrac{21}{20} & = \ 0.0211893 \\
\times) & & \quad 100 \\
\hline
 100\log \dfrac{21}{20} & & = \ 2.1189300 \\
+) & \log 1000 & = \ 3.0000000 \\
\hline
 & & \quad 5.1189300
\end{array}
$$

이것이 구하려는 원리합계의 로그 값이고, 로그표를 이용하여 6자리까지 원리합계를 구하면 $131,501$파운드이다.

548 연이율 6퍼센트로 $3,452$파운드는 64년 후에 얼마나 될까?

$a = 3452$, $\ n = 64$이므로 $64\log\dfrac{53}{50} + \log 3452$는 다음과 같이 계산할 수 있다.

$$
\begin{array}{rcl}
\log 53 &=& 1.7242759 \\
-)\ \ \log 50 &=& 1.6989700 \\
\hline
\log\dfrac{53}{50} &=& 0.0253059 \\
\times)\ & & 64 \\
\hline
64\log\dfrac{53}{50} &=& 1.6195776 \\
+)\ \log 3452 &=& 3.5380708 \\
\hline
& & 5.1576484
\end{array}
$$

이 값에 로그표를 이용하여 64년 후의 원리합계를 구하면 143,763파운드이다.

549 이와 같이 소수 7자리까지 나타낸 로그표를 이용하면 기간 n의 값이 아주 클 경우 원리합계의 오차가 심할 수 있다. 때문에 소수 이하 긴 자리까지 나타낸 로그표가 필요하다.

다음 예는 $n = 500$으로 기간이 비교적 길다. 연이율 5퍼센트, 원금 1파운드의 500년 후의 원리합계는 $a = 1$, $\ n = 500$이므로 그 로그 값은 $500\log\dfrac{21}{20} + \log 1$이다.

$$
\begin{array}{rcl}
\log 21 &=& 1.322219294733919 \\
-)\ \ \log 20 &=& 1.301029995663981 \\
\hline
\log\dfrac{21}{20} &=& 0.021189299069938 \\
\times)\ & & 500 \\
\hline
500\log\dfrac{21}{20} &=& 10.5946495349690000 \\
+)\ \ \log 1 &=& 0 \\
\hline
& & 10.5946495349690000
\end{array}
$$

이 값을 다시 로그표를 이용하여 구한 원리합계는 $39,323,200,000$파운드이다.

550 일정 원금을 매년 새롭게 더해가는 경우, 즉 적금은 원리합계를 어떻게 구할까? 처음 원금을 a, 1년 후부터 매년 새롭게 더하는 금액을 b라 할 때, 원리합계는 다음과 같이 증가할 것이다.

$$1년\ 후, \quad \frac{21}{20}a + b$$

$$2년\ 후, \quad (\frac{21}{20})^2 a + \frac{21}{20}b + b$$

$$3년\ 후, \quad (\frac{21}{20})^3 a + (\frac{21}{20})^2 b + \frac{21}{20}b + b$$

$$4년\ 후, \quad (\frac{21}{20})^4 a + (\frac{21}{20})^3 b + (\frac{21}{20})^2 b + \frac{21}{20}b + b$$

$$n년\ 후, \quad (\frac{21}{20})^n a + (\frac{21}{20})^{n-1} b + (\frac{21}{20})^{n-2} b + \cdots + \frac{21}{20}b + b$$

n년 후의 금액은 두 부분으로 나누어 구할 수 있다. 앞부분은 $(\frac{21}{20})^n a$, 나머지는 다음과 같이 공비 $\frac{21}{20}$인 등비수열의 합으로 표현된다.

$$b + \frac{21}{20}b + (\frac{21}{20})^2 b + (\frac{21}{20})^3 b + \cdots + (\frac{21}{20})^{n-1} b$$

마지막 항 $(\frac{21}{20})^{n-1}b$에 공비 $\frac{21}{20}$을 곱하고 초항 b를 빼면 $(\frac{21}{20})^n b - b$, 이것을 공비에서 1을 뺀 $\frac{1}{20}$로 나누면 등비수열의 합은 $20(\frac{21}{20})^n b - 20b$이다. 두 부분을 합한 총 원리합계는 다음과 같다.

$$(\frac{21}{20})^n a + 20(\frac{21}{20})^n b - 20b = (\frac{21}{20})^n \times (a + 20b) - 20b$$

551 위 식은 항을 나누어 계산하는 것이 편리하다. 먼저 우변의 첫 번째 항 $(\frac{21}{20})^n (a + 20b)$에 로그를 취하여 $n\log\frac{21}{20} + \log(a + 20b)$를 계산한 뒤 로그표를 이용하여 값을 구한다. 다음에 그 값에서 $20b$를 뺀 것이 원리합계다.

552 원금 1,000파운드를 이자율 5% 복리로 저축하고 매년 100파운드씩 추가로 저축한다고 하자. 25년 후에 원금과 이자를 합하면 얼마나 될까?

$a = 1000,\ b = 100,\ n = 25$이므로 연산은 다음과 같다.

$$\log\frac{21}{20} = 0.021189299$$

여기에 25를 곱하면

$$25\log\frac{21}{20} = 0.5297324750$$
$$\log(a + 20b) = 3.4771213135$$
$$= 4.0068537885$$

그러므로 이 합을 로그값으로 갖는 수는 $10,159.1$이고 만약 $20b = 2000$을 빼면 문제에서 요구하는 합이 되므로 25년 후에는 $8,159.1$파운드가 된다.

553 1,000파운드의 원금이 계속 증가하여 25년 후에는 $8159\frac{1}{10}$파운드가 되므로 몇 년 후에 1,000,000파운드가 될 것인가라는 질문을 생각해 보자.

n년 후에 된다고 하자. $a = 1000$이고 $b = 100$이므로 n년 후에는 $\left(\frac{21}{20}\right)^n \times (3000) - 2000$이 될 것이고 이것을 $1,000,000$으로 두면 다음

식을 얻는다.

$$3000\left(\frac{21}{20}\right)^n - 2000 = 1000000$$

2,000을 양변에 더하면

$$3000\left(\frac{21}{20}\right)^n = 1002000$$

양변을 3,000으로 나누면 $\left(\frac{21}{20}\right)^n = 334$이 된다. 로그를 취하면 $n = \dfrac{\log 334}{\log \dfrac{21}{20}}$ 이 된다. $\log 334 = 2.5237465$이고 $\log \dfrac{21}{20} = 0.0211893$ 이므로 $n = \dfrac{2.5237467}{0.0211893}$ 이다. 분모 분자에 각각 10,000,000을 곱하면 $n = \dfrac{25237465}{211893} = 119$년 1개월 7일이다. 이것이 1,000파운드가 1,000,000파운드 되는 데 걸리는 기간이다.

554 그러나 만약 매년 일정액을 추가로 저축하는 대신 매년 일정액을 찾아서 쓴다면 다음과 같은 단계로 액수가 변할 것이다. 여전히 이자는 연 5퍼센트 복리로 계산한다고 하고 매년 찾아 쓰는 일정액을 b라고 하자.

1년 후에는, $\dfrac{21}{20}a - b$

2년 후에는, $\left(\dfrac{21}{20}\right)^2 a - \dfrac{21}{20}b - b$

3년 후에는, $\left(\dfrac{21}{20}\right)^3 a - \left(\dfrac{21}{20}\right)^2 b - \dfrac{21}{20}b - b$

n년 후에는, $\left(\dfrac{21}{20}\right)^n a - \left(\dfrac{21}{20}\right)^{n-1} - \cdots - \dfrac{21}{20}b - b$

555 이 액수는 두 부분으로 이루어져 있다. 한 부분은 $\left(\dfrac{21}{20}\right)^{n}a$이고 다른 한 부분은 여기서 뺄 양으로 다음과 같은 등비급수이다.

$$b+\left(\frac{21}{20}\right)b+\left(\frac{21}{20}\right)^{2}b+\left(\frac{21}{20}\right)^{3}b+\cdots+\left(\frac{21}{20}\right)^{n-1}b$$

§550 에서 관찰한 바에 의하면 이 급수의 합은 $20\left(\dfrac{21}{20}\right)^{n}b-20b$이므로 n년 후의 총 저축액은

$$\left(\frac{21}{20}\right)^{n}(a-20b)+20b$$

이다.

556 이 식은 §550 의 공식에서 바로 얻을 수도 있었다. 왜냐하면 앞의 문제에서 매년 b를 추가한 것과 같은 방식으로 여기서는 매년 b를 뺀 것이기 때문이다. 따라서 앞의 공식에서 $+b$를 $-b$로 대체하기만 하면 된다. 그러나 여기서 특별히 언급할 만한 내용은 만약 $20b$가 a보다 크다면 첫 부분이 음수가 되어 결과적으로 총액이 줄어들게 된다. 이것은 쉽게 알아볼 수 있는데 만약 매년 이자보다 더 많이 찾아서 쓰면 금액이 점점 줄어들어 결국 하나도 남지 않을 것은 명백하다. 다음 예에서 이런 경우를 볼 수 있다.

557 어떤 사람이 $100{,}000$파운드를 이자율 5퍼센트인 곳에 저축을 한 다음 매년 $6{,}000$파운드씩 찾아서 썼다. 이는 이자 $5{,}000$파운드보다 많은 액수이다. 결과적으로 저축액은 줄어들 것이다. 다 쓰고 하나도 남지 않으려면 얼마나 걸리는지 알아보자.

그 기간을 n년이라고 하자. $a = 100000$이고 $b = 6000$이므로 n년 후에는 $-20000\left(\dfrac{21}{20}\right)^n + 120000$ 혹은 $120000 - 20000\left(\dfrac{21}{20}\right)^n$이 될 것이다. 여기서 -20000이란 인수는 $a - 20b$에서 나온 것으로서 $100000 - 120000$이다.

저축액이 하나도 남지 않으려면 $20000\left(\dfrac{21}{20}\right)^n$이 $120{,}000$이 되어야 한다. 즉, $20000\left(\dfrac{21}{20}\right)^n = 120000$이다. 양변을 $20{,}000$으로 나누면 $\left(\dfrac{21}{20}\right)^n = 6$이 되어 로그를 취하면 $n \log\left(\dfrac{21}{20}\right) = \log 6$이 된다. 양변을 $\log\dfrac{21}{20}$로 나누면 $n = \dfrac{\log 6}{\log\dfrac{21}{20}}$ 혹은 $n = \dfrac{0.7781513}{0.0211893}$이 되므로 $n = 36$년 8개월 22일로 이 기간이 지나면 저축액이 하나도 남지 않는다.

558 이제 같은 원리로 1년보다 짧은 기간의 이자를 계산할 수 있다. 이를 위해 이미 찾아낸 공식 $\left(\dfrac{21}{20}\right)^n a$를 쓴다. 이 공식은 이자율 5퍼센트 복리로 계산할 때 n년 후의 저축액이다. 만약 기간이 1년이 채 안 된다면 지수 n은 분수가 되고 계산은 이전과 마찬가지로 로그를 이용한다. 예를 들어 만약 하루 동안 저축한다면 $n = \dfrac{1}{365}$, 이틀이면 $n = \dfrac{2}{365}$ 등등이 될 것이다.

559 $100{,}000$파운드를 8일 동안 이자율 5퍼센트로 빌린다고 가정하자. 여기서 $a = 100000$이고 $n = \dfrac{8}{365}$이므로 갚아야 할 총액은 $\left(\dfrac{21}{20}\right)^{\frac{8}{365}} \times 1000000$로 로그를 취하면

$$\log\left(\frac{21}{20}\right)^{\frac{8}{365}} + \log 10000 = \frac{8}{365} log\frac{21}{20} + \log 100000$$

이고, $\log\dfrac{21}{20} = 0.0211893$이므로 $\dfrac{8}{365}$을 곱하면 0.004644가 되어 $\log 100000 = 5.000000$에 더하면 그 합이 5.004644가 된다. 이 수를 로 그 값으로 하는 수는 $100,107$이고 여기서 원금 $100,000$파운드를 빼면 이자는 107파운드이다.

560 이 주제에는 일정 기간 후에만 지불될 수 있는 돈의 현재 가치를 계산하는 문제도 포함된다. 현재의 20파운드는 1년 후의 21파운드와 맞먹는다. 역으로 1년 후에나 받을 수 있는 21파운드는 실제로 20파운드의 가치밖에 없다. 그러므로 1년 후에 지불해야 할 액수를 a라고 하면 이 액수의 현재 가치는 $\dfrac{20}{21}a$이다. 그러므로 1년 후에 지불할 액수a가 현재 얼마에 해당하는지 계산하려면 $\dfrac{20}{21}$을 곱해야 한다. 2년 후에 지불할 돈의 현재 가치는 $\left(\dfrac{20}{21}\right)^2 a$이고, 일반적으로 지불일로부터 n년 전의 가치는 $\left(\dfrac{20}{21}\right)^n a$이다.

561 예를 들어 어떤 사람이 5년 동안 연속 매년 100파운드의 집세를 받으려다가 갑자기 목돈이 필요하여 한꺼번에 받으려고 할 때 얼마를 받아야 하는지 알아보자. 이자율은 5%이다.

1년 후 받을 100원의 현재 가치는	95.239
2년 후 받을 100원의 현재 가치는	90.704
3년 후 받을 100원의 현재 가치는	86.385
4년 후 받을 100원의 현재 가치는	82.272
5년 후 받을 100원의 현재 가치는	78.355
이들의 합 =	432.955

따라서 집세를 받을 사람이 요구할 수 있는 액수는 432.955파운드이다.

562 만약 그 같은 집세를 훨씬 더 긴 기간에 대해 이와 같이 계산하면 매우 지루하다. 그런 경우 다음과 같이 쉽게 계산할 수 있다. 매년 집세를 a라고 하고 지금부터 시작해서 n년 동안 계속 받는다고 하면 그들의 현재 가치는 다음과 같다.

$$a + \left(\frac{20}{21}\right)a + \left(\frac{20}{21}\right)^2 a + \left(\frac{20}{21}\right)^3 a + \left(\frac{20}{21}\right)^4 a + \cdots + \left(\frac{20}{21}\right)^n a$$

이것은 등비급수로 그 합을 계산하는 문제이다. 그러므로 마지막 항에 공비를 곱하면 $\left(\frac{20}{21}\right)^{n+1} a$가 되고, 그다음에 초항을 빼면 $\left(\frac{20}{21}\right)^{n+1} a - a$ 이고, 마지막으로 '공비 빼기 1', 즉 $-\frac{1}{21}$로 나누면(혹은 이것은 -21을 곱하는 것과 같은 결과를 얻는다) 그 합을 얻는다. 즉,

$$-21\left(\frac{20}{21}\right)^{n+1} a + 21a \quad \text{혹은} \quad 21a - 21\left(\frac{20}{21}\right)^{n+1} a$$

이며 빼기를 할 두 번째 항의 값은 로그를 사용하여 쉽게 계산할 수 있다.

연습 문제

01. 375파운드 10실링을 6퍼센트 복리로 9년 동안 두면 얼마나 될까?

634파운드 8실링

02. 5% 이자율로 1파운드를 하루 두면 이자는 얼마가 되는가?

🔓 0.0001369863파운드

03. 이자율이 4%라고 할 때 365파운드가 875일 후에는 얼마가 될까?

🔓 400파운드

04. 이자율이 6% 복리일 때 256파운드 10실링은 7년 후 얼마가 될까?

🔓 385파운드 13실링 $7\frac{1}{2}$펜스

05. 이자율이 6% 복리일 때 563파운드는 7년 99일 후 얼마가 될까?

🔓 860파운드

06. 이자율이 6% 복리일 때 400파운드는 $3\frac{1}{2}$년 후 얼마가 될까?

🔓 490파운드 17실링 $7\frac{1}{2}$펜스

07. 이자율이 5% 복리일 때 320파운드 10실링은 4년 후 얼마가 될까?

🔓 389파운드 11실링 $4\frac{1}{4}$펜스

08. 이자율이 5% 복리일 때 650파운드는 5년 후 얼마가 될까?

🔓 829파운드 11실링 $7\frac{1}{4}$펜스

09. 이자율이 6% 복리일 때 550파운드 10실링은 3년 6개월 후 얼마가

됐까?

🔒 675파운드 6실링 5펜스

10. 이자율이 $3\frac{1}{2}$ % 복리일 때 15 파운드 10실링은 9년 후 얼마가 됄까?

🔒 21 파운드 2 실링 $4\frac{1}{2}$ 펜스

11. 이자율이 4%일 때 550파운드는 7개월 후 얼마가 됄까?

🔒 562파운드 16실링 8펜스

12. 이자율이 7.37%일 때 100파운드는 9년 9개월 후 얼마가 됄까?

🔒 200파운드

13. 원금 x를 x년 동안 이자율 x % 복리로 두면 x를 벌게 된다. 기간 x는?[45]

🔒 8.49824년

14. 이자율이 5%일 때 9개월 후에 낼 600파운드는 지금 얼마에 해당하는가?

🔒 578파운드 6실링 $3\frac{1}{4}$ 펜스

15. 이자율이 5%일 때 매년 70파운드의 연금을 6년 후부터 시작하여 21년간 받는다면 그 합은 지금 얼마에 해당하는가?

---

45) 역자 주 : 영문번역본에 잘못이 있는 듯하다.

$\qquad$ 🔓 669파운드 15실링 $0\frac{3}{4}$펜스

16. 이자율이 6%로 어떤 액수의 돈을 빌린 것을 매년 일정액씩 40년간 갚으면 원금과 이자를 다 갚을 수 있다고 한다. 이자율이 몇 %를 넘어가면 영원히 갚아야 할 것인가?[46]

$\qquad$ 🔓 52%

---

46) 역자 주 : 영문번역본에 잘못이 있는 듯하다.

제4장 대수방정식의 풀이

4.1. 일반적인 풀이법에 대하여

563 대수학의 주요 목적은, 수학의 다른 분야의 목적과 마찬가지로, 알려져 있지 않은 양의 값을 결정하는 것이다. 그리고 이것은 주어진 조건들 — 이들은 항상 이미 알려진 수로 표현된다 — 을 주의 깊게 생각하여 구할 수 있다. 이러한 이유 때문에 대수는 '알려진 양을 써서 미지의 양을 결정하는 방법을 가르치는 과학'이라고 정의되어 있다.

564 이 정의는 지금까지 주장되었던 모든 것과 일치한다. 왜냐하면 우리는 항상 어떤 양에 대하여 안다는 것은 미지수인 다른 양을 알 수 있도록 한다는 것을 알고 있다.

이것에 내하여, 덧셈은 하나의 예가 될 것이다. 왜냐하면 2개 이상 주어진 수의 합을 찾기 위하여 우리는 하나의 미지수를 찾아야 하는데 그것은 알려진 수들을 합한 것과 같다. 뺄셈은 알려진 두 수의 차이를 구하는 것이다. 다수의 다른 예는 곱셈, 나눗셈, 거듭제곱, 그리고 거듭제곱근 풀이 등이 있다. 질문은 주어진 양을 사용하여 알려지지 않은 다른 양을 발견하는 것으로 바뀌는 것이다.

565 마지막 절에서는 몇 개의 문제를 다룰 것이다. 그 문제들은 어떤 조건이 없다면 주어진 수로부터 답을 구할 수 없는 그런 문제들이다. 모든 문제들은 몇몇 주어진 수들의 도움으로 새로운 수를 발견하는 것으로 귀착 되는데, 그 새로운 수는 주어진 수와 어떤 관련이 있다. 그리고 이 관계는 어떤 조건 또는 성질에 따라서 결정되는데 이 조건으로부터 문제의 답을 구할 수 있다.

566 대수에서, 풀어야 할 문제가 있을 때, 우리는 구해야 할 숫자를 알 파벳의 마지막 문자들로 나타낸다. 그러고 나서 주어진 조건들을 이용하여 두 수 사이에서의 등식을 어떻게 만들지를 생각한다. 이 등식은 방정식이 라고 하는 어떤 형식으로 표현되는데 이 방정식을 이용하여 우리는 찾으려 는 값을 결정할 수 있다. 가끔 여러 개의 숫자를 구하기도 한다.

567 이것을 예를 들어 설명해 보자. 다음과 같은 문제가 있다고 하자.

남녀 20명이 식당에서 식사를 한다. 남자 한 사람의 식사비는 8실링이 고 여자는 7실링이며 전체 지불한 돈은 7파운드 5실링이다. 남자와 여자 는 각각 몇 명인가? 단, 1파운드는 20실링이다.

이 문제를 풀기 위하여 남자의 수를 x라고 가정하자. 그리고 이 수는 알려져 있다고 생각하면서 다음과 같은 방법으로 진행한다.

남자의 수를 x라고 두면 남자와 여자를 합쳐서 20명이라는 사실로부터 여자의 수가 정해진다는 것을 쉽게 알 수 있다. 즉, 여자의 수는 $20 - x$이다.

그런데 남자 한 사람의 식비가 8실링이므로 x명의 남자는 $8x$실링을 지불해야 한다. 그리고 여자는 한 사람 식비가 7실링이므로 $20 - x$명의 여자들은 $140 - 7x$실링을 지불해야 한다. 그래서 $8x$와 $140 - 7x$를 더하 면 전체 20명은 $140 + x$실링을 지불한 것이 된다. 우리는 이미 그들이 전체 식비로 145실링을 썼다는 것을 알고 있다. 그러므로 $140 + x$와 145 사이에 등호가 성립한다. 즉, $140 + x = 145$이다. 그렇기 때문에 우리는 쉽게 $x = 5$를 추론할 수 있다. 그리고 결국 $20 - x = 20 - 5 = 15$ 도 추론할 수 있다. 그래서 이 일행에서 남자는 5명이며 여자는 15명이다.

568 다시 남자와 여자를 합쳐서 20명의 사람이 식당에 갔다고 가정하자. 남자들이 식비로 쓴 돈은 모두 합쳐서 24실링이고 여자들은 합계 24실링을 썼다고 한다. 그런데 남자 한 사람이 쓴 돈은 여자 한 사람이 쓴 돈보다 1실링이 많았다면 남자와 여자는 각각 몇 명인가?

남자의 수를 x로 나타내자. 그러면 여자의 수는 $20 - x$이다. 이제 x명의 남자가 24실링을 썼기 때문에 남자 한 사람이 쓴 돈은 $\dfrac{24}{x}$이다. $20 - x$명의 여자들도 24실링을 썼기 때문에 여자 한 사람이 쓴 돈은 $\dfrac{24}{20 - x}$이다. 그런데 우리는 여자 한 사람이 쓴 돈은 남자 한 사람이 쓴 돈보다 1실링이 적다는 것을 알고 있다. 그래서 남자 한 사람 식비에서 1을 빼면 여자한 사람 식비를 얻는다. 따라서

$$\frac{24}{x} - 1 = \frac{24}{20 - x}$$

그러므로 이 방정식으로부터 x값을 구할 수 있다. 이 값을 구하는 것은 앞의 방정식을 푸는 것처럼 쉽지는 않다. 그러나 나중에 $x = 8$이라는 것을 알 수 있는데 이 값은 이 방정식을 만족한다. 왜냐하면 $\dfrac{24}{8} - 1 = \dfrac{24}{12}$는 등식 $2 = 2$을 의미이기 때문이다.

569 그러므로 모든 문제에서 문제의 상황을 주의 깊게 생각하는 것이 얼마나 중요한지 알 수 있다. 그것으로부터 찾으려는 숫자, 즉 미지수를

문자로 나타내는 방정식을 도출할 수 있다. 그런 후 모든 기술은 이들 방정식으로부터 미지수의 값을 끌어내는 데 있다. 그리고 이것이 이번 장의 주제이다.

570 먼저 우리는 질문들 사이에 존재하는 다양성에 주목해야 한다. 몇몇 문제에서 우리는 단지 하나의 미지의 양만을 구하려고 애쓴다. 나머지 다른 문제에서는 둘 이상의 미지의 양을 찾아야 한다. 그리고 이 마지막 경우에 둘 이상의 미지수의 값 모두를 알아내기 위해서는 주변 환경으로부터 추론해야 한다. 즉, 문제의 조건들, 미지수의 수만큼 많은 방정식들이 주변 환경이다.

571 하나의 방정식은 두 양이 서로 같다는 것을 나타내기 위하여 등호(=)에 의하여 두 부분으로 나누어져 있다는 것은 이미 알고 있다. 그리고 우리는 미지의 양의 값을 알아내기 위하여 등호 양변을 여러 번 변형해야 한다. 다음 규칙에 따라서 모든 변형을 한다. 즉, 2개의 같은 양에 동일한 양을 더하거나 빼거나 곱하거나 나누어도 등호는 성립한다. 또 같은 제곱을 해도, 같은 근호를 취하여도, 로그를 취하여도 등호는 성립한다.

572 아주 쉽게 풀리는 방정식들은 미지의 양이 1제곱을 넘지 않는 경우이다. 방정식의 항들을 적당하게 정리한 후, 이를 단순방정식 또는 일차방정식으로 부른다. 그러나 정리된 방정식에 미지의 양의 제곱이 있을 때 이차방정식이라 부르는데 이 경우는 풀기가 다소 어렵다. 3차 이상의 방정식도 같은 방법으로 정의된다. 우리는 이 모든 것을 이 장에서 다룰 것이다.

4.2. 일차방정식의 풀이에 대하여

573 미지의 양이 x로 표현될 때 그리고 우리가 얻은 방정식의 한 변이 x만을 포함하고 다른 변은 간단히 상수를 포함할 때, 예를 들면 $x = 25$, x의 값을 바로 알 수 있다. 그러므로 우리는 항상 그런 형태에 도달하기 위하여 노력해야 한다. 처음 구한 방정식이 아무리 복잡하더라도 이 절에서는 그런 형태를 얻을 수 있는 규칙들을 설명할 것이다.

574 가장 간단한 경우부터 시작해 보자. 첫째, 우리가 $x + 9 = 16$이라는 방정식을 얻었다고 가정하자. 여기서 우리는 즉시 $x = 7$임을 알 수 있다. 그리고 일반적으로 $x + a = b$라면, 여기서 a와 b는 상수를 나타낸다. 양변에서 a를 빼기만 하면 $x = b - a$를 얻는다. 이것이 x의 값이다.

575 만약 방정식 $x - a = b$를 얻었다면 양변에 a를 더해야 한다. 그래서 $x = b + a$를 얻는다. 방정식이 $x - a = a^2 + 1$의 형태라도 같은 방법으로 하면 된다. 우리는 즉시 $x = a^2 + a + 1$을 얻는다.

방정식 $x - 8a = 20 - 6a$에서는

$$x = 20 - 6a + 8a, \quad 즉 \ x = 20 + 2a$$

를 얻는다.

그리고 $x + 6a = 20 + 3a$인 경우,

$$x = 20 + 3a - 6a$$

즉,

$$x = 20 - 3a$$

를 얻는다.

576 원래의 방정식이 $x - a + b = c$의 형태이면, 먼저 양변에 a를 더하여 $x + b = c + a$를 얻고 그런 후 양변에서 b를 빼면 $x = c + a - b$를 얻는다. 그러나 우리가 한꺼번에 $+a - b$를 양변에 더하면 즉시 $x = c + a - b$를 얻는다. 다음 보기를 보자.

$$x - 2a + 3b = 0 \text{이면 } x = 2a - 3b$$
$$x - 3a + 2b = 25 + a + 2b \text{이면 } x = 25 + 4a$$
$$x - 9 + 6a = 25 + 2a \text{이면 } x = 34 - 4a \text{이다.}$$

577 주어진 방정식이 $ax = b$의 형태이면 우리는 양변을 a로 나누어서 $x = \dfrac{b}{a}$를 얻는다. 그러나 만약 방정식이 $ax + b - c = d$의 형태이면 양변에 $-b + c$를 더해서 좌변에 ax만 남긴다. 그런 후 새 방정식 $ax = d - b + c$를 a로 나누어 $x = \dfrac{d - b + c}{a}$를 얻는다. 주어진 방정식으로부터 $+b - c$를 뺌으로써 같은 x의 값을 구할 수도 있다. 즉, 우리는 $ax = d - b + c$를 얻고 또 $x = \dfrac{d - b + c}{a}$를 얻는다. 그러므로

$$2x + 5 = 17 \text{ 이면 } 2x = 12, \; x = 6$$
$$3x - 8 = 7 \text{ 이면 } 3x = 15, \; x = 5$$
$$4x - 5 - 3a = 15 + 9a \text{ 이면 } 4x = 20 + 12a, \; x = 5 + 3a \text{이다.}$$

578 처음 방정식이 $\dfrac{x}{a}=b$의 형태이면 양변에 a를 곱하여 $x=ab$를 얻는다. 그러나 방정식이 $\dfrac{x}{a}+b-c=d$이면 $\dfrac{x}{a}=d-b+c$를 만든 후 다음을 얻는다.

$$x=(d-b+c)a=ad-ab+ac$$

$\dfrac{1}{2}x-3=4$라고 하자. 그러면 $\dfrac{1}{2}x=7,\ x=14$.

$\dfrac{1}{3}x-1+2a=3+a$라고 하자 그러면 $\dfrac{1}{3}x=4-a,\ x=12-3a$.

$\dfrac{x}{a-1}-1=a$라고 하자. 그러면 $\dfrac{x}{a-1}=a+1,\ x=a^2-1$이다.

579 $\dfrac{ax}{b}=c$를 얻었을 때는 먼저 b를 곱하여 $ax=bc$를 얻고 a로 나누어 $x=\dfrac{bc}{a}$를 얻는다. 만약 $\dfrac{ax}{b}-c=d$라면 $\dfrac{ax}{b}=d+c$를 만든 후 $ax=bd+bc$를 얻고 $x=\dfrac{bd+bc}{a}$를 얻는다.

$\dfrac{2}{3}x-4=1$이라고 하자. 그러면 $\dfrac{2}{3}x=5,\ 2x=15$이다. 그러므로 $x=\dfrac{15}{2}=7\dfrac{1}{2}$이다. $\dfrac{3}{4}x+\dfrac{1}{2}=5$이면 $\dfrac{3}{4}x=5-\dfrac{1}{2}=\dfrac{9}{2}$이다. 그러므로 $3x=18,\ x=6$이다.

580 자주 일어나는 하나의 경우를 생각해 보자. 즉, 방정식의 한 변 또는 양변에 2개 이상의 항이 문자 x를 포함하는 경우다. 그런 항이 같은 변에 모두 있는 다음의 예를 보자.

방정식 $x+\dfrac{1}{2}x+5=11$에서는, $x+\dfrac{1}{2}x=6,\ 3x=12,\ x=4$.

방정식이 $x+\dfrac{1}{2}x+\dfrac{1}{3}x=44$라고 하자. 먼저 3을 곱하면 $4x+\dfrac{3}{2}x=132$가 된다. 그런 후 2를 곱하면 $11x=264$가 되고 $x=24$이다. 더욱

간단하게 하려면 x를 포함한 3개의 항을 하나의 항 $\dfrac{11}{6}x$로 만든다. 그런 후 $\dfrac{11}{6}x = 44$를 11로 나눈다. 그러면 $\dfrac{1}{6}x = 4$, 즉 $x = 24$가 된다.

$\dfrac{2}{3}x - \dfrac{3}{4}x + \dfrac{1}{2}x = 1$ 이라고 하자. 여기서 $\dfrac{5}{12}x = 1$, 즉 $x = 2\dfrac{2}{5}$를 얻는다.

일반적으로 $ax - bx + cx = d$라고 하자. 그것은 $(a - b + c)x = d$와 같고 나눗셈에 의하여 $x = \dfrac{d}{a - b + c}$를 끌어낸다.

581 x를 포함하는 항이 방정식의 양변에 있을 때는 쉽게 지워지는 변부터 그 항을 없앤다. 그런 후 x를 포함하는 항의 개수가 최소가 되도록 한다.

예를 들어 방정식이 $3x + 2 = x + 10$이면 양변에서 x를 빼서 $2x + 2 = 10$, 즉 $2x = 8$, $x = 4$이다.

$x + 4 = 20 - x$라고 하자. 여기서 $2x + 4 = 20$이 되고 $2x = 16$, $x = 8$이다. $x + 8 = 32 - 3x$라고 하자. $4x + 8 = 32$가 되고 $4x = 24$, $x = 6$이다.

$15 - x = 20 - 2x$라고 하자. 그러면 다음을 얻는다. $15 + x = 20$, $x = 5$.

$1 + x = 5 - \dfrac{1}{2}x$라고 하자. 이것은 $1 + \dfrac{3}{2}x = 5$, 즉 $\dfrac{3}{2}x = 4$, 그러므로 $3x = 8$이고 $x = \dfrac{8}{3} = 2\dfrac{2}{3}$다.

$\dfrac{1}{2} - \dfrac{1}{3}x = \dfrac{1}{3} - \dfrac{1}{4}x$라면 $\dfrac{1}{3}x$를 더하여 $\dfrac{1}{2} = \dfrac{1}{3} + \dfrac{1}{12}x$, $\dfrac{1}{3}$을 빼고 좌변과 우변을 바꾸어서 $\dfrac{1}{12}x = \dfrac{1}{6}$이 되고 12를 곱하여 $x = 2$를 얻는다.

$1\dfrac{1}{2} - \dfrac{2}{3}x = \dfrac{1}{4} + \dfrac{1}{2}x$라면 $\dfrac{2}{3}x$를 더하여 $1\dfrac{1}{2} = \dfrac{1}{4} + \dfrac{7}{6}x$가 되고 $\dfrac{1}{4}$을 빼고 좌변과 우변을 바꾸면 $\dfrac{7}{6}x = 1\dfrac{1}{4}$, 6을 곱하고 7로 나누면 $x = 1\dfrac{1}{14} = \dfrac{15}{14}$가 된다.

582 미지수 x가 분모에 있는 방정식이면 그 분모를 곱하여 분수 모양을 없앤다. $\dfrac{100}{x} - 8 = 12$라고 하자. 8을 더하여 $\dfrac{100}{x} = 20$, x를 곱하여 $100 = 20x$가 되고 20으로 나누어서 $x = 5$이다.

$\dfrac{5x+3}{x-1} = 7$이라고 하자. $x-1$을 곱하면 $5x+3 = 7x-7$, $5x$를 빼면 $3 = 2x - 7$, 7을 더하면 $2x = 10$. 따라서 $x = 5$가 된다.

583 가끔 일차방정식에 근호가 있는 경우가 있다. 예를 들면 100 미만인 수 x를 구하는 수라고 하자. $\sqrt{100-x} = 8$. 양변을 제곱하면 $100 - x = 64$이다. x를 더하여 $100 = 64 + x$, $x = 100 - 64 = 36$, 또는 $100 - x = 64$이므로 양변에서 100을 빼면 $-x = -36$, -1을 곱하여 $x = 36$이다.

584 마지막으로, 이미 몇몇 예제에서 보았듯이 미지수 x가 지수에 있는 경우 우리는 로그를 쓴다.

$2^x = 512$일 때 양변에 로그를 취하면 $x \log 2 = \log 512$, $\log 2$로 나누면 $x = \dfrac{\log 512}{\log 2}$이고 로그표로부터 $x = \dfrac{2.7092700}{0.3010300} = \dfrac{270927}{30103}$, $x = 9$이다.

$5 \times 3^{2x} - 100 = 305$라고 하자. 100을 더하여 $5 \times 3^{2x} = 405$, 5로 나누어서 $3^{2x} = 81$, 로그를 취하여 $2x \log 3 = \log 81$, $2 \log 3$으로 나누어서 $x = \dfrac{\log 81}{2 \log 3}$, $x = \dfrac{\log 81}{\log 9}$ 이다. 그러므로

$$x = \frac{1.9084850}{0.9542425} = \frac{19084850}{9542425} = 2$$

연습 문제

01. $x - 4 + 6 = 8$이면 $x = 6$이 된다.

02. $4x - 8 = 3x + 20$이면 $x = 28$이 된다.

03. $ax = ab - a$이면 $x = b - 1$이 된다.

04. $2x + 4 = 16$이면 $x = 6$이 된다.

05. $ax + 2ba = 3c^2$이면 $x = \dfrac{3c^2}{a} - 2b$가 된다.

06. $\dfrac{x}{2} = 5 + 3$이면 $x = 16$이 된다.

07. $\dfrac{2x}{3} - 2 = 6 + 4$이면 $x = 18$이 된다.

08. $a - \dfrac{b}{x} = c$이면 $x = \dfrac{b}{a - c}$가 된다.

09. $5x - 15 = 2x + 6$이면 $x = 7$이 된다.

10. $40 - 6x - 16 = 120 - 14x$이면 $x = 12$가 된다.

11. $\dfrac{x}{2} - \dfrac{x}{3} + \dfrac{x}{4} = 10$이면 $x = 24$가 된다.

12. $\dfrac{x-3}{2} + \dfrac{x}{3} = 20 - \dfrac{x-19}{2}$이면 $x = 23\dfrac{1}{4}$ 이 된다.

13. $\sqrt{\dfrac{2}{3}x} + 5 = 7$이면 $x = 6$이 된다.

14. $x + \sqrt{a^2 + x^2} = \dfrac{2a^2}{\sqrt{a^2 + x^2}}$이면 $x = a\sqrt{\dfrac{1}{3}}$ 이 된다.

15. $3ax + \dfrac{a}{2} - 3 = bx - a$이면 $x = \dfrac{6-3a}{6a-2b}$가 된다.

16. $\sqrt{12 + x} = 2 + \sqrt{x}$ 이면 $x = 4$가 된다.

17. $y + \sqrt{a^2 + y^2} = \dfrac{2a^2}{(a^2 + y^2)^{\frac{1}{2}}}$이면 $y = \dfrac{1}{3}a\sqrt{3}$ 이 된다.

18. $\dfrac{y+1}{2} + \dfrac{y+2}{3} = 16 - \dfrac{y+3}{4}$이면 $y = 13$이 된다.

19. $\sqrt{x} + \sqrt{a+x} = \dfrac{2a}{\sqrt{a+x}}$이면 $x = \dfrac{a}{3}$가 된다.

20. $\sqrt{aa + xx} = \sqrt[4]{b^4 + x^4}$ 이면 $x = \sqrt{\dfrac{b^4 - a^4}{2a^2}}$ 이 된다.

21. $y = \sqrt{a^2 + \sqrt{b^2 + x^2}} - a$이면 $x = \dfrac{bb}{4a} - a$가 된다.

22. $\dfrac{128}{3x - 4} = \dfrac{216}{5x - 6}$이면 $x = 12$가 된다.

23. $\dfrac{42x}{x - 2} = \dfrac{35x}{x - 3}$이면 $x = 8$이 된다.

24. $\dfrac{45}{2x + 3} = \dfrac{57}{4x - 5}$이면 $x = 6$이 된다.

25. $\dfrac{x^2 - 12}{3} = \dfrac{x^2 - 4}{4}$이면 $x = 6$이 된다.

26. $615x - 7x^3 = 48x$이면 $x = 9$가 된다.

4.3. 4.2와 관련한 질문과 풀이

585 [질문 1] 7을 두 수의 합으로 나타내려고 한다. 큰 수가 작은 수보다 3이 많다고 할 때 두 수를 구하라.

큰 수를 x라고 하면 작은 수는 $x - 3$이 된다. 그러므로 $x = 7 - x + 3$, $x = 10 - x$이고 양변에 x를 더하여 $2x = 10$이 된다. 2로 나누어서 $x = 5$이다.

그러므로 두 수는 5와 2다.

[질문 2] a를 두 수의 합으로 나타내려고 한다. 큰 수가 작은 수보다 b만큼 많다고 할 때 두 수를 구하라.

큰 수를 x라고 하면 작은 수는 $x-b$가 된다. 그러므로 $x=a-x+b$다. 양변에 x를 더하여 $2x=a+b$가 된다. 2로 나누어서 $x=\dfrac{a+b}{2}$다. 그러므로 두 수는 $\dfrac{a+b}{2}$와 $\dfrac{a+b}{2}-b$다.

다른 풀이. 큰 수를 x라고 하자. 큰 수가 작은 수보다 b만큼 많으므로 작은 수는 $x-b$다. 두 수를 합하면 a이므로 $2x-b=a$가 된다. b를 더하여 $2x=a+b$이다. 그러므로 $x=\dfrac{a+b}{2}$다. 이것이 큰 수의 값이고 작은 수는 $\dfrac{a+b}{2}-b,\ \dfrac{a+b}{2}-\dfrac{2b}{2},$ 즉 $\dfrac{a-b}{2}$다.

586 [질문 3] 아버지가 1,600파운드를 삼 형제에게 남기면서 다음과 같이 나누도록 하였다. 장남은 차남보다 200파운드를 더 갖고, 차남은 막내아들보다 100파운드를 더 갖는다. 각자의 몫은 다음과 같다.

막내아들의 몫을 x라고 하자.

그러면 둘째의 몫은 $x+100$이고

장남의 몫은 $x+300$이다.

3명의 합이 1,600파운드이므로 다음 식이 나온다.

$$\begin{aligned}
3x+400 &= 1600 \\
3x &= 1200 \\
x &= 400
\end{aligned}$$

그러므로 다음과 같이 상속받는다.

$$
\begin{array}{ll}
\text{막내아들은} & \text{400파운드} \\
\text{차남은} & \text{500파운드} \\
\text{장남은} & \text{700파운드}
\end{array}
$$

587 [질문 4] 어떤 아버지가 4명의 아들에게 8,600파운드를 유산으로 남겼다. 유언에 따르면, 장남의 몫은 차남의 2배보다 100파운드가 적도록 하고, 차남은 셋째 아들 몫의 3배보다 200파운드가 적도록 하고, 셋째 아들은 막내아들의 4배보다 300파운드가 적도록 하였다. 그러면 4명의 아들은 각각 유산을 얼마씩 받게 되는가?

$$
\begin{array}{ll}
\text{막내아들의 몫을} & x \text{라고 하면} \\
\text{셋째는} & 4x - 300 \\
\text{차남은} & 12x - 1100 \\
\text{그리고 장남은} & 24x - 2300 \text{이다.}
\end{array}
$$

이것을 모두 더하면 8,600파운드이다. 그러므로

$$41x - 3700 = 8600, \ 41x = 12300, \ x = 300$$

이다. 그래서

$$
\begin{array}{ll}
\text{넷째는} & \text{300파운드} \\
\text{셋째는} & \text{900파운드} \\
\text{차남은} & \text{2,500파운드} \\
\text{그리고 장남은} & \text{4,900파운드}
\end{array}
$$

를 유산으로 받는다.

588 [질문 5] 한 남자가 11,000크라운[47]을 아내와 2명의 아들과 3명의

딸에게 유산으로 남겼다. 아내는 아들 몫의 2배, 아들은 딸 몫의 2배로 분배하라고 했는데, 이때 각각 받을 몫은 얼마인가?

딸 한 사람의 몫을 x라고 하자.
그러면 아들 한 사람은 $2x$이고
부인은 $4x$가 된다.

그러므로 전체의 유산은 $3x+4x+4x$, 즉 $11x = 11000$이고 $x = 1000$이다. 그러므로

딸 1명당	1,000크라운씩	3,000크라운
아들 1명당	2,000크라운씩	4,000크라운
부인은	4,000크라운씩 받게 되어	
합계	11,000크라운이다.	

589 [질문 6] 아버지가 삼형제에게 다음과 같은 방법으로 유산을 나누라고 유언하였다. 장남은 전체 $\dfrac{1}{2}$보다 1,000크라운 적게, 차남은 전체 $\dfrac{1}{3}$보다 800크라운 적게, 막내아들은 전체 $\dfrac{1}{4}$보다 600크라운 적게 갖도록 하라는 것이다.

전체 유산과 각 아들의 몫이 필요한데 전체 유산을 x라고 하자.

장남의 몫은	$\dfrac{1}{2}x - 1000$
차남은	$\dfrac{1}{3}x - 800$
막내아들은	$\dfrac{1}{4}x - 600$

이므로 3명의 아들은 $\dfrac{1}{2}x + \dfrac{1}{3}x + \dfrac{1}{4}x - 2400$을 받게 되고 이것은 x와

---

47) 역자 주 : crown, 영국의 화폐단위로 1크라운은 25펜스에 해당한다.

같다. 따라서 방정식 $\frac{13}{12}x - 2400 = x$를 얻는다. 양변에서 x를 빼면 $\frac{1}{12}x = 2400$, $x = 28800$이다.

그러므로 유산은 $28,800$크라운이고

$$\begin{array}{ll} \text{장남은} & 13,400\text{크라운} \\ \text{차남은} & 8,800\text{크라운} \\ \text{막내아들은} & 6600\text{크라운} \end{array}$$

을 받는다.

590 [질문 7] 한 아버지가 4명의 아들에게 다음과 같이 재산을 나누도록 하였다. 장남은 전체 재산의 $\frac{1}{2}$보다 3,000파운드 적게, 차남은 전체 재산의 $\frac{1}{3}$보다 1,000파운드 적게, 셋째는 전체 재산의 $\frac{1}{4}$을, 넷째는 전체 재산의 $\frac{1}{5}$과 600파운드를 받도록 하였다. 전체 재산은 얼마이며 각각 얼마의 유산을 받는가?

전체 재산을 x라고 하자.

$$\begin{array}{ll} \text{그러면 장남은} & \frac{1}{2}x - 3000\text{을 받을 것이고} \\ \text{차남은} & \frac{1}{3}x - 1000\text{을} \\ \text{셋째 아들은} & \frac{1}{4}x\text{를} \\ \text{막내아들은} & \frac{1}{5}x + 600\text{을 받는다.} \end{array}$$

이들 모두가 받는 재산의 합계는 $\frac{1}{2}x + \frac{1}{3}x + \frac{1}{4}x + \frac{1}{5}x - 3400$이고 이것은 x와 같다. 그러므로 $\frac{77}{60}x - 3400 = x$, x를 빼면 $\frac{17}{60}x - 3400$

$= 0$이다. $3,400$을 더하면 $\dfrac{17}{60}x = 3400$, 17로 나누면 $\dfrac{1}{60}x = 200$, 60을 곱하면 $x = 12000$이다.

> 그러므로 유산은 $12,000$파운드이며
> 첫째는 $3,000$파운드를 받고
> 둘째는 $3,000$파운드를
> 셋째는 $3,000$파운드를
> 넷째도 $3,000$파운드를 받는다.

591 [질문 8] 다음과 같은 수를 구하여라. 구하려는 수와 그 수의 $\dfrac{1}{2}$을 더하면 합이 65에서 그 수를 뺀 것보다 60이 더 많다.

그 수를 x로 나타내자.

그러면 $x + \dfrac{1}{2}x - 60 = 65 - x$, 즉 $\dfrac{3}{2}x - 60 = 65 - x$, x를 더하면 $\dfrac{5}{2}x = 125$, 5로 나누면 $\dfrac{1}{2}x = 25$, 2를 곱하면 $x = 50$이다. 그러므로 구하는 수는 50이다.

592 [질문 9] 32를 다음과 같이 둘로 나눈다. 작은 쪽은 6으로 나누어떨어지고, 큰 쪽은 5로 나누어떨어지는데 각각의 몫의 합은 6이 된다.

작은 쪽을 x라고 하면 큰 쪽은 $32 - x$이고 $\dfrac{x}{6} + \dfrac{32-x}{5} = 6$이다. 5를 곱하면 $\dfrac{5}{6}x + 32 - x = 30$, $-\dfrac{1}{6}x + 32 = 30$, $\dfrac{1}{6}x$를 더하면 $32 = 30 + \dfrac{1}{6}x$, 30을 빼면 $2 = \dfrac{1}{6}x$, 6을 곱하면 $x = 12$.

그러므로 작은 쪽은 12, 큰 쪽은 20이다.

593 [질문 10] 다음과 같은 수를 구하자. 12에서 그 수를 뺀 것은 40에서 그 수의 5배를 뺀 것과 같다.

그 수를 x라고 하자. x가 12보다 작은 양은 $12-x$이고 x을 5배 하면 $5x$, 이것이 40보다 작은 양은 $40-5x$, 이것이 $12-x$와 같으므로 $40-5x=12-x$, $5x$를 더하면 $40=12+4x$, 12를 빼면 $28=4x$, 4로 나누면 $x=7$이다. 구하는 수는 7이다.

594 [질문 11] 25를 둘로 나누는데 큰 쪽이 작은 쪽의 49배이다.

작은 쪽을 x라고 하면 큰 쪽은 $25-x$, 큰 쪽을 작은 쪽으로 나누면 몫이 49이므로 $\dfrac{25-x}{x}=49$, x를 곱하면 $25=50x$, 50으로 나누면 $x=\dfrac{1}{2}$이다. 그러므로 두 수 중 작은 수는 $\dfrac{1}{2}$, 큰 수는 $24\dfrac{1}{2}$이다. 그리고 $24\dfrac{1}{2}$을 $\dfrac{1}{2}$로 나누면, 즉 2를 곱하면 49가 된다.

595 [질문 12] 48을 9부분으로 나누는데 각 부분은 바로 앞보다 $\dfrac{1}{2}$만큼 더 크다.

가장 작은 부분을 x라고 하자. 그러면 두 번째 작은 것은 $x+\dfrac{1}{2}$, 세 번째 작은 것은 $x+1$, 등등. 이들은 등차수열을 이룬다. 초항이 x이고 마지막 항인 9번째 항은 $x+4$가 된다. 이 두 항을 더하면 $2x+4$이다. 여기에 항의 개수 9를 곱하면 $18x+36$, 이것을 2로 나누면 $9x+18$, 즉 9개의 항 모두의 합이고 이것은 48과 같다. 즉, $9x+18=48$이다. 18을 빼면 $9x=30$이고 9로 나누면 $x=3\dfrac{1}{3}$이다. 그러므로 첫 번째 부분은 $3\dfrac{1}{3}$, 9개의 부분은 다음과 같다.

$$\overset{1}{3\tfrac{1}{3}} + \overset{2}{3\tfrac{5}{6}} + \overset{3}{4\tfrac{1}{3}} + \overset{4}{4\tfrac{5}{6}} + \overset{5}{5\tfrac{1}{3}} + \overset{6}{5\tfrac{5}{6}} + \overset{7}{6\tfrac{1}{3}} + \overset{8}{6\tfrac{5}{6}} + \overset{9}{7\tfrac{1}{3}}$$

이들의 합은 48이다.

596 [질문 13] 초항이 5, 말항이 10, 전체 합이 60인 등차수열을 구하라.

여기서 우리는 공차가 얼마인지 또 항의 개수가 몇 개인지 모른다. 그러나 초항과 말항, 그리고 합이 주어졌으므로 단지 항의 개수만 알면 된다. 그래서 항의 개수를 x라고 하자. 그러면 수열의 합은 $\dfrac{15x}{2}$가 된다. 이것이 60이므로 $\dfrac{15x}{2} = 60$, $\dfrac{1}{2}x = 4$, $x = 8$이다.

항의 개수가 8이므로 공차를 z라고 하면 제8항은 10으로 둘 수 있다. 제2항은 $5 + z$, 제3항은 $5 + 2z$, 그리고 제8항은 $5 + 7z$이다. 따라서 $5 + 7z = 10$, $7z = 5$, $z = \dfrac{5}{7}$이다. 따라서 이 수열의 공차는 $\dfrac{5}{7}$, 항의 수는 8이므로 수열의 각 항은 다음과 같다.

$$\overset{1}{5} + \overset{2}{5\tfrac{5}{7}} + \overset{3}{6\tfrac{3}{7}} + \overset{4}{7\tfrac{1}{7}} + \overset{5}{7\tfrac{6}{7}} + \overset{6}{8\tfrac{4}{7}} + \overset{7}{9\tfrac{2}{7}} + \overset{8}{10}$$

이고 합은 60이다.

597 [질문 14] 어떤 수를 2배 한 후 1을 뺀 결과를 2배 하고 나서 다시 2를 빼고, 그 결과를 4로 나눈 것이 원래의 수보다 1이 작은 수를 구하여라.

이 수를 x라고 하자. 그 2배는 $2x$이고 여기에 1을 빼면 $2x - 1$이 되고, 이것을 다시 2배 하면 $4x - 2$, 여기에 2를 빼면 $4x - 4$이다. 이 결과를

4로 나누면 $x-1$인데 이것은 x보다 1이 작아야 한다. 따라서

$$x-1 = x-1$$

그런데 이것을 항등식이라고 한다. x는 부정원, 즉 어떤 수라도 이 식을 만족한다.

598 [질문 15] 5 엘[48])에 7크라운인 천을 샀는데, 그것을 7엘에 11크라운의 비율로 다시 팔아서 100크라운의 이익을 보았다. 천은 몇 엘을 샀는가?

x 엘을 샀다고 하자. 그러면 살 때 지불한 돈은 다음의 비로 나타낼 수 있다.

$$5 : x :: 7 : \frac{7x}{5}$$

이것을 다시 팔았을 때 받은 돈을 다음의 비로 나타낼 수 있다.

$$7 : 11 :: x : \frac{11x}{7}$$

그리고 받은 돈은 살 때 지출한 돈보다 100크라운이 많으므로 다음 식을 얻는다.

$$\frac{11}{7}x = \frac{7}{5}x + 100$$

$\frac{7}{5}x$을 빼면 $\frac{6}{35}x = 100$이다. 그러므로 $6x = 3500$, $x = 583\frac{1}{3}$이다. 그러므로 천 $583\frac{1}{3}$을 $816\frac{2}{3}$크라운에 사서 이것을 다시 $916\frac{2}{3}$크라운

---

48) ell, 영국에서 사용했던 길이의 단위이며 45인치에 해당한다.

을 받고 팔아서 100크라운의 이익이 생긴 것이다.

599 [질문 16] 어떤 사람이 천 12필을 140파운드에 샀는데 2필은 흰색, 3필은 검정색, 7필은 푸른색이었다. 검정색 1필은 흰색 1필보다 2파운드 비싸고 푸른색 1필은 검정색 1필보다 3파운드 비싸다고 한다. 각각 1필에 얼마인지 구하라.

흰색 1필의 가격을 x라고 하자. 그러면 흰색 2필의 가격은 $2x$, 검정색 은 1필에 $x+2$, 검정색 3필의 가격은 $3x+6$, 마지막으로 푸른색 1필의 가격은 $x+5$, 푸른색 7필의 가격은 $7x+35$다. 그러므로 12필 모두의 가격은 $12x+41$이다.

이 12필의 값이 140파운드이므로 $12x+41=140$, $12x=99$, $x=8\frac{1}{4}$이다. 따라서

$$\text{흰색 1필에 } 8\frac{1}{4}\text{파운드}$$

$$\text{검은색 1필에 } 10\frac{1}{4}\text{파운드}$$

$$\text{푸른색 1필에 } 13\frac{1}{4}\text{파운드이다.}$$

600 [질문 17] 어떤 사람이 육두구[49]를 몇 개 사고는 다음과 같이 말했 다. 3개의 값은 1페니[50]보다 많고, 4개의 값은 3개의 값보다 $2\frac{1}{2}$펜스[51] 가 더 많다. 육두구 1개의 가격은 얼마인가?

---

49) 역자 주 : nutmeg, 단 맛을 내는 열매이다.
50) 역자 주 : penny, 영국의 옛 화폐단위이며 1/12실링에 해당한다.
51) 역자 주 : pence, 페니의 복수.

육두구 3개의 값에서 1페니를 뺀 것을 x파딩[52]이라고 하자. 그러면 육두구 3개의 값은 $x+4$파딩이고 육두구 4개의 값은 $x+10$파딩이다. 이것을 비례식으로 나타내면

$$3 : x+4 :: 4 : \frac{4x+16}{3}$$

즉,

$$\frac{4x+16}{3} = x+10; \quad 4x+16 = 3x+30, \quad x+16 = 30, \quad x = 14 \text{이다.}$$

결국 3개는 18파딩, 즉 $4\frac{1}{2}$펜스, 4개는 6펜스이고 1개의 가격은 $1\frac{1}{2}$펜스이다.

601 [질문 18] 어떤 사람이 은으로 만든 2개의 컵을 가지고 있는데 뚜껑은 하나밖에 없다. 컵 하나는 무게가 12온스[53]이고 이 컵에 뚜껑을 얹으면 그 무게는 다른 컵의 2배가 된다. 그런데 다른 컵에 뚜껑을 얹으면 그 무게는 첫 번째 컵의 3배가 된다. 둘째 컵의 무게와 뚜껑의 무게를 구하라.

뚜껑의 무게를 x온스라고 하자. 그러면 첫째 컵에 뚜껑을 덮으면 무게가 $x+12$가 되고 이것은 둘째 컵 무게의 2배이므로 둘째 컵의 무게는 $\frac{1}{2}x+6$이 된다. 그런데 둘째 컵에 뚜껑을 덮으면 그 무게는 $x+\frac{1}{2}x+6$, 즉 $\frac{3}{2}x+6$인데 이것은 첫째 컵 무게의 3배, 즉 12의 3배이다. 그러므로 $\frac{3}{2}x+6 = 36$, 즉 $\frac{3}{2}x = 30$, $\frac{1}{2}x = 10$, $x = 20$이다.

그러므로 뚜껑의 무게는 20온스, 둘째 컵의 무게는 16온스가 된다.

---

52) 역자 주 : farthing, 영국의 화폐단위이고 1/4 페니에 해당한다.
53) 역자 주 : ounce, 무게단위이고 1온스는 28.3495g이다.

602 [질문 19] 한 은행원이 두 종류의 잔돈을 가지고 있다. 첫째 잔돈은 a개가 있어야 1크라운이 되고, 둘째 잔돈의 경우 b개가 있어야 1크라운이 된다. 어떤 사람이 1크라운을 잔돈으로 바꾸려고 하는데 두 종류의 잔돈을 섞어서 c개를 가지고 가고 싶어 한다. 그러면 은행원은 잔돈을 각각 몇 개를 주어야 하는가?

첫 번째 잔돈을 x개 준다고 하자. 그러면 두 번째 잔돈은 $c-x$개를 주어야 한다. 첫 번째 잔돈 x개는 $\dfrac{x}{a}$크라운이다. 왜냐하면 $a : x :: 1 : \dfrac{x}{a}$ 이기 때문이다. 그리고 두 번째 잔돈 $c-x$개는 $\dfrac{c-x}{b}$크라운이다. 이유는 $b : c-x :: 1 : \dfrac{c-x}{b}$ 이다. 그러므로 $\dfrac{x}{a} + \dfrac{c-x}{b} = 1$, 즉 $\dfrac{bx}{a} + c - x = b$, $bx + ac - ax = ab$, $bx - ax = ab - ac$, 그러므로 $x = \dfrac{ab - ac}{b - a}$, $x = \dfrac{a(b-c)}{b-a}$ 이다.

따라서 $c - x = \dfrac{bc - ab}{b - a} = \dfrac{b(c-a)}{b-a}$ 이다.

은행원은 첫 번째 종류의 잔돈 $\dfrac{a(b-c)}{b-a}$개, 두 번째 잔돈 $\dfrac{b(c-a)}{b-a}$개를 주어야 한다.

여기서 주의해야 할 섬은 이 두 수는 Rule of Three을 적용하면 쉽게 구할 수 있다는 것이다. 첫 번째 종류의 잔돈 개수를 구하기 위해 $b - a : a :: b - c : \dfrac{a(b-c)}{b-a}$, 그리고 두 번째 종류의 잔돈 개수를 구하기 위해 $b - a : b :: c - a : \dfrac{b(c-a)}{b-a}$ 를 적용한다. a는 b보다 작고 c는 b보다 작아야 하고 또 c는 a보다 작아야 한다.

603 [질문 20] 한 은행원이 두 종류의 잔돈을 가지고 있다. 한 종류의 잔돈은 10개가 있어야 1크라운이고 다른 잔돈은 20개가 있어야 1크라운이 된다. 어떤 사람이 1크라운을 17개의 잔돈으로 바꾸고 싶어 한다면 각각 몇 개씩 필요한가?

$a = 10$, $b = 20$, $c = 17$로 하면 다음 비례식이 성립한다. 먼저 $10 : 10 :: 3 : 3$이므로 첫 번째 잔돈은 3개이고 둘째로, $10 : 20 :: 7 : 14$이므로 두 번째 잔돈은 14개이다.

604 [질문 21] 어떤 사람이 여러 명의 자식을 두고는 죽자 그 자녀들은 아버지의 재산을 다음과 같은 방법으로 나누었다. 즉, 첫째는 100파운드와 그 나머지의 $\frac{1}{10}$을 받고, 둘째는 200파운드와 그 나머지의 $\frac{1}{10}$을 받고, 셋째는 300파운드와 그 나머지의 $\frac{1}{10}$을 받고, 넷째는 400파운드와 그 나머지 $\frac{1}{10}$을 받고 …… 등등. 그 결과 유산은 모든 자녀에게 똑같이 나누어졌다는 것을 알수 있다. 그렇다면 유산은 얼마이며 자녀 수는 몇 명인가? 또 1명당 받은 유산은 얼마인가?

이 질문은 다소 어렵다. 이것을 좀 더 쉽게 풀기 위해 유산 전체를 z파운드라고 하자. 그리고 모든 자녀가 같은 몫을 받았으므로 그 몫을 x 라고 하자. 그러면 자녀의 수는 $\frac{z}{x}$로 표현된다. 이것을 가지고 다음과 같은 표를 만들어 풀이를 한다.

나눌 유산	자녀의 순서	각자의 비율, 몫	차이
z	첫째	$x = 100 + \dfrac{z - 100}{10}$	
$z - x$	둘째	$x = 200 + \dfrac{z - x - 200}{10}$	$100 - \dfrac{x - 100}{10} = 0$

나눌 유산	자녀의 순서	각자의 비율, 몫	차이
$z - 2x$	셋째	$x = 300 + \dfrac{z - 2x - 300}{10}$	$100 - \dfrac{x - 100}{10} = 0$
$z - 3x$	넷째	$x = 400 + \dfrac{z - 3x - 400}{10}$	$100 - \dfrac{x - 100}{10} = 0$
$z - 4x$	다섯째	$x = 500 + \dfrac{z - 4x - 500}{10}$	$100 - \dfrac{x - 100}{10} = 0$
$z - 5x$	여섯째	$x = \dfrac{z - x - 600}{10}$	등등

마지막 열에 각자의 몫을 그다음 것에서 뺀 차이를 써 놓았는데 모두의 몫은 같기 때문에 그 차이는 모두 0일 수밖에 없다. 이 모든 차이가 서로 똑같기 때문에 그들 중 하나만 0으로 두면 충분하다. 그래서 방정식 $100 - \dfrac{x - 100}{10} = 0$이 나온다. 여기에 10을 곱하면 $1000 - x - 100 = 0$, $900 - x = 0$, $x = 900$이다.

그러므로 우리는 자녀 1명당 받은 몫이 900파운드라는 것을 알았다. 그래서 셋째 열의 방정식 중 어느 하나를 선택한다. 예를 들면 첫 번째 식에 x의 값을 대입하여 $900 = 100 + \dfrac{z - 100}{10}$, 그래서 $9000 = 1000 + z - 100$, $9000 = 900 + z$이다.

그러므로 $z = 8100$, 따라서 $\dfrac{z}{x} = 9$이다. 따라서 자녀의 수는 9, 유산 총액은 8,100파운드, 자녀 1명당 받은 몫은 900파운드다.

연습 문제

01. 어떤 수에 그 수의 $\dfrac{1}{2}$, $\dfrac{1}{3}$, $\dfrac{1}{4}$ 을 더하면 그 합이 50이 되는 수를 구하라.

🔓 24

02. 어떤 사람이 나이가 몇 살인지 질문을 받고 답하기를 내 나이의 $\dfrac{3}{4}$ 에 내 나이의 $\dfrac{1}{12}$ 을 곱하면 내 나이와 같다고 하였다. 그의 나이는 몇 살인가?

🔓 16

03. 어떤 특별한 목적을 위하여 A, B, C, D 4명이 총 660파운드를 모금하였다. B는 A의 2배를, C는 A와 B를 합한 것만큼, D는 B와 C를 합한 것만큼 돈을 내었다. 각자 얼마를 내었는가?

🔓 60파운드, 120파운드, 180파운드, 300파운드

04. 어떤 수의 $\dfrac{1}{3}$ 은 그 수의 $\dfrac{1}{4}$ 보다 12가 많다. 그 수를 구하라.

🔓 144

05. 어떤 돈의 $\dfrac{1}{3}$, $\dfrac{1}{4}$, $\dfrac{1}{5}$ 을 모두 더하면 합계가 94파운드라고 한다. 그 돈은 얼마인가?

06. 구리, 아연, 납의 혼합물이 있는데 전체 중 절반에서 16파운드[54]를 빼면 구리이고, 전체 중 $\frac{1}{3}$ 에서 12파운드를 빼면 주석이며, 전체 중 $\frac{1}{4}$ 에서 4파운드를 더하면 납이다. 이 혼합물에서 구리, 주석, 납은 각각 얼마인가?

🔓 구리 128파운드, 주석 84파운드, 납 76파운드

07. 120파운드의 청구서를 기니[55]와 모이도르[56]를 합쳐서 100개로 지불하였다. 각각 몇 개인가? 단, 1파운드는 20실링과 같다.

🔓 50

08. 두 수가 있는데 비가 2 : 1이다. 각각의 수에 4를 더하면 그 비는 3 : 2가 된다. 두 수를 구하여라.

🔓 4와 8

09. 어느 증권회사 직원이 보유한 주식을 팔아서 가족의 생활비로 1년에 100파운드를 쓰고 해마다 자기가 가진 주식은 $\frac{1}{3}$ 을 증식시켰다. 그 결과 3년이 지난 후 원래 주식의 2배가 되었다. 처음에 그가 가진 주식은 얼마였나?

🔓 1,480파운드

---

54) 역자 주 : pound, 무게단위이고 1파운드는 약 453.6g이다.
55) 역자 주 : guinea, 영국의 옛 화폐단위이고 1기니는 21실링에 해당한다.
56) 역자 주 : moidore영국의 옛 화폐단위이고 1 모이도르는 27실링에 해당한다.

10. 꼬리의 무게가 9파운드인 고기가 잡혔다. 머리의 무게는 꼬리의 무게에 몸체 무게의 $\frac{1}{2}$을 더한 것과 같다. 그리고 몸체 무게는 머리와 꼬리 무게의 합과 같다. 고기 전체의 무게는 얼마인가?

🔓 72파운드

11. 어떤 사람이 99년간 땅을 임대하기로 하였는데 얼마의 기간이 지났는지를 질문받았다. 지나간 시간의 $\frac{2}{3}$는 남은 시간의 $\frac{4}{5}$와 같다고 답하였다. 그렇다면 지나간 기간은 얼마인가?

🔓 54년

12. 48을 둘로 나누는데 한 수에서 20을 뺀 것은, 20에서 다른 수를 뺀 것의 3배와 같다. 두 수를 구하여라.

🔓 32와 16

13. 어떤 사람이 25에이크[57]의 땅을 1년에 7파운드 12실링에 임차했다. 이 땅은 2종류인데, 좋은 땅은 1에이크에 8실링에 임차하고 나쁜 땅은 1에이크에 5실링에 임차했다고 한다. 좋은 땅은 몇 에이크에 임차했는가?

🔓 9에이크

14. 어떤 물통에 물을 가득 채우는데 2개의 관으로는 12분, 그중 한 개의 관만 쓰면 20분이 걸린다. 다른 1개의 관만 쓴다면 몇 분이 걸리겠는가?

🔓 30분

---

57) 역자 주 : acre, 면적단위이고 1에이크는 약 4046.8m^2이다.

15. 두 수의 합은 s이고 두 수의 비는 $a:b$일 때 그 두 수를 구하여라.

$$\frac{as}{a+b} \text{와} \frac{bs}{a+b}$$

16. 1시간에 10마일의 속도로 운항되는 사략선[58]이 시속 8마일로 달리는 배를 18마일 떨어진 곳에서 발견했다. 몇 마일을 더 가야 그 배를 따라잡을 수 있는가?

72마일

17. 어떤 신사가 가난한 몇 사람에게 돈을 나누어 주려고 하는데 한 사람당 5실링을 주면 10실링이 모자라고, 4실링씩 주면 5실링이 남는다고 한다. 그러면 신사가 가진 돈은 얼마이며 또 돈을 받을 가난한 사람은 몇 명인가?

신사가 가진 돈은 65실링이고 가난한 사람 수는 15명이다.

18. 두 수의 합은 그 두 수의 곱의 $\frac{1}{6}$이고, 두 수 중 큰 수와 작은 수의 비는 $3:2$라고 한다. 그 두 수를 구하여라.

15와 10

19. 세 수가 있다. 첫째 수와 나머지 두 수의 합의 $\frac{1}{2}$을 더한 것과, 두 번째 수와 나머지 두 수의 합의 $\frac{1}{3}$을 더한 것, 세 번째 수와 나머지 두 수의 합의 $\frac{1}{4}$을 더한 것이 모두 34다. 세 수를 구하여라.

10, 22, 26

---

58) 역자 주 : 私掠船, 전시에 적의 상선을 나포할 수 있는 허가를 받은 민간 무장선이다.

20. 다음과 같은 3자리의 수를 구하여라. 각 자릿수는 등차수열을 이루고, 이 수를 각 자릿수의 합으로 나누면 몫이 48이고, 그 수에서 198을 빼면 자릿수가 거꾸로 된다.

$\qquad$ 🔓 432

21. 세 수가 있다. 첫째 수의 $\frac{1}{2}$과 둘째 수의 $\frac{1}{3}$과 셋째 수의 $\frac{1}{4}$을 더하면 62가 되고, 첫째 수의 $\frac{1}{3}$과 둘째 수의 $\frac{1}{4}$과 셋째 수의 $\frac{1}{5}$을 더하면 47이 되고, 첫째 수의 $\frac{1}{4}$과 둘째 수의 $\frac{1}{5}$과 셋째 수의 $\frac{1}{6}$을 더하면 38이 된다. 세 수를 구하여라.

$\qquad$ 🔓 24, 60, 120

22. A와 B 두 사람이 하면 8일이 걸리고, A와 C 두 사람이 하면 9일이 걸리고, B와 C 두 사람이 하면 10일이 걸리는 일이 있다. 그 일을 한 사람이 한다면 각각 며칠이 걸리겠는가?

$\qquad$ 🔓 $14\frac{34}{39}$, $17\frac{23}{41}$, $23\frac{7}{31}$

23. 다음과 같은 분수를 구하여라. 분자에 1을 더하면 $\frac{1}{3}$이 되고, 반대로 분모에 1을 더하면 $\frac{1}{4}$이 된다고 한다.

$\qquad$ 🔓 $\frac{4}{15}$

24. 직사각형의 마루가 있다. 가로를 2피트, 세로를 3피트 길게 하면 넓이는 64제곱피트가 늘어나고, 가로를 3피트, 세로를 2피트 길게 하면 넓이는 68제곱피트가 늘어난다. 이 마루의 가로와 세로를 구

하여라.

🔓 가로 10피트, 세로 14피트

25. 한 마리의 산토끼가 1마리의 사냥개 앞에 있는데 산토끼 뜀으로 50뜀 앞에 있다. 그리고 사냥개가 3뜀 뛸 동안 산토끼는 4뜀을 뛴다. 그런데 사냥개가 2번 뛴 거리는 산토끼가 3번 뛴 거리와 같다고 한다. 사냥개는 몇 번을 뛰어야 산토끼를 잡을 수 있나?

🔓 300

4.4. 2개 이상으로 된 연립 일차방정식의 풀이

605 가끔 우리는 x, y, z로 나타내며 둘 이상의 미지수를 포함하는 대수학적인 계산을 해야 할 때가 있다. 미지수에 대하여 1차이고 2개 이상의 미지수끼리의 곱을 포함하지 않는 그런 방정식은

$$az + by + cx = d$$

형태이다.

606 2개의 방정식으로 시작하여 x, y의 값을 구해 보자. 그리고 나서 이 경우를 일반적인 경우로 확대한다. 2개의 방정식이 다음과 같다고 하자.

$$ax + by = c, \quad fx + gy = h$$

여기서 a, b, c, f, g, h는 모두 상수이다. 이 두 방정식으로부터 두 미지수 x, y의 값을 구한다.

607 두 식으로부터 하나의 미지수의 값, 예를 들면 x를 결정하고 각각의 식을 x에 대하여 나타낸 후 그 두 값의 등식을 생각한다. 그러면 미지수 y만 포함하는 하나의 방정식을 얻게 되고 앞의 방법대로 풀어 y의 값을 결정한다. y의 값을 구하고 나서 x를 나타내는 하나의 식에 그 값을 대입하면 x를 구할 수 있다.

608 이 규칙에 따라서 첫째 식으로부터 $x = \dfrac{c - by}{a}$ 를 얻고 둘째 식으로부터 $x = \dfrac{h - gy}{f}$ 를 얻는다. 두 식을 같게 두면

$$\frac{c - by}{a} = \frac{h - gy}{f}$$

가 된다. 양변에 a를 곱하여 $c - by = \dfrac{ah - agy}{f}$ 를 얻는다. 양변에 다시 f를 곱하여 $fc - fby = ah - agy$; agy를 양변에 더하여 $fc - fby + agy = ah$; fc를 빼면 $-fby + agy = ah - fc$, 즉 $(ag - fb)y = ah - fc$, 마지막으로 $ag - fb$로 나누면

$$y = \frac{ah - fc}{ag - bf}$$

x의 식에 y의 값을 대입하기 위하여 첫째 식 $x = \dfrac{c - by}{a}$ 를 이용하면 $-by = -\dfrac{abh - bcf}{ag - bf}$ 그러므로

$$c - by = c - \frac{abh - bcf}{ag - bf} = \frac{acg - bcf - abh + bcf}{ag - bf} = \frac{acg - abh}{ag - bf}$$

a로 나누면, $x = \dfrac{c - by}{a} = \dfrac{cg - bh}{ag - bf}$ 이다.

609 [질문 1] 위의 방법을 예를 들어 설명하자. 두 수의 합은 15 이고 차이는 7인 두 수를 구하라.

큰 수를 x, 작은 수를 y라고 하자. 그러면

$$x + y = 15, \ x - y = 7$$

이 된다. 첫째 식으로부터 $x = 15 - y$, 둘째 식으로부터 $x = 7 + y$가 된다. 그 결과 $15 - y = 7 + y$가 성립한다. $2y = 8$, $y = 4$이므로 $x = 11$이다. 작은 수는 4이고 큰 수는 7이다.

610 [질문 2] 앞의 질문을 일반화할 수 있다. 두 수의 합이 a이고 차이가 b인 두 수를 구하여라.

두 수 중 큰 수를 x, 작은 수를 y라고 하자. 그러면 $x + y = a$, $x - y = b$이다. 첫째 식으로부터 $x = a - y$, 둘째 식으로부터 $x = b + y$. 그러므로

$$a - y = b + y, \ a = b + 2y, \ 2y = a - b, \ y = \frac{a - b}{2}$$

결국,

$$x = a - y = a - \frac{a-b}{2} = \frac{a+b}{2}$$

따라서 큰 수는 $\frac{a+b}{2}$ 이고 작은 수는 $\frac{a-b}{2}$, 다시 쓰면 $x = \frac{1}{2}a + \frac{1}{2}b$, $y = \frac{1}{2}a - \frac{1}{2}b$ 이다. 그래서 다음 정리를 만들 수 있다. 두 수의 합이 a, 차이가 b라고 하면 두 수 중 큰 수는 합의 절반과 차의 절반을 더한 것과 같고, 작은 수는 합의 절반에서 차의 절반을 뺀 것과 같다.

611 우리는 같은 문제를 다음과 같은 방법으로 풀어도 된다.

두 식이

$$x + y = a$$

와

$$x - y = b$$

이기 때문에 한 식에 다른 식을 더하면 $2x = a + b$, 그러므로

$$x = \frac{a+b}{2}$$

이다. 마지막으로 한 식에서 다른 식을 빼면 $2y = a - b$이므로

$$y = \frac{a-b}{2}$$

가 된다.

612 [질문 3] 노새와 당나귀가 수백 개에 달하는 무거운 짐을 운반하고 있었다. 자기가 진 짐이 너무 무겁다고 생각한 당나귀가 노새에게 말했다.

"내가 네 짐에서 100개만 내게 옮겨오면 내 짐은 네 짐의 2배가 된다."
이에 노새가 답했다. "네 짐에서 100개를 내게 옮기면 내 짐은 네 짐의
3배가 된다." 그러면 노새와 당나귀는 현재 각각 얼마의 짐을 옮기고 있는
가?

노새의 짐을 x백 개, 당나귀의 짐을 y백 개라고 하자. 노새가 100개를
당나귀에게 주면 당나귀의 짐은 $y+100$개, 노새는 $x-100$개가 된다. 이
경우 당나귀의 짐이 노새의 짐의 2배가 되므로 $y+1=2x-2$가 된다.
또 당나귀가 노새에게 100개를 주면 노새는 $x+100$개, 당나귀는 $y-1$백
개가 되고 이때 노새의 짐이 당나귀의 짐의 3배이므로 $x+1=3y-3$이
된다. 결국,

$$y+1=2x-2, \ x+1=3y-3$$

이 된다. 첫째 식으로부터 $x=\dfrac{y+3}{2}$, 둘째 식으로부터 $x=3y-4$이므
로 $\dfrac{y+3}{2}=3y-4$를 얻는다. 따라서 $y=\dfrac{11}{5}$이고 $x=2\dfrac{3}{5}$, 즉 노새는
$2\dfrac{3}{5}$백 개의 짐을, 당나귀는 $2\dfrac{1}{5}$백 개의 짐을 나른다.

613 미지수가 3개이면 방정식도 3개이다. 예를 들면

$$x+y-z=8$$
$$x+z-y=9$$
$$y+z-x=10$$

각 식으로부터 x의 값을 끌어내면

첫째 식으로부터 $x=8+z-y$

$$\text{둘째 식으로부터 } x = 9 + y - z$$

$$\text{셋째 식으로부터 } x = y + z - 10$$

이 된다. 첫째 식과 둘째 식을 비교하고 그다음에는 첫째 식과 셋째 식을 비교하여 다음 식을 얻는다.

$$8 + z - y = 9 + y - z$$

$$8 + z - y = y + z - 10$$

정리하면 $2z - 2y = 1$, $2y = 18$, $y = 9$를 얻고 y의 값을 $2z - 2y = 1$ 에 대입하여 $2z - 18 = 1$, $\quad 2z = 19$, $z = 9\dfrac{1}{2}$ 을 얻는다. y, z값을 대입하여 $x = 8\dfrac{1}{2}$ 을 얻는다.

여기서 새로 얻은 두 번째 식은 z을 포함하지 않기 때문에 y의 값을 바로 구했다. 그렇지 않은 경우 y와 z 사이에 2개의 방정식이 구해지므로 앞의 방법으로 풀면 된다.

614 다음과 같은 세 식이 있다고 하자.

$$3x + 5y - 4z = 25$$

$$5x - 2y + 3z = 46$$

$$3y + 5z - x = 62$$

각각의 식을 x에 대하여 풀면 다음의 세 식을 얻는다.

$$x = \frac{25 - 5y + 4z}{3}$$

$$x = \frac{46 + 2y - 3z}{5}$$

$$x = 3y + 5z - 62$$

첫째 식과 셋째 식을 비교하면 $3y + 5z - 62 = \dfrac{25 - 5y + 4z}{3}$, 3을 곱하면 $9y + 15z - 186 = 25 - 5y + 4z$, 즉 $14y + 11z = 211$ 이다.

셋째 식과 둘째 식을 비교하면,

$$3y + 5z - 62 = \frac{46 + 2y - 3z}{5}$$

5를 곱하면 $46 + 2y - 3z = 15y + 25z - 310$, 즉 $356 = 13y + 28z$ 이다. 이 두 식을 각각 y에 대하여 풀면

$$14y + 11z = 211, \quad 14y = 211 - 11z, \quad y = \frac{211 - 11z}{14}$$

$$13y + 28z = 356, \quad 13y = 356 - 28z, \quad y = \frac{356 - 28z}{13}$$

위의 2개의 y의 값을 같게 두면

$$\frac{211 - 11z}{14} = \frac{356 - 28z}{13}$$

그러므로 $2743 - 143z = 4984 - 392z$, 즉 $249z = 2241$, $z = 9$ 이다. y, z를 포함하는 식에 이 값을 대입하면 $y = 8$을 얻는다. 마지막으로 원래 식에 이 두 값을 대입하여 $x = 7$을 얻는다.

615 미지수의 개수가 3개보다 많고 미지수의 수만큼 방정식이 주어졌다면, 앞과 같은 방법대로 풀면 된다. 그러나 계산은 아주 길고 지루하다. 이러한 경우 해를 보다 쉽게 구하는 방법을 생각할 수 있다. 주어진 미지수 외에 임의로 정한 새로운 변수를 도입한다. 예를 들면 미지수들의 합을 새로운 변수로 둔다. 이러한 계산에 익숙해지면 무엇을 새로운 변수로 도입할지 쉽게 알 수 있다. 다음은 그 예이다.

616 [질문 4] A, B, C 3명이 함께 게임을 하였다. 첫 번째 게임에서 A는 B와 C에게 그들 각자가 가진 돈만큼 잃었다. 그다음 게임에서 B는 A와 C에게 그들 각자가 가지고 있는 돈만큼 잃었다. 마지막으로 세 번째 게임에서는 A와 B가 모두 C에게 그 전에 그들이 가진 돈만큼 땄다. 게임이 끝난 후 그들은 각자가 가진 돈이 모두 똑같이 24기니라는 것을 알았다. 그러면 그들은 게임을 시작할 때 각각 얼마씩 돈을 가지고 있었는가?

A가 내기에 건 돈을 x, B가 내기에 건 돈을 y, C가 건 돈을 z라고 하자. 그리고 $x+y+z=s$라고 하자. 첫 번째 게임에서 A가 잃은 돈은 $s-x$이므로 A에게 남은 돈은 $2x-s$, B는 $2y$, C는 $2z$를 가지고 있다.

즉, 첫 게임 후 각자는 돈을 다음과 같이 가지고 있다. A$=2x-s$, B$=2y$, C$=2z$.

두 번째 게임에서 B는 A와 B가 가지고 있던 돈을 합친 만큼 잃었으므로, 즉 $s-2y$만큼 잃었으므로 B에게 남은 돈은 $4y-s$가 된다. 이때 A와 C는 그 전 돈의 2배가 되었으므로 A$=4x-2s$, B$=4y-s$, C$=4z$를 가지게 되었다.

세 번째 게임에서는 C가 잃었는데 A는 $4x-2s$만큼 땄고 B도 $4y-s$만큼 땄으므로 결국,

$$A=8x-4s, \quad B=8y-2s, \quad C=8z-s$$

가 된다. 결국 마지막에 각자 남은 돈이 모두 똑같이 24기니이므로 3개의 방정식을 세울 수 있는데 s는 72라는 것을 알 수 있다. 왜냐하면 마지막 게임 후에 그들이 가진 돈의 합이 72기니이기 때문이다. 그러나 처음에는 이 사실을 알 필요가 없다. 왜냐하면

첫째 $8x - 4s = 24, \quad 8x = 24 + 4s, \quad x = 3 + \dfrac{1}{2}s$

둘째 $8y - 2s = 24, \quad 8y = 24 + 2s, \quad y = 3 + \dfrac{1}{4}s$

셋째 $8z - s = 24, \quad 8z = 24 + s, \quad z = 3 + \dfrac{1}{8}s$

이 세 식을 더하면

$$x + y + z = 9 + \dfrac{7}{8}s$$

그런데 $x + y + z = s$이므로 $s = 9 + \dfrac{7}{8}s$, 그러므로 $\dfrac{1}{8}s = 9$, $s = 72$ 이다.

이제 s의 값을 $x,\ y,\ z$식에 대입하면, 게임이 시작되기 전에 A, B, C 3사람이 가진 돈을 알 수 있다. 즉, A는 39기니, B는 21기니, C는 12기니 이다.

이 풀이는 미지수 3개의 합에 대한 수식을 이용하여 보통의 풀이법에서 나타나는 어려움을 해소할 수 있다.

617 앞의 문제가 언뜻 보면 어려워 보이지만, 대수에 관한 지식이 없더 라도 거꾸로 진행하여 쉽게 풀 수 있다. 3명이 게임을 마쳤을 때 각자 24기 니씩 가지고 있었고 세 번째 게임에서 A와 B는 그들 돈을 곱으로 불렸기 때문에 세 번째 게임 시작 전에 그들은 다음과 같이 돈을 가지고 있었다.

$$A = 12, \quad B = 12, \quad C = 48$$

두 번째 게임에서 A와 C는 그들 돈을 곱절로 불렸기 때문에 두 번째 게임 직전에 그들이 가지고 있던 돈은 다음과 같다.

$$A = 6, \quad B = 42, \quad C = 24$$

마지막으로 첫 번째 게임에서 A와 C는 원래 가진 돈만큼 땄으므로 맨 처음 그들이 가졌던 돈은,

$$A = 39, \quad B = 21, \quad C = 12$$

이다. 이 결과는 앞의 풀이에서 나온 것과 같다.

618 [질문 5] A, B 두 사람이 합쳐서 29피스톨[59]의 빚이 있다. 그들은 둘 다 돈을 가지고 있었으나 누구도 혼자 빚 29피스톨을 다 갚을 만큼 충분하지는 않았다. 그래서 A가 B에게 말했다. "당신이 나에게 당신 돈의 $\frac{2}{3}$를 준다면 나 혼자서 29피스톨을 다 갚을 수 있다." B가 대답하기를 "당신이 나에게 당신 돈의 $\frac{3}{4}$을 준다면 나도 나 혼자서 빚 29피스톨을 다 갚을 수 있다."고 하였다. 그렇다면 그들은 각각 얼마의 돈을 가지고 있나?

A가 x피스톨, B가 y피스톨을 가지고 있다고 하자. 그러면 $x + \frac{2}{3}y = 29$, $y + \frac{3}{4}x = 29$이다. 그래서 첫째 식으로부터 $x = 29 - \frac{2}{3}y$, 둘째 식으로부터 $x = \frac{116 - 4y}{3}$가 된다. 따라서 $29 - \frac{2}{3}y = \frac{116 - 4y}{3}$이다. 그래서 $y = 14\frac{1}{2}$, $x = 19\frac{1}{3}$이 된다.

그러므로 A는 $19\frac{1}{3}$피스톨, B는 $14\frac{1}{2}$피스톨을 가지고 있다.

619 [질문 6] 삼 형제가 100기니를 주고 포도밭을 샀다. 장남이 말하기

---

59) 역자 주 : pistole, 스페인의 옛 금화.

를, 자기에게 둘째가 가진 돈의 $\dfrac{1}{2}$을 주면 자기 혼자서 100기니를 다 지불할 수 있다고 하였다. 둘째도 막내가 막내 돈의 $\dfrac{1}{3}$을 자기에게 주면 자기 혼자서 100기니를 다 지불할 수 있다고 하였다. 마지막으로 막내가 말하기를, 큰형이 가진 돈의 $\dfrac{1}{4}$을 자기에게 주면 자기 혼자서 100기니를 지불할 수 있다고 하였다. 그러면 삼 형제가 가진 돈은 각각 얼마인가?

첫째는 x기니, 둘째는 y기니, 막내는 z기니를 가지고 있다고 하자. 그러면 다음의 세 식을 얻는다.

$$x + \frac{1}{2}y = 100$$
$$y + \frac{1}{3}z = 100$$
$$z + \frac{1}{4}x = 100$$

세 식 중 두 식만이 x 변수를 포함하고 있다. 즉,

$$x = 100 - \frac{1}{2}y$$
$$x = 400 - 4z$$

그래서 $100 - \dfrac{1}{2}y = 400 - 4z$, 따라서 $4z - \dfrac{1}{2}y = 300$이 된다. y와 z의 값을 결정하기 위하여 이 식과 두 번째 식을 이용하면 된다. 두 번째 식이 $y + \dfrac{1}{3}z = 100$이므로 $y = 100 - \dfrac{1}{3}z$이다.

$4z - \dfrac{1}{2}y = 300$으로부터 $y = 8z - 600$이 된다. 그러므로 이 두 식으로부터 $100 - \dfrac{1}{3}z = 8z - 600$이 되고 $8\dfrac{1}{3}z = 700$, 즉 $\dfrac{25}{3}z = 700$이다. 따라서 $z = 84$. 그러므로

$$y = 100 - 28 = 72 \,,\; x = 64$$

그래서 첫째는 64기니, 둘째는 72기니, 막내는 84기니를 가지고 있다.

620 이 보기에서처럼 각 방정식이 단지 2개의 미지수를 가질 때 우리는 보다 쉬운 방법으로 해를 구할 수 있다.

첫째 식에서 $y = 200 - 2x$ 이므로 y 는 x 에 의하여 결정된다. 만약 이 값을 두 번째 식에 대입한다면 $200 - 2x + \dfrac{1}{3}z = 100$ 이다. 그러므로

$$\frac{1}{3}z = 2x - 100, \quad z = 6x - 300$$

즉, z 도 x 에 의하여 결정된다. 만약 이 값을 셋째 식에 대입하면 $6x - 300 + \dfrac{1}{4}x = 100$ 이 된다. 이 식에는 미지수가 x 하나만 있고 4를 곱하고 정돈하면 $25x - 1600 = 0$ 이 된다. 즉, $x = 64$ 가 된다. 결국,

$$y = 200 - 128 = 72, \quad z = 384 - 300 = 84$$

가 된다.

621 방정식의 개수가 많을 때에도 동일한 방법을 따른다. 예를 들어 다음과 같이 4개의 식이 있다고 하자.

$$1.\ u + \frac{x}{a} = n \qquad\qquad 2.\ x + \frac{y}{b} = n$$

$$3.\ y + \frac{z}{c} = n \qquad\qquad 4.\ z + \frac{u}{d} = n$$

분수 형태를 없애면 다음과 같다.

$$1.\ au + x = an \qquad\qquad 2.\ bx + y = bn$$

$$3.\ cy + z = cn \qquad\qquad 4.\ dz + u = dn$$

첫째 식으로부터 $x = an - au$, 이것을 둘째 식에 대입하면 $abn - abu + y = bn$, 그래서 $y = bn - abn + abu$, 이것을 셋째 식에 대입하면 $bcn - abcn + abcu + z = cn$, 그러므로 $z = cn - bcn + abcn - abcu$가 된다. 이것을 넷째 식에 대입하면 $cdn - bcdn + abcdn - abcdu + u = dn$.

그러므로 $dn - cdn + bcdn - abcdn = - abcdu + u$, 즉 $(abcd - 1)u = abcdn - bcdn + cdn - dn$이므로

$$u = \frac{abcdn - bcdn + cdn - dn}{abcd - 1} = \frac{n(abcd - bcd + cd - d)}{abcd - 1}$$

이 u의 값을 방정식 $x = an - au$에 대입하면 다음 식을 얻는다.

$$x = \frac{abcdn - acdn + adn - an}{abcd - 1} = \frac{n(abcd - acd + ad - a)}{abcd - 1}$$

$$y = \frac{abcdn - abdn + abn - bn}{abcd - 1} = \frac{n(abcd - abd + ab - b)}{abcd - 1}$$

$$z = \frac{abcdn - abcn + bcn - cn}{abcd - 1} = \frac{n(abcd - abc + bc - c)}{abcd - 1}$$

$$u = \frac{abcdn - bcdn + cdn - dn}{abcd - 1} = \frac{n(abcd - bcd + cd - d)}{abcd - 1}$$

622 [질문 7] 어떤 지휘관이 세 부대를 거느리고 있는데 하나는 스위스인으로 된 부대이고, 또 다른 하나는 슈바벤인[60]으로, 마지막은 색슨족[61]으로 구성되었다. 그는 이 부대 중 어느 한 부대가 돌격한다면 포상금으로 901크라운을 수여하겠다고 공포했다. 포상 조건은 다음과 같다. 돌격부대의 각 병사는 1크라운을 받고 나머지 돈은 다른 두 부대의 병사들에게

---

60) 역자 주 : 독일의 한 지역인 Swabia에 사는 사람.
61) 역자 주 : 독일 북부지역에 사는 민족.

균일하게 배분된다. 만약 스위스 부대가 돌격하면 나머지 두 부대의 병사들은 한 사람당 $\frac{1}{2}$ 크라운씩을 받게 되고, 슈바벤 부대가 돌격하면 나머지 두 부대의 병사들은 1명당 $\frac{1}{3}$ 크라운씩을 받게 되며, 마지막으로 색슨 부대가 돌격하면 나머지 두 부대의 병사들은 1명당 $\frac{1}{4}$ 크라운씩을 받는다고 한다. 각 부대의 병사의 수는 몇 명인가?

스위스 부대의 병사의 수를 x, 슈바벤 부대의 병사의 수를 y, 색슨 부대의 병사의 수를 z라고 하고 $x + y + z = s$라고 하자. 이렇게 하면 계산을 상당히 줄일 수 있다. 스위스 부대가 돌격할 경우 그 병사의 수가 x이므로 나머지 두 부대의 병사의 수는 $s - x$가 되므로 다음 식을 얻는다.

$$x + \frac{1}{2}s - \frac{1}{2}x = 901$$

같은 방법으로 슈바벤 부대가 돌격할 경우,

$$y + \frac{1}{3}s - \frac{1}{3}y = 901$$

마지막으로 색슨 부대가 돌격할 경우,

$$z + \frac{1}{4}s - \frac{1}{4}z = 901$$

위 세 식은 각각 미지수 x, y, z 중 하나만을 결정할 수 있다. 즉,

$$\text{첫째 식으로부터 } x = 1802 - s$$
$$\text{둘째 식으로부터 } 2y = 2703 - s$$
$$\text{셋째 식으로부터 } 3z = 3604 - s$$

따라서 $6x$, $6y$, $6z$의 값을 구하면

$$6x = 10812 - 6s$$

$$6y = 8109 - 3s$$

$$6z = 7208 - 2s$$

세 식을 더하면 $6s = 26129 - 11s$, $17s = 26129$, $s = 1537$이다. 이것은 전체 병사의 수이다. 그러므로

$$x = 1802 - 1537 = 265$$
$$2y = 2703 - 1537 = 1166 , \quad y = 583$$
$$3z = 3604 - 1537 = 2067 , \quad z = 689$$

따라서 스위스 부대는 265명, 슈바벤 부대는 583명, 색슨 부대는 689명이다.

4.5. 순 이차방정식의 풀이에 대하여

623 미지수의 제곱을 포함하고 그보다 큰 거듭제곱을 포함하지 않는 방정식을 이차방정식이라고 한다. 그리고 같은 방법으로 삼차방정식도 생각할 수 있는데 삼차방정식의 풀이는 특별한 규칙이 필요하다.

624 그러므로 이차방정식에는 3종류의 항이 있다.

1. 미지수가 전혀 없는 항, 즉 상수항

2. 미지수의 1차를 포함하는 항

3. 미지수의 제곱을 포함하는 항

x는 미지수를 나타내고 문자 a, b, c, d, e는 상수를 나타낸다고 하면

위의 1의 경우는 a 형태이고 2의 경우는 bx 형태이며 3의 경우는 cx^2 형태가 된다.

625 이미 보았듯이 2개 이상의 같은 종류의 항은 묶어서 하나의 항으로 생각할 수 있다. 예를 들면 $ax^2 - bx^2 + cx^2$을 묶어서 $a - b + c$는 상수이므로 $(a - b + c)x^2$으로 나타낼 수 있다.

또한 그런 항들이 등호의 양변에 있다면 한 변으로 모은 다음 하나의 항으로 나타낼 수 있다. 예를 들어 방정식

$$2x^2 - 3x + 4 = 5x^2 - 8x + 11$$

에서, 먼저 $2x^2$을 빼면

$$-3x + 4 = 3x^2 - 8x + 11$$

이 된다. 그러고 나서 $8x$를 더하면

$$5x + 4 = 3x^2 + 11$$

이고, 마지막으로 11을 빼면 $3x^2 = 5x - 7$이 된다.

626 또 모든 항을 등호(=)의 한 변으로 옮겨서 다른 변은 0이 되게 한다. 그러나 이때 항이 한 변에서 다른 변으로 옮겨갈 때는 그 부호가 바뀌는 것에 주의해야 한다. 그러므로 위 방정식은 $3x^2 - 5x + 7 = 0$이 된다. 그리고 이러한 이유 때문에 다음과 같이 이차방정식의 일반형을 나타낼 수 있다.

$$ax^2 \pm bx \pm c = 0$$

여기서 부호 $\pm$는 '플러스 또는 마이너스'라고 읽는다.

627 원래의 이차방정식이 어떻든 간에 세 항으로 된 형식으로 만들 수 있다. 예를 들어 방정식

$$\frac{a\,x + b}{c\,x + d} = \frac{e\,x + f}{g\,x + h}$$

가 주어졌다면 먼저 분수 형태를 없앤다. $c\,x + d$를 곱하면

$$a\,x + b = \frac{ce\,x^2 + cf\,x + ed\,x + fd}{g\,x + h}$$

가 된다. 그리고 나서 다시 $g\,x + h$를 곱하면

$$ag\,x^2 + bg\,x + ah\,x + bh = ce\,x^2 + cf\,x + cd\,x + fd$$

이 식은 이차식이고 다음과 같이 세 항으로 나타낸다.

$$\left.\begin{matrix} ag \\ -ee \end{matrix}\right\} x^2 + \left\{\begin{matrix} +bg \\ +ah \\ -cf \\ -ed \end{matrix}\right\} x + \left\{\begin{matrix} +bh \\ -fd \end{matrix}\right\} = 0$$

우리는 이것을 좀 더 간단하게 보이는 다음의 형태로 나타낼 수 있다.

$$(ag - ce)\,x^2 + (bg + ah - cd - ed)\,x + bh - fd = 0$$

628 3종류의 항이 모두 있는 이차방정식을 완전 이차방정식(complete equation of second degree)이라 하는데 이것을 푸는 데는 비교적 큰 어려움이 따른다. 이런 이유 때문에 우리는 먼저 세 종류의 항 중에서 어느 하나의 항이 없는 것을 생각한다.

먼저 방정식에서 x^2 항이 없다면 이 방정식은 이차방정식이 아니고 우리가 이미 다루었던 일차방정식이 된다. 상수항이 없는 경우 $ax^2 \pm bx = 0$의 꼴이 되고 x로 나누면 $ax \pm b = 0$이 되어, 이 경우는 이차방정식이 아니다.

629 그러나 일차항이 없는 경우는 $ax^2 \pm c = 0$ 또는 $ax^2 = \mp c$의 형태이다.

이러한 이차방정식은 순 이차방정식(pure equation of second degree)이라고 하고 이것의 해는 쉽게 구할 수 있다. a로 나누면 $x^2 = \dfrac{c}{a}$가 되고 양변에 근호를 취하면 $x = \sqrt{\dfrac{c}{a}}$가 된다.

630 그러나 이때 세 경우가 있다. 먼저 $\dfrac{c}{a}$가 완전제곱수인 경우 x의 값은 유리수가 된다. 예를 들어 방정식 $x^2 = 144$이면 x는 12, 그리고 $x^2 = \dfrac{9}{16}$이면 $x = \dfrac{3}{4}$이다.

두 번째 경우 $\dfrac{c}{a}$가 완전제곱수가 아닌 경우 부호 $\sqrt{\ }$를 써야 한다. 예를 들어 $x^2 = 12$이면 $x = \sqrt{12}$가 되고 이 값은 근삿값으로 나타낼 수 있다.

세 번째 경우로 $\dfrac{c}{a}$가 음수인 경우 x의 값을 구하는 것은 불가능하고 이 경우는 허수이다.

631 어떤 수의 제곱근을 구할 때, 우리가 이미 지적하였듯이, 항상 2개의 값, 하나는 $+$, 하나는 $-$를 갖는 것에 주의해야 한다. 예를 들어 $x^2 = 49$라면 x의 값은 $+7$, -7 둘 다가 된다. 이것을 ± 7로 나타낸다.

그러므로 그러한 방정식의 모든 답은 둘이다. 그러나 여러 경우, 예를 들면 x가 사람의 수를 나타낼 때 − 값은 답이 될 수 없다.

632 이차방정식에서 상수항 c가 없어서 $ax^2 = bx$인 경우 x로 나누면 1개의 값만 나오지만 사실 x의 값은 둘이다. 예를 들어 $x^2 = 3x$인 경우 양변을 x로 나누면 $x = 3$이 된다. 그러나 이 값 외에도 $x = 0$도 다른 하나의 값이다. 왜냐하면 $x = 0$이면 $x^2 = 0$, $3x = 0$이 되기 때문이다. 일차방정식이 단 하나의 해를 가지는 반면, 일반적으로 이차방정식은 2개의 해를 갖는다.

이제 순 이차방정식을 몇 개의 예를 들어 설명하겠다.

633 [질문 1] 어떤 수의 $\dfrac{1}{2}$과 그 수의 $\dfrac{1}{3}$을 곱하여 24가 될 때 그 수를 구하라.

이 수를 x라고 하면 $\dfrac{1}{2}x$와 $\dfrac{1}{3}x$를 곱하여 24가 된다. 그러므로 $\dfrac{1}{6}x^2 = 24$이다. 6을 곱하면 $x^2 = 144$, 즉 $x = \pm 12$가 된다. $x = +12$이면 $\dfrac{1}{2}x = 6$, $\dfrac{1}{3}x = 4$가 되어 그들의 곱은 24이다. $x = -12$이면 $\dfrac{1}{2}x = -6$, $\dfrac{1}{3}x = -4$가 되어 그들의 곱은 역시 24가 된다.

634 [질문 2] 어떤 수에 5를 더한 것과 그 수에 5를 뺀 것을 곱하여 96이라고 할 때 그 수를 구하라.

이 수를 x라고 하자. 그러면 $x + 5$와 $x - 5$를 곱하여 96이 된다. 그러므로 $x^2 - 25 = 96$이 된다. 25를 더하여 $x^2 = 121$, 즉 $x = 11$이다. 그러므로 $x + 5 = 16$, $x - 5 = 6$, $6 \times 16 = 96$이 된다.

635 [질문 3] 어떤 수에 10을 더한 수와 10에서 그 수를 뺀 것을 곱하면 51이 되는 수를 구하라.

이 수를 x라고 하자. 그러면 $10 + x$와 $10 - x$를 곱하면 51이 된다. 즉, $100 - x^2 = 51$. x^2을 더하고 51을 빼면 $x^2 = 49$, $x = 7$이 된다.

636 [질문 4] A, B, C 3명이 게임을 했는데 게임 결과 돈이 다음과 같이 남았다. A와 B는 7 : 3의 비율로 돈을 가지고 있고, B와 C는 17 : 5의 비율로 돈을 가지고 있다. 그리고 A의 돈과 B의 돈을 곱한 것과, B의 돈과 C의 돈을 곱한 것과 C의 돈과 A의 돈을 곱한 것을 모두 더하면 $3830\frac{2}{3}$ 크라운이다. 각자 얼마의 돈을 가지고 있는가?

A가 x 크라운을 가지고 있다고 하자. A와 B가 가진 돈의 비가 7 : 3이므로 $7 : 3 = x : \frac{3}{7}x$, 그래서 B가 가진 돈은 $\frac{3}{7}x$이다. B가 가진 돈과 C가 가진 돈의 비가 17 : 5이므로 $17 : 5 = \frac{3}{7}x : \frac{15}{119}x$, 그래서 C가 가진 돈은 $\frac{15}{119}x$이다.

A가 가진 돈 x에 B가 가진 돈 $\frac{3}{7}x$를 곱하면 $\frac{3}{7}x^2$이 된다. 그리고 나서 B가 가진 돈 $\frac{3}{7}x$에 C가 가진 돈 $\frac{15}{119}x$를 곱하면 $\frac{45}{833}x^2$, 마지막으로 C가 가진 돈 $\frac{15}{119}x$에 A가 가진 돈 x를 곱하면 $\frac{15}{119}x^2$이 된다. 이 모두를 더하면 $\frac{3}{7}x^2 + \frac{45}{833}x^2 + \frac{15}{119}x^2$이 되고 통분하여 더하면 $\frac{507}{833}x^2$인데

이것은 $3830\frac{2}{3}$ 이다. 즉,

$$\frac{507}{833}\,x^2 = 3830\frac{2}{3}$$

그러므로 $\dfrac{1521}{833}\,x^2 = 11492$, $1521x^2 = 9572836$, 1521로 나누면 $x^2 = \dfrac{9572836}{1521}$, 근호를 취하면 $x = \dfrac{3094}{39}$, 기약분수로 고치면 $x = \dfrac{238}{3}$ $= 79\frac{1}{3}$ 이다. 그러므로 $\dfrac{3}{7}x = 34$, $\dfrac{15}{119}x = 10$이 된다. 그래서 A는 $79\frac{1}{3}$ 크라운, B는 34크라운, C는 10크라운을 가지고 있다.

참고 이 계산은 훨씬 쉬운 방법으로 할 수 있다. 즉, 각각 수의 약수를 생각하고 그 약수의 제곱을 생각함으로써 쉽게 계산할 수 있다.

$507 = 3 \times 169$이고 169는 13의 제곱이다. 그리고 $833 = 7 \times 17$, 그러므로 $\dfrac{3 \times 169}{17 \times 49}\,x^2 = 3830\frac{2}{3}$, 3을 곱하면 $\dfrac{9 \times 169}{17 \times 49}\,x^2 = 11492$이다. 또 $11492 = 4 \times 2873$이고 2873은 17로 나눠지므로 $2873 = 17 \times 169$. 결국 우리의 방정식은 다음과 같은 형태로 생각할 수 있다. $\dfrac{9 \times 169}{17 \times 49}\,x^2 = 4 \times 17 \times 169$, 양변을 169로 나누면 $\dfrac{9}{17 \times 49}\,x^2 = 4 \times 17$, 17×49를 곱하고 9로 나누면 $x^2 = \dfrac{4 \times 289 \times 49}{9}$ 이 되고 모든 인수는 제곱수이다. 그래서 $x = \dfrac{2 \times 17 \times 7}{3} = \dfrac{238}{3} = 79\frac{1}{3}$ 임을 알 수 있다.

637 [질문 5] 몇 사람의 소매상인이 아크엔젤(Archangel)[62]에 있는 한 도매상을 정하고 각자 상인 수의 10배의 돈(크라운)을 자본금으로 출자했다. 그런데 도매상의 이익금은 상인 수의 $\dfrac{2}{100}$ 배로 고정되어 있다. 또한

---

62) 역자 주 : 러시아의 항구도시.

도매상 이익금의 $\dfrac{1}{100}$ 에 $2\dfrac{2}{9}$ 를 곱하면 소매상인의 수가 된다. 소매상인의 수는 얼마인가?

그 수를 x 라고 하자. 각 상인이 출자한 금액은 $10x$ 이다. 그래서 전체 자본은 $10x^2$ 이 된다. 이제 도매상은 100크라운당 $2x$ 크라운을 이익금으로 얻는다. 그래서 전체 자본 $10x^2$ 을 생각하면 도매상은 $\dfrac{1}{5}x^3$ 이고 여기에 $2\dfrac{2}{9}$ 를 곱하면, 즉 $\dfrac{20}{9}$ 을 곱하면 $\dfrac{20}{4500}x^3$, 즉 $\dfrac{1}{225}x^3$ 이 된다. 이것이 상인의 수 x 와 같다. 그래서 방정식 $\dfrac{1}{225}x^3 = x$, 즉 $x^3 = 225x$ 가 된다. x 로 나누면 $x^2 = 225$, 따라서 $x = 15$ 이다. 그러므로 상인의 수는 15명이고 각자 150크라운을 출자했다.

연습 문제

01. 다음 수를 구하라. 그 수에 20을 더한 수를 제곱한 것과 그 수에서 10을 뺀 수를 제곱하여 2배 한 것을 더하면 17,475가 된다.

🔒 75

02. 한 수와 다른 수의 비는 3 : 5이고 두 수의 제곱의 합이 1,666이 되는 두 수를 구하라.

🔒 21과 35

03. 합이 $2a$이고 제곱의 합이 $2b$인 두 수가 있다. 그 두 수를 구하라.

$$a - \sqrt{b - a^2} \quad \text{과} \quad a + \sqrt{b - a^2}$$

04. 두 수를 더하면 100이 되고 각각의 수의 제곱근의 합이 14가 되는 두 수를 구하라.

64와 36

05. 세 수 A, B, C가 있다. A와 B를 합한 것에 C를 곱하면 63이 되고, B와 C를 합한 것에 A를 곱하면 28이 되고, A와 C를 더한 것에 B를 곱하면 55가 된다. 세 수를 구하라.

2, 5, 9

06. 두 수가 있다. 두 수의 합과 두 수 중 큰 수의 비가 11 : 7이고, 두 수의 제곱의 차가 132라고 한다. 그 두 수를 구하라.

14와 8

4.6. 완전 이차방정식의 풀이에 대하여

638 ax^2과 bx 그리고 상수항 모두를 포함하는 이차방정식을 완전 이차방정식 또는 혼합 이차방정식이라고 한다. 2개 이상의 동류항은 하나의 항으로 만들 수 있고 또 모든 항을 등호(=)의 한쪽에 모을 수 있으므로 완전 이차방정식의 일반형은

$$ax^2 \pm bx \pm c = 0$$

이 된다. 이 절에서는 이러한 형태의 이차방정식에서 x의 값을 구하는 방법을 보여주는데 2가지 풀이법이 있다.

639 여기서 생각하는 방정식은 미지수 x의 제곱 항이, 나눗셈이 필요하다면 나누어서, x^2만으로 되어 있는 것이다. 일차항 x는 x^2이 있는 변에 두고 상수항은 다른 변에 있도록 이항한다. 이렇게 함으로써 $x^2 \pm px = \pm q$의 형태가 된다. 여기서 p, q는 상수이다. $x^2 + px$가 무엇의 제곱이 되면 해는 쉽게 구할 수 있다. 왜냐하면 양변에 근호를 취하면 되기 때문이다.

640 그러나 $x^2 + px$는 확실히 무엇의 제곱이 될 수 없다. 우리가 §307에서 이미 보았듯이 제곱근이 2개의 항으로 되어 있으면, 예를 들어 $x + n$, 그것의 제곱은 항상 3개의 항으로 되어 있다. 즉, 각각의 제곱과 두 항의 곱의 2배인 것 모두 3개의 항, 다시 말하면 $x + n$의 제곱은 $x^2 + 2nx + n^2$이다. 이제 한 변에 $x^2 + px$가 있다. 그러면 x^2은 제곱근의 첫 부분의 제곱이고, 이 경우에 px는 제곱의 첫 부분인 x와 두 번째 부분의 곱의 2배를 나타낸다. 결국 제곱근의 두 번째 부분은 $\frac{1}{2}p$가 된다. 사실 $x + \frac{1}{2}p$의 제곱은

$$x^2 + px + \frac{1}{4}p^2$$

이다.

641 $x^2 + px + \frac{1}{4}p^2$은 무엇의 제곱이고 그 제곱근은 $x + \frac{1}{2}p$이다. 자, 이제 $x^2 + px = q$를 다시 생각하자. 양변에 $\frac{1}{4}p^2$을 더하면 $x^2 + px$

$+ \dfrac{1}{4}p^2 = q + \dfrac{1}{4}p^2$이 되고 이때 좌변은 무엇의 제곱이고 우변은 상수이다. 그러므로 양변에 근호를 취하면 $x + \dfrac{1}{2}p = \sqrt{\dfrac{1}{4}p^2 + q}$가 된다. 모든 제곱근은 $+$와 $-$ 둘 다 되므로 x는 다음과 같이 2개의 값으로 표현한다.

$$x = -\dfrac{1}{2}p \pm \sqrt{\dfrac{1}{4}p^2 + q}$$

642 이 공식은 모든 이차방정식을 푸는 규칙이다. 지금까지 실시한 모든 과정을 반복하는 것이 항상 꼭 필요한 것은 아니라는 것을 기억해야 한다. 우리는 방정식을 다음과 같은 방법으로 정돈하자. 즉, x^2항을 한 변에 두면 위의 방정식은 $x^2 = -px + q$의 형태가 된다. 여기서 우리는 즉시 $x = -\dfrac{1}{2}p \pm \sqrt{\dfrac{1}{4}p^2 + q}$임을 알 수 있다.

643 $x^2 = -px + q$를 풀기 위하여 일반적인 규칙을 생각해 보자. 미지수 x의 값은 (우변 x의 계수의 $\dfrac{1}{2}$)$\pm$(x의 계수 $\dfrac{1}{2}$의 제곱과 상수항을 더한 것)의 제곱근이다. 그러므로 $x^2 = 6x + 7$이 주어졌다면 즉시 $x = 3 \pm \sqrt{9 + 7} = 3 \pm 4$, 즉 $x = 7$, 또는 $x = 1$을 얻는다. 같은 방법으로 $x^2 = 10x - 9$일 때는 $x = 5 \pm \sqrt{25 - 9} = 5 \pm 4$, x의 두 값은 9와 1이다.

644 다음의 경우를 보면, 이 공식을 더 잘 이해할 것이다. 첫째 p가 짝수인 경우, 둘째 p가 홀수인 경우, 셋째 p가 분수인 경우이다.

첫째, p가 짝수라고 하자. 방정식이 $x^2 = 2px + q$이면

$$x = p \pm \sqrt{p^2 + q}$$

이다.

둘째, p가 홀수라고 하자. 방정식이 $x^2 = px + q$이면

$$x = \frac{1}{2}p \pm \sqrt{\frac{1}{4}p^2 + q}\,,\quad \frac{1}{4}p^2 + q = \frac{p^2 + 4q}{4}$$

이므로 분모의 근호를 벗기면

$$x = \frac{1}{2}p \pm \frac{\sqrt{p^2 + 4q}}{2} = \frac{p \pm \sqrt{p^2 + 4q}}{2}$$

이다.

셋째, 마지막으로 p가 분수인 경우에 이 방정식은 다음의 방법으로 풀 수 있다. 방정식이 $ax^2 = bx + c$, 즉 $x^2 = \dfrac{bx}{a} + \dfrac{c}{a}$라고 하자. 그러면 공식에 의하여

$$x = \frac{b}{2a} \pm \sqrt{\frac{b^2}{4a^2} + \frac{c}{a}}\,,\quad \frac{b^2}{4a^2} + \frac{c}{a} = \frac{b^2 + 4ac}{4a^2}$$

는 분모가 제곱수이므로

$$x = \frac{b \pm \sqrt{b^2 + 4ac}}{2a}$$

이다.

645 완전 이차방정식을 푸는 다른 방법은 주어진 이차방정식을 순 이차방정식의 모양으로 변형하는 것이다. 대입을 이용하여 이렇게 할 수 있다. 예를 들어 방정식 $x^2 = px + q$에서 미지수 x 대신에 $x = y + \dfrac{1}{2}p$인

y의 값을 구한 다음 x의 값을 구한다. x 대신에 $y + \frac{1}{2}p$를 대입하면 $x^2 = y^2 + py + \frac{1}{4}p^2$이고, $px = py + \frac{1}{2}p^2$이므로 결국, 주어진 식은

$$y^2 + py + \frac{1}{4}p^2 = py + \frac{1}{2}p^2 + q$$

가 된다. py를 빼면

$$y^2 + \frac{1}{4}p^2 = \frac{1}{2}p^2 + q$$

$\frac{1}{4}p^2$을 빼면 $y^2 = \frac{1}{4}p^2 + q$가 되고, 이것은 순 이차방정식이므로

$$y = \pm \sqrt{\frac{1}{4}p^2 + q}$$

이고, $x = y + \frac{1}{2}p$이므로

$$x = \frac{1}{2}p \pm \sqrt{\frac{1}{4}p^2 + q}$$

가 된다. 몇 개의 예를 들어 이 공식을 설명한다.

646 [질문 1] 두 수가 있다. 한 수는 다른 수보다 6이 많고, 두 수의 곱은 91이다. 두 수를 구하라.

두 수 중 작은 수를 x라고 하면 다른 수는 $x + 6$이 된다. 그리고 그들의 곱은 $x^2 + 6x = 91$이다. $6x$를 빼면 $x^2 = 91 - 6x$이고 공식에 의하여 $x = -3 \pm \sqrt{9 + 91} = -3 \pm 10$, 따라서 $x = 7$ 또는 $x = -13$이다.

그래서 이 문제에는 2개의 해가 있다.

하나의 해는, 작은 수는 $x = 7$이고 큰 수는 $x + 6 = 13$이다.

다른 하나의 해는, 작은 수 $x = -13$, 큰 수 $x + 6 = -7$이다.

647 [질문 2] 어떤 수의 제곱에서 9를 뺀 수가 23에서 그 수를 뺀 것보다 100이 크다고 할 때 그 수를 구하여라.

구하는 수를 x라고 하자. $x^2 - 9$가 $x^2 - 109$보다 100이 크다는 것을 알 수 있다. 그리고 x가 23보다 $23 - x$만큼 작으므로, 우리는 다음의 이차방정식을 세울 수 있다.

$$x^2 - 109 = 23 - x$$

그러므로 $x^2 = -x + 132$이고, 공식에 의하여

$$x = -\frac{1}{2} \pm \sqrt{\frac{1}{4} + 132} = -\frac{1}{2} \pm \sqrt{\frac{529}{4}} = -\frac{1}{2} \pm \frac{23}{2}$$

따라서 $x = 11$ 또는 $x = -12$이다.

그러므로 양의 수만이 필요하다면 그 수는 11이 될 것이고 11의 제곱에서 9를 빼면 112가 된다. 이것은 100보다 12가 크다. 그리고 11은 23보다 12가 작다.

648 [질문 3] 어떤 수의 $\frac{1}{2}$과 그 수의 $\frac{1}{3}$을 곱한 수에 그 수의 $\frac{1}{2}$을 더하면 30이 된다. 그 수를 구하라.

구하는 수를 x라고 하자. 그 수의 절반을 그 수의 $\dfrac{1}{3}$에 곱하면 $\dfrac{1}{6}x^2$이 된다. 그래서 $\dfrac{1}{6}x^2 + \dfrac{1}{2}x = 30$, 그리고 6을 곱하면 $x^2 + 3x = 180$, $x^2 = -3x + 180$ 이것으로부터

$$x = -\frac{3}{2} \pm \sqrt{\frac{9}{4} + 180} = -\frac{3}{2} \pm \frac{27}{2}$$

결과적으로, $x = 12$ 또는 $x = -15$이다.

649 [질문 4] 두 수가 있는데 한 수는 다른 수의 2배이고, 두 수의 합을 두 수의 곱에 더하면 90이 된다. 두 수를 구하라.

하나의 수를 x라고 하자. 그러면 다른 수는 $2x$이다. 두 수의 곱은 $2x^2$이고 이것을 $3x$에 더하면 90이 된다. 그러므로 $2x^2 + 3x = 90$, $2x^2 = 90 - 3x$. 그래서 $x^2 = -\dfrac{3}{2}x + 45$. 따라서

$$x = -\frac{3}{4}x \pm \sqrt{\frac{9}{16} + 45} = -\frac{3}{4} \pm \frac{27}{4}$$

을 얻는다. 결국 $x = 6$ 또는 $x = -7\dfrac{1}{2}$이다.

650 [질문 5] 어떤 상인이 말 1마리를 사서 119크라운을 받고 다시 팔았는데 그가 산 말 가격의 $\dfrac{1}{100}$의 이익을 보았다. 그는 처음에 얼마를 주고 그 말을 샀는가?

그 말을 x크라운을 주고 샀다고 하자. 이익금이 $x\%$이므로 다음의 비례

식을 얻는다.

$$100 : x :: x : \frac{x^2}{100}$$

그래서 그는 $\frac{x^2}{100}$의 이익을 얻었으므로 그가 다시 말을 판 가격은 $x + \frac{x^2}{100}$이다. 그러므로 $x + \frac{x^2}{100} = 119$, x를 빼면 $\frac{x^2}{100} = -x + 119$, 100을 곱하면 $x^2 = -100x + 11900$.

그러므로 공식에 의하여

$$x = -50 \pm \sqrt{2500 + 11900} = -50 \pm \sqrt{14400} = -50 \pm 120 = 70$$이 된다.

그러므로 말을 산 가격은 70크라운이고 말을 팔아서 생긴 이익은 70%, 즉 49크라운이다. 판 가격은 70 + 49, 즉 119크라운이다.

651 [질문 6] 어떤 사람이 옷감 몇 필을 샀다. A 옷감은 2크라운을 주었으며 B 옷감은 4크라운을 그리고 C 옷감은 6크라운을 주는 방법으로 계속 다음 옷감을 사는 데 2크라운씩 더 주었다. 옷감을 사는 데 쓴 돈이 모두 110크라운이라고 한다. 그는 몇 종류의 옷감을 샀는가?

x종류의 옷감을 샀다고 하자. 그리고 각각 다른 옷감에 다음의 방법으로 돈을 지불했다.

$$1, \quad 2, \quad 3, \quad 4, \quad 5, \quad \cdots \quad x \qquad \text{옷감에 대하여}$$
$$2, \quad 4, \quad 6, \quad 8, \quad 10, \quad \cdots \quad 2x \qquad \text{크라운을 지불했다.}$$

그러므로 x개의 항으로 된 등차수열의 합 $2 + 4 + 6 + 8 + \cdots + 2x$를

구해야 한다. 초항과 말항을 더하면 $2x + 2$이다. 여기에 항의 수 x를 곱하면 $2x^2 + 2x$가 되고 2로 나누면 $x^2 + x$가 되는데 이것이 등차수열의 합이다. 그래서

$$x^2 + x = 110, \quad x^2 = -x + 110$$

$$x = -\frac{1}{2} + \sqrt{\frac{1}{4} + 110} = -\frac{1}{2} + \frac{21}{2} = 10$$

따라서 모두 10종류의 옷감을 샀다.

652 [질문 7] 어떤 사람이 여러 필의 옷감을 180크라운에 샀다. 만약 그가 같은 가격에 3필을 더 가져온다면 그는 1필에 3크라운 적게 지불하는 것과 같다고 한다. 그는 몇 필을 샀는가?

그가 x필의 옷감을 샀다고 하자. 그러면 1필에 $\frac{180}{x}$크라운을 주고 샀다. 자, 만약 그가 $x + 3$필을 180크라운에 샀다면 1필의 가격은 $\frac{180}{x+3}$크라운이 되는 셈이고 이 가격은 실제 필당 가격보다 3크라운이 적으므로 다음의 방정식을 얻는다.

$$\frac{180}{x+3} = \frac{180}{x} - 3$$

x를 곱하면 $\frac{180x}{x+3} = 180 - 3x$, 3으로 나누면 $\frac{60x}{x+3} = 60 - x$, $x + 3$을 곱하면 $60x = 180 + 57x - x^2$, x^2을 더하면 $x^2 + 60x = 180 + 57x$, 그리고 $60x$를 빼면 $x^2 = -3x + 180$, 공식에 의하여

$$x = -\frac{3}{2} + \sqrt{\frac{9}{4} + 180}, \quad x = -\frac{3}{2} + \frac{27}{2} = 12$$

그러므로 그는 1필에 15크라운을 주고 12필을 샀다. 그리고 그가 같은 가격 180크라운에 3필을 더 받았다면 1필당 12크라운에 산 셈이 된다. 즉, 필당 원래 가격 15크라운보다 3크라운이 적다.

653 [질문 8] A, B 2명의 상인이 100파운드를 공동 출자하였다. A 상인은 3개월간 출자하였고, B 상인은 2개월간 출자하였다. 그런데 각자 투자금과 이익금을 합하여 99파운드씩 가져갔다. 각각 얼마를 투자하였나?

A 상인이 x파운드를 투자했다면 B 상인은 $100 - x$파운드를 투자한 셈이 된다. A 상인이 투자금과 이익금을 합하여 99파운드를 받았으므로 그의 3개월간 이익금은 $99 - x$파운드이다. B 상인 역시 투자금과 이익금을 합하여 99파운드를 받았으므로 그의 이익금은 $99 - (100 - x)$, 즉 $x - 1$이 된다. 이것은 자본금 $100 - x$를 가지고 2개월간 얻은 이익금이다. 그러므로 B 상인이 3개월간 투자했더라면 이익금은 $\dfrac{3x - 3}{2}$이 되었을 것이다. 같은 투자 기간의 이익금은 투자한 자본금에 비례하므로 다음의 비례식을 얻는다.

$$x : 99 - x :: 100 - x : \frac{3x - 3}{2}$$

그러므로

$$\frac{3x^2 - 3x}{2} = 9900 - 199x + x^2$$

을 얻는다. 2를 곱하여 $3x^2 - 3x = 19800 - 398x + 2x^2$, $2x^2$을 빼면 $x^2 - 3x = 19800 - 398x$. $3x$를 더하면 $x^2 = 19800 - 395x$, 공식에 의하여

$$x = -\frac{395}{2} + \sqrt{\frac{156025}{4} + \frac{79200}{4}}$$

$$= -\frac{395}{2} + \frac{485}{2} = \frac{90}{2} = 45$$

그러므로 A 상인은 45파운드를, B상인은 55파운드를 투자했고 A상인은 3개월 만에 54파운드를, 즉 1개월당 18파운드의 이익을 얻었고, B 상인은 2개월 만에 44파운드를, 1개월당 22파운드의 이익금을 얻었다. 그리고 이들의 이익금은 일치한다. 왜냐하면 45파운드를 투자해서 1개월에 18파운드의 이익을, 55파운드를 투자해서 1개월당 22파운드의 이익을 얻었기 때문이다.

654 [질문 9] 2명의 소녀 A, B가 계란 100개를 시장으로 가져갔다. A 소녀는 B 소녀보다 더 많은 계란을 가져갔지만 값은 같이 받았다. A 소녀가 B 소녀에게 말하기를 "내가 네 계란 개수만큼 팔았다면 15펜스를 받았을 거야." 두 번째 소녀가 대답하기를 "내가 네 계란만큼 팔았다면 $6\frac{2}{3}$ 펜스를 받았을 거야." 소녀들은 각각 몇 개의 계란을 팔았는가?

A 소녀가 x개의 계란을 팔았다고 하자. 그러면 B 소녀는 $100 - x$개의 계란을 팔았을 것이다. 그러므로 A 소녀가 $100 - x$개의 계란을 팔았다면 15펜스를 받았을 것이라고 했으므로 다음의 비례식을 얻는다.

$$(100 - x) : 15 :: x : \frac{15\,x}{100 - x}$$

또한 B 소녀가 x개의 계란을 팔았다면 $6\frac{2}{3}$펜스를 받았을 것이므로 $100 - x$개의 계란을 팔고 얼마를 받았는지 쉽게 알 수 있다.

$$x : (100 - x) :: \frac{20}{3} : \frac{2000 - 20x}{3x}$$

그런데 이 두 소녀가 같은 값을 받았으므로

$$\frac{15x}{100 - x} = \frac{2000 - 20x}{3x}$$

이 식은 $25x^2 = 200000 - 4000x$가 되고

$$x^2 = -160x + 8000$$

이 되어

$$x = -80 + \sqrt{6400 + 8000} = -80 + 120 = 40$$

이 된다. 그러므로 A 소녀는 40개의 계란을, B 소녀는 60개의 계란을 각각 10펜스를 받고 팔았다.

655 [질문 10] 2명의 상인 A, B가 실크를 팔고 있다. B 상인은 A 상인보다 3엘을 더 팔았다. 그들은 모두 35크라운을 받았다. A 상인이 B 상인에게 말하길 "나는 너의 실크를 24크라운에 팔 수 있었다." B 상인이 대답하기를 "내가 네 실크를 팔았다면 $12\frac{1}{2}$크라운을 받았을 것이다." 각자 몇 엘의 실크를 실제로 팔았는가?

A 상인이 x엘을 실제로 팔았다고 하면 B 상인은 $x + 3$엘의 실크를 실제로 팔았다. 또 A 상인이 $x + 3$엘의 실크를 24크라운에 팔 수 있었다고 하므로 A는 x엘에 $\dfrac{24x}{x + 3}$크라운을 받고 팔았다. 그리고 B 상인은 x엘에 $12\frac{1}{2}$크라운을 받을 수 있었다고 하니 B는 $x + 3$엘에 $\dfrac{25x + 75}{2x}$크라운

을 받고 팔았다. 전체 합이

$$\frac{24}{x+3} + \frac{25x+75}{2x} = 35\,\text{크라운}$$

이다. 이 방정식은 $x^2 = 20x - 75$가 되고 $x = 10 \pm \sqrt{100-75} = 10 \pm 5$ 이다.

　이 방정식은 해는 2개이다. 첫 번째 해에 따르면 A 상인이 15엘, B 상인이 18엘이고 그리고 A 상인이 18엘을 24크라운에 팔 수 있었으므로 15엘은 20크라운에 팔았다. B 상인은 15엘을 $12\frac{1}{2}$크라운에 팔 수 있었다고 하니 18엘을 15크라운에 팔았음이 틀림없다. 따라서 실제로 그들은 모두 35크라운을 받았다.

　둘째 해에 따르면, A 상인은 5엘, B 상인은 8엘을 팔았다. A 상인은 8엘을 24크라운에 팔 수 있었다고 하니 그는 5엘에 15크라운을 받았음이 틀림없다. 또 B 상인은 5엘에 12크라운을 받을 수 있었다고 하니 8엘을 20크라운에 팔았음이 틀림없다. 합계는 앞과 같이 35크라운이다.

4.7. 다각함수의 근을 구하는 것에 대하여

656 §3.5에서 우리는 다각형수를 어떻게 구하는지 알아보았고 그 수를 변 또는 근이라고 불렀다. 그러므로 우리가 근을 x로 나타내면, 모든 다각형 수에 대하여 다음과 같이 나타낼 수 있다.

$$
\begin{array}{ll}
\text{삼각형수는} & \dfrac{x^2 + x}{2} \\[2ex]
\text{사각형수는} & x^2 \\[2ex]
\text{오각형수는} & \dfrac{3x^2 - x}{2} \\[2ex]
\text{육각형수는} & 2x^2 - x \\[2ex]
\text{칠각형수는} & \dfrac{5x^2 - 3x}{2} \\[2ex]
\text{팔각형수는} & 3x^2 - 2x \\[2ex]
\text{구각형수는} & \dfrac{7x^2 - 5x}{2} \\[2ex]
\text{십각형수는} & 4x^2 - 3x \\[2ex]
n\text{각형수는} & \dfrac{(n-2)x^2 - (n-4)x}{2}
\end{array}
$$

657 우리는 이제 이 공식에 의하여 임의의 주어진 변에 대하여 임의의 다각형수를 구하는 것이 쉽다는 것을 알고 있다. 그러나 반대로 다각형수를 알고서 다각형의 한 변을 구해야 한다면, 그 계산은 보다 어렵고 항상 이차방정식을 풀어야 한다.

658 91이 주어진 삼각형수라고 하자. 그러면 삼각형수의 한 변은 얼마인가?

한 변을 x라고 하면 $\dfrac{x^2 + x}{2} = 91$, $x^2 + x = 182$, $x^2 = -x + 182$ 이다.

결국,

$$
x = -\frac{1}{2} + \sqrt{\frac{1}{4} + 182} = -\frac{1}{2} + \sqrt{\frac{729}{4}} = -\frac{1}{2} + \frac{27}{2} = 13
$$

그러므로 구하는 한 변의 길이는 13이고, 또 한 변의 길이가 13인 삼각
형수는 91이다.

659 일반적으로 a를 주어진 삼각형수라고 하자. 그리고 한 변의 길이를
구하는 문제를 생각하자. 그것을 x로 두면 $\dfrac{x^2+x}{2}=a$ 또는 x^2+x
$=2a$이므로 $x^2=-x+2a$, 공식에 의하여 $x=-\dfrac{1}{2}+\sqrt{\dfrac{1}{4}+2a}$,
또는 $x=\dfrac{-1+\sqrt{8a+1}}{2}$.

이 결과로부터 다음 공식을 얻는다. 삼각형수의 한 변을 찾기 위하여
우리는 주어진 삼각형수에 8을 곱해야 한다. 그리고 나서 1을 더하여 근호
를 취하고 다시 1을 빼고 마지막으로 2로 나눈다.

660 모든 삼각형수가 이 성질을 가지므로 8을 곱하고 그 곱에 다시 1을
더하면 그 결과는 항상 제곱수가 된다. 다음 표에 몇 가지 보기가 있다.

삼각형수 1, 3, 6, 10, 15, 21, 28, 36, 45, 55
8배 $+1=$ 9, 25, 49, 81, 121, 169, 225, 289, 361, 441

만약 주어진 수 a가 이 조건을 만족하지 못하면 그 수는 삼각형수가
아니다.

661 이 규칙에 따라서 삼각형수 210의 한 변의 길이를 구한다고 하자.
$a=210$, $8a+1=1681$, 이것의 제곱근은 41이다. 그러므로 210은 실
제로 삼각형수가 된다. 그것의 제곱근은 $\dfrac{41-1}{2}=20$. 그러나 4가 삼각형
수로 주어지고 그것의 한 변을 구한다고 하자. 그 변은 $\dfrac{\sqrt{33}}{2}-\dfrac{1}{2}$은 무리

수이다. 그러나 이 변 $\dfrac{\sqrt{33}}{2} - \dfrac{1}{2}$ 의 삼각형수는 다음과 같이 계산할 수 있다.

$$x = \frac{\sqrt{33}-1}{2} \ \text{이므로} \ x^2 = \frac{17-\sqrt{33}}{2}, \ \text{여기에} \ x = \frac{\sqrt{33}-1}{2} \text{을 더}$$

하면 합은 $x^2 + x = \dfrac{16}{2} = 8$.   결국 삼각형수는 $\dfrac{x^2+x}{2} = 4$ 이다.

662 사각형수는 제곱이므로 어려움이 없다. 왜냐하면 주어진 사각형수가 a 라고 하자. 그러면 $x^2 = a$, 결국 $x = \sqrt{a}$ 이므로 제곱근과 사각형수의 한 변은 같다.

663 이제 오각형수에 대하여 알아보자.

22가 오각형수라고 하고 x 를 그것의 한 변의 길이라고 하자. 그러면 세 번째 공식에 의하여 $\dfrac{3x^2 - x}{2} = 22$, $3x^2 - x = 44$, $x^2 = \dfrac{1}{3}x + \dfrac{44}{3}$, 이것으로부터 다음을 얻는다.

$$x = \frac{1}{6} + \sqrt{\frac{1}{36} + \frac{44}{3}}, \quad x = \frac{1+\sqrt{529}}{6} = \frac{1}{6} + \frac{23}{6} = 4$$

그러므로 4가 오각형수 22의 한 변의 길이이다.

664 이제 다음의 질문을 생각하자. 오각형수 a 가 주어졌을 때 그것의 한 변의 길이를 구하는 문제이다.

한 변의 길이를 x 라고 하자. 그러면 $\dfrac{3x^2 - x}{2} = a$, 또는 $3x^2 - x = 2a$, $x^2 = \dfrac{1}{3}x + \dfrac{2a}{3}$ 공식에 의하여 $x = \dfrac{1}{6} + \sqrt{\dfrac{1}{36} + \dfrac{2a}{3}}$ 이다. 그러므로 a 는 실제로 오각형수이고 $24a + 1$ 은 제곱수이다.

예를 들어 330이 주어진 오각형수라고 하면 한 변은

$$x = \frac{1 + \sqrt{7921}}{6} = \frac{1 + 89}{6} = 15$$

665 다시 a가 주어진 육각형수라고 하고, 한 변의 길이를 구하는 문제를 생각해 보자. 그것을 x라고 한다면 $2x^2 - x = a$ 이다. 따라서

$$x^2 = \frac{1}{2}x + \frac{1}{2}a, \quad x = \frac{1}{4} + \sqrt{\frac{1}{16} + \frac{1}{2}a} = \frac{1 + \sqrt{8a+1}}{4}$$

그래서 a가 실제로 육각형수가 되려면 $8a + 1$이 제곱수여야 한다. 그래서 육각형수는 모두 삼각형수가 된다. 그러나 한 변의 길이가 같은 것은 아니다. 예를 들면 1,225가 육각형수라고 하면 그것의 한 변의 길이는

$$x = \frac{1 + \sqrt{9801}}{4} = \frac{1 + 99}{4} = 25$$

이다.

666 a가 칠각형수라고 하자. 그러면 한 변의 길이는 얼마인가?

한 변의 길이를 x라고 하자. 그러면 $\dfrac{5x^2 - 3x}{2} = a$, $x^2 = \dfrac{3}{5}x + \dfrac{2}{5}a,$ 이것으로부터 다음을 얻는다.

$$x = \frac{3}{10} + \sqrt{\frac{9}{100} + \frac{2}{5}a} = \frac{3 + \sqrt{40a+9}}{10}$$

모든 칠각형수가 이 성질을 가지므로 $40a + 9$는 제곱수가 되어야 한다. 예를 들어 2059라는 칠각형수가 있다고 하자. 그러면 한 변의 길이는

$$\frac{3+\sqrt{82369}}{10}=\frac{3+287}{10}=29$$

이다.

667 a를 팔각형수라고 하고 한 변의 길이 x를 구하자.

그러면 $3x^2-2x=a$, $x^2=\dfrac{2}{3}x+\dfrac{1}{3}a$, 그러므로

$$x=\frac{1}{3}+\sqrt{\frac{1}{9}+\frac{1}{3}a}=\frac{1+\sqrt{3a+1}}{3}$$

이다.

결국 모든 팔각형수 a가 이 성질을 만족하므로 $3a+1$은 제곱수가 되어야 한다. 예를 들어 $3,816$이 팔각형수라고 하자. 그것의 한 변은

$$\frac{1+\sqrt{11449}}{3}=\frac{1+107}{3}=36$$

이다.

668 마지막으로 a가 n각형수라고 하고 한 변을 구해 보자. 그러면

$$\frac{(n-2)x^2-(n-4)x}{2}=a$$
$$(n-2)x^2-(n-4)x=2a$$

이므로 결국 $x^2=\dfrac{(n-4)x}{n-2}+\dfrac{2a}{n-2}$ 이다. 그러므로

$$x=\frac{n-4}{2(n-2)}+\sqrt{\frac{(n-4)^2}{4(n-2)^2}+\frac{2a}{n-2}}$$

$$x = \frac{n-4}{2(n-2)} + \sqrt{\frac{(n-4)^2}{4(n-2)^2} + \frac{8(n-2)a}{4(n-2)^2}}$$

$$x = \frac{n-4 + \sqrt{8(n-2)a + (n-4)^2}}{2(n-2)}$$

이 공식은 주어진 모든 가능한 다각형수의 한 변의 길이를 구하는 일반적인 공식이다. 예를 들어 24각형수 3,009가 주어졌다고 하자. 여기서 $a = 3009$, $n = 24$이므로 $n-2 = 22$, $n-4 = 20$이다. 그러므로 한 변의 길이 x는

$$x = \frac{20 + \sqrt{529584 + 400}}{44} = \frac{20 + 728}{44} = 17$$

이다.

4.8. 이항식의 제곱근 풀이

669 이항식(binomail)이란 2개의 항으로 이루어지며 적어도 하나 이상의 항이 제곱근을 포함한 식을 말한다. 즉, $\sqrt{8} + \sqrt{3}$ 뿐 아니라 $3 + \sqrt{5}$ 도 이항식이다. 그리고 이항식의 두 항이 $+$ 부호나 $-$ 부호로 연결되는 것과는 전혀 상관이 없다. 그래서 $3 + \sqrt{5}$ 나 $3 - \sqrt{5}$ 는 모두 이항식이라 할 수 있다.

670 이차방정식의 근을 구할 때, 이항식에 특별한 주의를 기울인다. 만일 이차방정식의 실수 근을 구할 수 없을 때, 근은 이항식 형태의 값이 된다. 즉, 이차방정식 $x^2 = 6x - 4$의 근은 이항식 형태로 $x = 3 \pm \sqrt{5}$ 이

다. 그러므로 이항식은 대수적 계산에서 자주 필요하기 때문에 이제까지 이러한 수의 사칙연산을 충분히 다루었다. 이제 이항식의 또 다른 제곱근이 씌어진 수를 어떻게 푸는지 먼저 설명하고 이를 다루기로 한다. 앞으로 $3 + \sqrt{2}$ 의 제곱근은 $\sqrt{3 + \sqrt{2}}$ 로 표시한다.

671 우선 이항식의 두 항 중 하나가 유리수인 경우, 이를 제곱하면 역시 이항식의 두 항 중 하나는 유리수가 된다는 것을 살펴보자. 즉, $a + \sqrt{b}$ 에 제곱을 하면 $(a^2 + b) + 2a\sqrt{b}$ 가 된다. 역으로 $(a^2 + b) + 2a\sqrt{b}$ 에 제곱근을 취하면 $a + \sqrt{b}$ 가 된다. 숫자 앞에 제곱근 부호 $\sqrt{}$ 를 붙인다는 사실보다 이러한 방법으로 공식화하는 것이 훨씬 쉽다. 같은 방법으로 이항식 $\sqrt{a} + \sqrt{b}$ 의 제곱은 $(a + b) + 2\sqrt{b}$ 가 되고, 역으로 $(a + b) + 2\sqrt{b}$ 의 제곱근은 $\sqrt{a} + \sqrt{b}$ 가 된다. 이 역시 숫자 앞에 제곱근의 부호 $\sqrt{}$ 를 붙인다고 이해하는 것보다 이러한 방법으로 이해하는 것이 더 쉽다.

672 모든 이항식의 경우 그 제곱근이 존재하는지 아닌지 판단할 수 있는 기준을 찾아내는 것이 필요하다. 우선 간단한 이항식으로 시작해 보자. $5 + 2\sqrt{6}$ 의 제곱근이 존재하는지 알아내기 위해 이제까지 설명해 온 방식대로 생각해 보자.

구하려는 수를 $\sqrt{x} + \sqrt{y}$ 라 하면 이것의 제곱은 $(x + y) + 2\sqrt{xy}$ 가 되므로 유리수 부분 $x + y = 5$ 이고, 무리수 부분 $2\sqrt{xy} = 2\sqrt{6}$ 이 된다.

이로부터 $y = 5 - x$ 를 $xy = 6$ 에 대입하면 $5x - x^2 = 6$ 이므로 $x^2 - 5x + 6 = 0$ 을 풀면 $x = \dfrac{5}{2} + \sqrt{\dfrac{25}{4} - \dfrac{24}{4}} = \dfrac{5}{2} + \dfrac{1}{2} = 3$ 이 된다. 그러므로 $x = 3$, $y = 2$ 를 구하게 되어 $5 + 2\sqrt{6}$ 의 제곱근은 $\sqrt{3} + \sqrt{2}$ 이다.

673 앞에서 나온 두 방정식 $x+y=5$와 $xy=6$으로부터 해 x, y를 구하는 방법은 다음과 같다. $x+y=5$의 양변을 완전제곱하면 $x^2+2xy+y^2=25$이고, $x-y$의 제곱은 $x^2-2xy+y^2$이다. $xy=6$의 4배인 $4xy=24$를 $x^2+2xy+y^2=25$의 양변에 빼주면 $x^2-2xy+y^2=25-24$이므로 $(x-y)^2=1$, 즉 $x-y=1$이다.

$x+y=5$와 $x-y=1$을 더하여 풀면 $x=3, y=2$를 얻게 되어 $5+2\sqrt{6}$의 제곱근은 $\sqrt{3}+\sqrt{2}$가 된다.

674 이제 일반적인 형태의 이항식 $a+\sqrt{b}$의 경우를 생각해 보자. 그 제곱근을 $\sqrt{x}+\sqrt{y}$라 가정하고 제곱하면 $(x+y)+2\sqrt{xy}=a+\sqrt{b}$이므로 양변을 비교하면 $x+y=a$와 $2\sqrt{xy}=\sqrt{b}$ 혹은 $4xy=b$를 얻는다. 앞서 설명한 바와 같이 방정식 $x+y=a$를 제곱한 식 $x^2+2xy+y^2=a^2$의 양변에 $4xy=b$를 빼면 $x^2-2xy+y^2=a^2-b$이므로 $x-y=\sqrt{a^2-b}$ 이다. 이 식과 방정식 $x+y=a$를 더하면 $x=\dfrac{a+\sqrt{a^2-b}}{2}$와 $y=\dfrac{a-\sqrt{a^2-b}}{2}$를 구할 수 있어, 이항식 $a+\sqrt{b}$의 제곱근은

$$\sqrt{\dfrac{a+\sqrt{a^2-b}}{2}}+\sqrt{\dfrac{a-\sqrt{a^2-b}}{2}}$$ 이다.

675 이러한 표현이 주어진 이항식 $a+\sqrt{b}$ 앞에 간단히 기호 $\sqrt{}$를 붙여서 제곱근을 $\sqrt{a+\sqrt{b}}$라 표현하는 것보다 더 복잡한 것은 사실이다. 그러나 a^2-b가 완전제곱수가 되는 a, b일 경우는 앞의 표현식의 분자의 근호 $\sqrt{}$가 사라지기 때문에 훨씬 간단하다. 이 경우를 제외하고는 이항식 $a+\sqrt{b}$의 제곱근은 간단히 표현할 수 없다. 이 경우 제곱근은 $\sqrt{\dfrac{a+c}{2}}+\sqrt{\dfrac{a-c}{2}}$인 형태가 된다. 그러나 a^2-b가 완전제곱수가 아닌 경우

$a + \sqrt{b}$ 의 제곱근은 앞에 기호 $\sqrt{}$ 를 붙여 표현하는 것보다 더 간단한 표현은 없다.

676 그러므로 $a + \sqrt{b}$ 의 제곱근을 더욱 간단히 표현하기 위한 필수조건은 $a^2 - b$가 완전제곱수여야 한다. 이 완전제곱수를 c^2으로 표현하면 제곱근은 $\sqrt{\dfrac{a+c}{2}} + \sqrt{\dfrac{a-c}{2}}$ 가 될 것이다. 이 값을 제곱하면 $a - 2\sqrt{\dfrac{a^2 - c^2}{4}}$ 이고 $a^2 - b = c^2$이므로 $a^2 - c^2 = b$를 앞 식에 대입하면 제곱수

$$= a - 2\sqrt{\dfrac{b}{4}} = a - \dfrac{2\sqrt{b}}{2} = a - \sqrt{b}$$

를 얻는다.

677 그러므로 $a + \sqrt{b}$ 와 같은 이항식의 제곱근을 구하려면 유리수 부분의 제곱 a^2에서 무리수 부분의 제곱 b를 뺀 후 제곱근을 취한다. 이를 c로 놓으면 구하는 근호는 $\sqrt{\dfrac{a+c}{2}} \pm \sqrt{\dfrac{a-c}{2}}$ 와 같이 표현된다.

678 $2 + \sqrt{3}$ 의 제곱근을 구할 때, $a = 2$, $\sqrt{b} = \sqrt{3}$ 이므로 $a^2 - b = c^2 = 1$이 된다. 그래서 이를 앞 절의 마지막 식에 대입하면 제곱근은 $\sqrt{\dfrac{3}{2}} + \sqrt{\dfrac{1}{2}}$ 이다.

이항식 $11 + 6\sqrt{2}$ 의 제곱근을 구해 보자. $a = 11$, $\sqrt{b} = 6\sqrt{2}$ 라 하면 $b = 36 \times 2 = 72$이므로 $a^2 - b = c^2 = 49$이고, $c = 7$이다. 그러므로 $11 + 6\sqrt{2}$ 의 제곱근은 $\sqrt{9} + \sqrt{2} = 3 + \sqrt{2}$ 이다.

또한 이항식 $11 + 2\sqrt{30}$ 의 제곱근을 구하기 위해 $a = 11$, $\sqrt{b} = 2\sqrt{30}$ 으로 놓으면 $b = 4 \times 30 = 120$, $a^2 - b = c^2 = 1$ 이므로 $c = 1$ 이다. 그러므로 구하는 제곱근은 $\sqrt{6} + \sqrt{5}$ 이다.

679 이항식이 허수를 포함하거나 불가능한 수일 때도 이러한 규칙을 적용할 수 있다. 이항식 $1 + 4\sqrt{-3}$ 을 예로 들어 보자. $a = 1$, $\sqrt{b} = 4\sqrt{-3}$ 이므로 $b = -48$ 이다. $a^2 - b = c^2 = 49$ 이고 $c = 7$ 이다. 그러므로 구하는 제곱근은 $\sqrt{4} + \sqrt{-3} = 2 + \sqrt{-3}$ 이다.

다른 이항식 $-\dfrac{1}{2} + \dfrac{1}{2}\sqrt{-3}$ 을 예로 들어 보자. $a = -\dfrac{1}{2}$, $\sqrt{b} = \dfrac{1}{2}\sqrt{-3}$ 이므로 $b = \dfrac{1}{4} \times -3 = -\dfrac{3}{4}$ 이다.

$a^2 - b = c^2 = \dfrac{1}{4} + \dfrac{3}{4} = 1$ 이고 $c = 1$ 이다. 그러므로 구하는 제곱근은 $\sqrt{\dfrac{1}{4}} + \sqrt{-\dfrac{3}{4}} = \dfrac{1}{2} + \dfrac{\sqrt{-3}}{2}$ 혹은 $\dfrac{1}{2} + \dfrac{1}{2}\sqrt{-3}$ 이다.

또 다른 예로 $2\sqrt{-1}$ 의 제곱근을 구하여 보자. $a = 0$, $\sqrt{b} = 2\sqrt{-1}$ 이므로 $b = -4$ 이고 $a^2 - b = c^2 = 4$ 이고 $c = 2$ 이다. 결론적으로 제곱근은 $\sqrt{1} + \sqrt{-1} = 1 + \sqrt{-1}$ 이다. 다시 이 값을 제곱해 보면 $1 + 2\sqrt{-1} - 1 = 2\sqrt{-1}$ 이 된다.

680 방정식 $x^2 = a \pm \sqrt{b}$ 의 해를 구한다고 하자. 앞서 제곱근을 구할 때와 같이 $a^2 - b = c^2$ 을 이용하면 여러 경우에 적용할 수 있는 공식 $x = \sqrt{\dfrac{a+c}{2}} \pm \sqrt{\dfrac{a-c}{2}}$ 을 얻는다.

예를 들어 방정식 $x^2 = 17 + 12\sqrt{2}$ 의 경우, 위 공식을 이용하면 그 해는 $x = 3 + \sqrt{8} = 3 + 2\sqrt{2}$ 가 된다.

681 $x^4 = 2ax^2 + d$와 같은 사차방정식의 해를 구하는 문제가 자주 등장한다. 이때 $x^2 = y$라 놓으면 $x^4 = y^2$이므로 이를 본 식에 대입하면, 이차방정식 $y^2 = 2ay + d$가 되어 차수가 감소한다. 이것을 풀면 $y = a \pm \sqrt{a^2 + d}$이고, 이는 $x^2 = a \pm \sqrt{a^2 + d}$가 되어 이항식의 제곱근을 구하는 문제가 된다. $\sqrt{b} = \sqrt{a^2 + d}$라 놓으면 $b = a^2 + d$이므로 $a^2 - b = -d$이다. 이는 $-d = c^2$, $d = -c^2$이 된다. $d = -c^2$을 주어진 사차방정식에 대입하면 $x^4 = 2ax^2 - c^2$이 되어 근은 $x = \sqrt{\dfrac{a+c}{2}} \pm \sqrt{\dfrac{a-c}{2}}$가 된다.

682 앞서 언급했던 몇 가지 예들을 다시 살펴보자.

1. 두 수의 곱이 105이고 제곱의 합은 274인 두 수의 경우를 생각해보자. 두 수를 x, y라 하면 $xy = 105$, $x^2 + y^2 = 274$인 두 방정식으로 표현된다.

첫 번째 식을 $y = \dfrac{105}{x}$로 바꾸어 두 번째 식에 대입하면 $x^2 + \dfrac{105^2}{x^2} = 274$.

그러므로

$$x^4 + 105^2 = 274x^2, \; x^4 = 274x^2 - 105^2$$

이다.

이 식을 § 681의 설명과 비교하면 $2a = 274$, $-c^2 = -105^2$이 되어 $c = 105$, $a = 137$이다. 그러므로

$$x = \sqrt{\frac{137 + 105}{2}} \pm \sqrt{\frac{137 - 105}{2}} = 11 \pm 4$$

$x = 15$ 혹은 $x = 7$이고 전자의 경우 $y = 7$, 후자의 경우 $y = 15$가 되어 구하려는 두 수는 15와 7이다.

683 이러한 계산을 좀 더 쉬운 방법으로 설명해 보자.

$x^2 + 2xy + y^2$과 $x^2 - 2xy + y^2$은 완전제곱수이고 $x^2 + y^2$과 xy의 값은 주어지기 때문에 xy에 두 배를 해서 첫 번째 식 $x^2 + y^2$에 더하거나 뺀다. 즉, $x^2 + y^2 = 274$, $2xy = 210$일 때 $2xy$를 더하면 $x^2 + 2xy + y^2 = 484$이므로 $x + y = 22$이고, 빼면 $x^2 - 2xy + y^2 = 64$이므로 $x - y = 8$을 얻게 된다. 이 두 식을 연립하여 풀면 $2x = 30$, $2y = 14$, 그러므로 근은 $x = 15$, $y = 7$이다.

다음의 일반적인 경우도 같은 방법으로 풀어 보자.

2. 두 수의 곱이 m이고 그 제곱들의 합은 n인 두 수의 경우를 생각해 보자.

두 수를 x, y라 하면 $xy = m$, $x^2 + y^2 = n$인 두 방정식으로 표현된다.

식 $x^2 + y^2 = n$에 $2xy = 2m$을 더하면 $x^2 + 2xy + y^2 = n + 2m$이므로 $x + y = \sqrt{n + 2m}$ 이다.

식 $x^2 + y^2 = n$에 $2xy = 2m$을 빼면 $x^2 - 2xy + y^2 = n - 2m$이므로 $x - y = \sqrt{n - 2m}$ 이다.

그러므로 두 식을 연립하여 풀면 다음의 두 수를 구할 수 있다.

$$x = \frac{1}{2}\sqrt{n + 2m} + \frac{1}{2}\sqrt{n - 2m}$$
$$y = \frac{1}{2}\sqrt{n + 2m} - \frac{1}{2}\sqrt{n - 2m}$$

684 3. 두 수의 곱이 35이고 그 제곱의 차가 24인 두 수의 경우를 생각해 보자. 두 수 중 큰 수를 x, 작은 수를 y라고 가정하면 다음과 같이 두 방정식으로 표현된다.

$$xy = 35, \quad x^2 - y^2 = 24$$

앞의 식을 $y = \dfrac{35}{x}$로 바꾸어 두 번째 식에 대입하면 $x^2 - \dfrac{1225}{x^2} = 24$이고 양변에 x^2을 곱하면 $x^4 - 1225 = 24x^2$, $x^4 = 24x^2 + 1225$가 된다. §681에서 설명한 바와 같이 $c^2 = -1225$이므로 c는 허수가 된다.

$x^2 = z$라 하면 $z^2 = 24z + 1225$가 되어

$$z = 12 \pm \sqrt{144 + 1225}, \;\; z = 12 \pm 37$$

이다. 그러므로 $x^2 = 12 \pm 37$, $x^2 = 49$ 혹은 $x^2 = -25$이다.

먼저 $x = 7$인 경우는 $y = 5$이고 $x = \sqrt{-25}$인 경우는 $xy = 35$이므로

$$y = \frac{3s}{\sqrt{-25}} = \sqrt{\frac{1225}{-25}} = \sqrt{-49}$$

이다.

685 다음과 같은 문제를 살펴보면서 이 절을 마무리한다.

4. 주어진 두 수의 합, 곱 그리고 제곱들의 차가 모두 같은 경우를 생각해 보자.

두 수 중 큰 수를 x, 작은 수를 y라 하자. 그러면 두 수의 합 $x + y$, 곱 xy 그리고 제곱의 차 $x^2 - y^2$이 같다. $x + y = xy$에서 x를 구하면, $y = xy - x = x(y - 1)$이므로 $x = \dfrac{y}{y - 1}$이다. 이를 다시 합과 곱에 대입

하면 $x + y = \dfrac{y}{y-1} + y = \dfrac{y^2}{y-1}$ 이고 $xy = \dfrac{y^2}{y-1}$ 이다.

이는 두 수의 합과 곱이 같다는 것을 말한다. 또한 제곱의 차와도 같으므로

$$x^2 - y^2 = \frac{y^2}{y^2 - 2y + 1} - y^2 = \frac{-y^4 + 2y^3}{y^2 - 2y + 1}$$

은 $\dfrac{y^2}{y-1}$ 과 같아야 하므로 $\dfrac{y^2}{y-1} = \dfrac{-y^4 + 2y^3}{y^2 - 2y + 1}$ 이다.

양변을 y^2 으로 나누면 $\dfrac{1}{y-1} = \dfrac{-y^2 + 2y}{y^2 - 2y + 1}$ 이고, 다시 양변에 $y^2 - 2y + 1$, 즉 $(y-1)^2$ 을 곱하면 $y - 1 = -y^2 + 2y$가 된다.

$y^2 = y + 1$ 로부터 $y = \dfrac{1}{2} \pm \sqrt{\dfrac{1}{4} + 1} = \dfrac{1}{2} \pm \sqrt{\dfrac{5}{4}}$ 혹은 $y = \dfrac{1 \pm \sqrt{5}}{2}$ 이고, $x = \dfrac{y}{y-1}$ 이므로 y 값을 대입하면 $x = \dfrac{\sqrt{5} + 1}{\sqrt{5} - 1}$ 이 된다.

분모의 유리화를 위하여 분자 분모에 $\sqrt{5} + 1$ 를 곱하면 $x = \dfrac{6 + 2\sqrt{5}}{4}$ $= \dfrac{3 + \sqrt{5}}{2}$ 가 된다. 그러므로 구하려는 두 수 중 큰 수는 $x = \dfrac{3 + \sqrt{5}}{2}$ 이고, 작은 수는 $y = \dfrac{1 + \sqrt{5}}{2}$ 이다. 그러므로 두 수의 합은 $x + y = 2 + \sqrt{5}$, 곱도 $xy = 2 + \sqrt{5}$ 이고, 제곱들의 차 또한 $x^2 - y^2 = 2 + \sqrt{5}$ 로 세 값이 모두 같다.

686 이러한 긴 풀이 과정을 간추려서 요약해 보면, 우선 두 수의 합과 제곱들의 차를 계산하기 위해 $x + y = x^2 - y^2$ 의 양변을 $x + y$ 로 나누면 $1 = x - y$가 되어 $x = y + 1$ 로 쓸 수 있다. 결과적으로 $x + y = 2y + 1$ 이고, $x^2 - y^2 = 2y + 1$ 이 된다. 그리고 두 수의 곱 xy는 $y^2 + y$ 이다. 이로부터 $y^2 + y = 2y + 1$, 즉 $y^2 = y + 1$ 이므로 $y = \dfrac{1 + \sqrt{5}}{2}$ 를 구할 수 있다.

687 앞서 언급한 문제와 같이 다음 문제의 해를 구할 수 있다.

5. 두 수의 합, 곱 그리고 제곱들의 합이 모두 같은 경우의 두 수를 찾기 위하여 두 수를 x, y라 하자. 그러면 세 식 $x+y$, xy 그리고 x^2+y^2은 같다.

첫 번째 식과 두 번째 식을 $x+y=xy$라 놓으면 앞의 문제풀이에서와 같이 $x = \dfrac{y}{y-1}$ 이다. 그래서 $xy = \dfrac{y^2}{y-1}$, $x+y = \dfrac{y^2}{y-1}$ 이 되고, 이러한 값이 x^2+y^2와 같다.

$$\frac{y^2}{y^2-2y+1} + y^2 = \frac{y^2}{y-1}$$

양변에 y^2-2y+1을 곱하면

$$y^4 - 2y^3 + 2y^2 = y^3 - y^2$$

혹은

$$y^4 = 3y^3 - 3y^2$$

이 된다. 다시 양변을 y^2으로 나누면 $y^2 = 3y-3$이므로

$$y = \frac{3}{2} \pm \sqrt{\frac{9}{4} - 3} = \frac{3 + \sqrt{-3}}{2}$$

이다. 결과적으로 $y-1 = \dfrac{1+\sqrt{-3}}{2}$, $x = \dfrac{3+\sqrt{-3}}{1+\sqrt{-3}}$ 이다. 유리화를 위해 양변에 $1-\sqrt{-3}$ 을 곱하여 $x = \dfrac{6-2\sqrt{-3}}{4} = \dfrac{3-\sqrt{-3}}{2}$ 을 구할 수 있다.

그러므로 구하려는 두 수는 $x = \dfrac{3-\sqrt{-3}}{2}$, $y = \dfrac{3+\sqrt{-3}}{2}$ 이므로

$x + y = 3$, $xy = 3$이다. 그리고 $x^2 = \dfrac{3 - 3\sqrt{-3}}{2}$, $y^2 = \dfrac{3 + 3\sqrt{-3}}{2}$ 으로부터 $x^2 + y^2 = 3$을 얻어 세 식이 모두 같은 값을 갖는 것을 알 수 있다.

688 이러한 계산 과정은 다른 경우에도 사용할 수 있는 특별한 방법으로 아주 간단하게 할 수 있다. 여러 문자로 표현하는 대신에 찾으려는 숫자를 두 문자의 합과 차로만 표현한다.

이 마지막 과제를 위해 찾으려는 수의 하나를 $p + q$ 그리고 다른 하나를 $p - q$라 하면, 두 수의 합은 $2p$이고 그 곱은 $p^2 - q^2$, 그리고 제곱들의 합은 $2p^2 + 2q^2$이다. 이러한 세 식이 서로 같으므로 첫째 식과 두 번째 식에서 $2p = p^2 - q^2$이 되어 $q^2 = p^2 - 2p$가 된다. 그리고 q^2을 세 번째 식 $2p^2 + 2q^2$에 대입하면 $4p^2 - 4p$이고 $2p = 4p^2 - 4p$이므로 $p = \dfrac{1}{2}$ 이다.

결론적으로 $q^2 = p^2 - 2p = -\dfrac{3}{4}$으로부터 $q = \dfrac{\sqrt{-3}}{2}$이 된다. 그러므로 구하는 두 수는 앞의 결론과 같이 $p + q = \dfrac{3 + \sqrt{-3}}{2}$ 그리고 $p - q = \dfrac{3 - \sqrt{-3}}{2}$이다.

연습 문제

01. 어떤 두 수의 차가 15이고, 그 곱의 절반이 작은 수의 세제곱과 같을

때 두 수를 구하라.

🔓 3과 18

02. 두 수의 합이 100이고, 곱은 2059인 두 수를 구하라.

🔓 71과 29

03. 기하급수의 세 수가 있다. 첫째 둘째 수의 합은 10이고, 둘째 셋째 수의 차는 21일 때 세 수를 구하라.

🔓 2, 8, 32

04. 돈을 투자하여 상품을 구입한 상인이 산 물건을 다시 팔려고 한다. 24파운드는 그가 지불한 물건 값만큼의 퍼센트의 이익을 얻은 금액이다. 상인이 지불한 금액을 구하라.

🔓 20파운드

05. 어떤 두 수의 합은 a이고 곱은 b일 때 두 수를 구하라.

$$🔓 \quad \frac{2}{a} \pm \sqrt{-b + \frac{a^2}{4}}, \quad \frac{a}{2} \mp \sqrt{-b + \frac{a^2}{4}}$$

06. 어떤 두 수의 합은 a이고 제곱들의 합은 b일 때 두 수를 구하라.

$$🔓 \quad \frac{2}{a} \pm \sqrt{\frac{2b - a^2}{4}}, \quad \frac{a}{2} \mp \sqrt{\frac{2b - a^2}{4}}$$

07. 36을 세 수로 나누려고 한다. 두 번째 수는 첫 번째 수보다 4보다 크지 않고 세 수의 제곱들의 합은 464일 때 세 수를 구하라.

🔓 8, 12, 16

08. 어떤 사람이 고추 120파운드를 구입하고 생강도 같은 양을 구입했다. 1크라운으로는 고추보다 생강을 1파운드 더 구입할 수 있다. 고춧값은 생강값보다 6크라운이 더 넘지 않는다. 1크라운으로는 고추와 생강을 각각 얼마나 구입할 수 있는가?

고추 4파운드, 생강 5파운드

09. 정비례의 연속인 세 수 중 가운데 수가 60이고 양끝의 수를 더하면 125일 때 세 수를 구하라.

45, 60, 80

10. 어떤 사람이 80기니로 황소를 샀다. 만일 그가 같은 금액으로 4마리를 더 받았다면 1마리당 1기니보다 적게 지불한 것이 된다. 황소는 몇 마리를 샀는가?

16

11. 10을 두 수로 나눌 때, 두 수의 곱에 제곱들의 합을 더하면 76이 된다. 두 수를 구하여라.

4, 6

12. 여행자 A, B가 출발지 Γ, Δ에서 각각 동시에 출발하였다. A는 Γ에서 출발하여 Δ를 경유하고, B는 Δ에서 출발하여 Γ를 경유한다. A가 B를 따라잡은 후, 두 사람은 30마일을 더 여행했다. A는 4일 전에 Δ를 지났고, B는 같은 속도로 Γ을 지나 9일 동안을 여행하였다. Γ와 Δ 사이의 거리를 구하여라.

6마일

4.9. 이차방정식의 성질

689 이차방정식이 2개의 해를 갖는다는 것을 이미 충분히 설명하였다. 이러한 성질은 여러 관점에서 연구해야 한다. 고차 방정식의 성질도 이와 같은 연구로 아주 충분히 설명할 수 있기 때문이다. 좀 더 주의를 갖고 거슬러 올라가 이차방정식이 중근을 갖는 경우를 살펴보자. 당연히 그러한 이차방정식은 고유의 성질을 갖고 있을 것이다.

690 이미 어떤 수의 제곱근이 양수인지 혹은 음수인지, 어떤 조건에서 이차방정식이 중근을 갖는지 살펴보았다. 그러나 그러한 원리는 고차 방정식의 경우 쉽게 사용할 수 없기 때문에 다른 방법으로 이를 설명해야 한다. 예를 들어 이차방정식 $x^2 = 12x - 35$의 경우를 보자. 방정식을 만족하는 두 수 5, 7을 x에 대입함으로써 이 방정식의 해를 구하는 방법에는 2가지가 있다는 것을 설명할 것이다.

691 이를 위해 방정식의 항을 이항하여 푸는 것이 가장 간편한 방법이다. 이항하여 한 변을 0으로 만들면 방정식은 다음과 같다.

$$x^2 - 12x + 35 = 0$$

이제 이 식을 만족하는 값(해)을 구하고, 구한 값을 x에 대입하면 $x^2 - 12x + 35$는 영(0)이 될 것이다. 다음은 x를 구하는 다른 2가지 방법에 대한 설명이다.

692 이러한 모든 것은 식 $x^2 - 12x + 35$가 두 개의 인수의 곱으로 이루

어지는 것을 보이는 것으로부터 시작된다. 실제로 이 식은 두 인수들의 곱 $(x-5)(x-7)$로 쓸 수 있다. 이 식의 값은 0이므로 $(x-5)(x-7)=0$으로 쓸 수 있다. 인수들의 값이 무엇이든 두 수의 곱이 0이 되므로 적어도 하나의 인수는 0이다. 이것이 주목해야 할 기본원리(fundamental principle)이다. 특히 고차 방정식을 다룰 때 특별히 주의를 기울여야 한다.

693 다음의 두 경우에 곱 $(x-5)\times(x-7)$이 0이 된다는 것은 쉽게 알 수 있다.

첫 번째는 $x-5=0$일 때이고, 두 번째는 $x-7=0$일 때이다. 첫 번째 경우는 $x=5$, 두 번째는 $x=7$이다. 그러므로 $x^2-12x+35=0$이 2개의 근을 갖는 것은 명백하다. 즉, 2개의 x값이 방정식을 만족한다는 것을 알 수 있다. 기본원리에 의해 식 $x^2-12x+35$를 두 항의 곱으로 쓸 수 있다.

694 이 같은 과정은 모든 이차방정식에서 나타난다. 즉, 먼저 한쪽 변으로 모든 항을 이항하여 $x^2-ax+b=0$과 같은 형태로 쓴다. 이는 문자 $p,\ q$가 어떤 수인지, 양수인지 음수인지 상관없이 두 항의 곱 $(x-p)\times(x-q)$로 표현할 수 있다고 하자. 방정식의 성질로부터 이러한 곱은 0이어야 하기 때문에 2가지 경우가 생기는 것은 당연하다. 첫 번째 경우는 $x=p$이고, 두 번째 경우는 $x=q$로 이 두 수가 방정식을 만족하는 근이다.

695 두 인수를 곱하여 x^2-ax+b인 형태를 얻기 위해서 두 인수의 성질을 살펴보자. 실제로 두 인수를 곱해 보면 x^2-ax+b와 같은 형태의

식 $x^2 - (p+q)x + pq$가 되어, $p+q = a$, $pq = b$가 된다. 여기서 아주 놀랍게도 $x^2 - ax + b = 0$인 형태의 모든 방정식에서 두 근의 합은 a이고 두 근의 곱은 b라는 성질을 찾을 수 있다. 그래서 하나의 값을 알면 다른 하나도 쉽게 구할 수 있다.

696 이제 두 근이 모두 양수인 경우를 생각해 보자. 그러면 방정식의 둘째 항의 부호는 마이너스(−)이고 셋째 항의 부호는 플러스(+)가 된다. 두 근 중 하나 혹은 둘 다 모두 음수인 경우를 생각해 보자. 전자의 경우 방정식의 두 인수가 $(x-p) \times (x+q)$의 형태로 주어진다. 그러면 x의 두 값은 $x = p$, $x = -q$가 되어 방정식은

$$x^2 + (q-p)x - pq = 0$$

으로 쓸 수 있다. q가 p보다 크면 둘째 항의 부호는 플러스이고, q가 p보다 작으면 둘째 항의 부호는 마이너스가 된다. 그러나 셋째 항의 부호는 언제나 마이너스이다.

후자의 경우, x의 두 값이 모두 음수일 때, 두 인수의 곱은 $(x+p) \times (x+q)$이다. 즉, $x = -p$, $x = -q$가 되어 방정식은

$$x^2 + (p+q)x + pq = 0$$

으로 쓸 수 있다. 이때 둘째 항과 셋째 항의 부호는 모두 플러스이다.

697 결론적으로 둘째 항과 셋째 항의 부호가 이차방정식 근의 성질을 결정한다. 이차방정식 $x^2 \pm ax \pm b = 0$에서 만일 둘째 항과 셋째 항의 부호가 플러스이면, 2개의 x값은 모두 음수이고, 만일 둘째 항의 부호는 마이너스이고 셋째항의 부호는 플러스라면 두 근은 모두 양수이다. 마지막으

로 셋째 항의 부호가 마이너스이면 두 근 중 하나는 양수이다. 그러나 모든 경우에 둘째 항의 계수는 두 근의 합이고, 셋째 항은 두 근의 곱이 된다.

698 앞서 설명한 바와 같이 주어진 2개의 값을 포함하는 이차방정식을 만드는 것은 쉽다. 예를 들어 x의 값으로 7과 -3을 갖는 이차방정식을 구해 보자. 먼저 간단한 방정식을 만들면 $x = 7$, $x = -3$이고 다시 $x - 7 = 0$, $x + 3 = 0$으로 표현할 수 있다. 이들은 구하려는 방정식의 인수가 되므로 $x^2 - 4x - 21 = 0$을 구할 수 있다. 이러한 규칙을 x의 주어진 두 값을 찾는 데 적용해 보자. 즉, $x^2 = 4x + 21$이면 $x = 2 \pm \sqrt{25}$ $= 2 \pm 5$이므로 $x = 7$, $x = -3$이다.

699 x의 두 값이 같은 경우도 있다. 예를 들어 x의 값이 둘 다 5인 이차방정식을 구해 보자. 두 인수의 곱은 $(x-5) \times (x-5)$이므로 구하는 방정식은 $x^2 - 10x + 25 = 0$이 된다. 풀이 과정에서 보았듯이 이러한 방정식은 단지 하나의 값 5를 두 번 갖는다. $x^2 = 10x - 25$이므로 $x = 5 \pm \sqrt{0} = 5 \pm 0$이다. 그래서 x는 단 하나의 값 5가 된다.

700 때로는 아주 주목할 만한 경우도 있다. x의 두 값이 허수이거나 혹은 불가능한 값인 경우이다. 이때는 방정식을 만족하는 x를 찾는 것은 불가능하다. 이러한 사실을 설명하기 위하여 예를 하나 들어보자. 10을 두 수로 나누어 두 수의 곱이 30이 될 때 이 두 수를 찾기 위해 하나를 x, 다른 하나를 $10 - x$라고 하자. 이 두 수의 곱이 30이므로 $10x - x^2 = 30$이다. $x^2 = 10x - 30$을 풀면 $x = 5 \pm \sqrt{-5}$가 된다. 허수가 나오므로 질문에 대한 답이 될 수 없다.

701 그러므로 이차방정식의 근이 가능한 값인지 아닌지를 즉시 알아낼 수 있는 어떤 징후를 찾아내는 것이 중요하다. 일반적인 형태의 방정식 $x^2 - ax + b = 0$을 생각해 보자. $x^2 = ax - b$이므로 $x = \dfrac{1}{2}a \pm \sqrt{\dfrac{1}{4}a^2 - b}$ 이다. 이때 b가 $\dfrac{1}{4}a^2$보다 크거나 혹은 $4b$가 a^2보다 크다면 제곱근 안이 음수가 되므로 x의 두 값은 허수가 된다. 반면에 b가 $\dfrac{1}{4}a^2$보다 작거나 혹은 음수이면 근호 안의 값은 양수이므로 제곱근은 실수가 되어 두 근을 구할 수 있다. 그러나 두 근이 실수이거나 허수이거나 두 근의 합은 a이고 곱은 b라는 사실은 변함이 없다. 그래서 방정식 $x^2 - 6x + 10 = 0$의 경우, 두 근의 합은 6이고 그 곱은 10이다. 또한 두 근은 $(1)x = 3 + \sqrt{-1}$, $(2)x = 3 - \sqrt{-1}$이 되므로 그 합은 6이고 곱은 10이 된다.

702 이러한 사실을 보다 일반적인 경우로 표현하기 위하여 이차방정식을 $fx^2 \pm gx + h = 0$이라 하자. 그러면

$$x^2 = \mp \frac{gx}{f} - \frac{h}{f} \text{이고, } x = \mp \frac{g}{2f} \pm \sqrt{\frac{g^2}{4f^2} - \frac{h}{f}} \quad \text{혹은}$$

$$x = \frac{\mp g \pm \sqrt{g^2 - 4fh}}{2f}$$

이다. 결론적으로 $4fh$가 g^2보다 크다면 두 근이 허수가 되므로 방정식의 해를 구하는 것은 불가능하다. 즉, 방정식 $fx^2 - gx + h = 0$에서 x^2의 계수와 상수항의 곱의 4배가 x의 계수의 제곱보다 크다면 방정식은 불가능하다. 다시 말해 이차항과 상수항의 곱에 4배를 하고, $4fhx^2$, 일차항을 제곱한 g^2x^2에 대하여 만일 $4fhx^2$이 g^2x^2보다 크다면 $4fh$가 g^2보다 크게 되어 방정식의 해를 구하는 것은 불가능하다. 그러나 다른 모든 경우에는 해를 구할 수 있어 2개의 실근을 갖는다. 물론 무리수의 근일 수도 있다.

앞서 살펴본 바와 같이 이러한 경우에도 언제나 근삿값을 찾을 수 있다. 반면에 $\sqrt{-5}$ 와 같은 허수는 근삿값으로 표현할 수 없다. 즉, 허근이 100과 전혀 다른 것처럼 1 혹은 어떤 다른 숫자를 근삿값으로 가질 수 없다.

703 이제 모든 이차식 $x^2 \pm ax \pm b$기 2개의 인수 $(x \pm p)(x \pm q)$의 곱으로 표현될 수 있다는 것을 설명하기로 하자. 만일 3개의 인수로 분해된다면 3차식이 되고, 각각의 인수는 차수가 1을 넘지 않는 인수여야 한다. 그러므로 이차방정식은 필수적으로 2개의 x값을 가지며 그 이상도 이하도 갖지 않는다.

704 이미 살펴본 바와 같이 2개의 인수로 분해되면, 각 인수를 0으로 놓고 풀어서 2개의 근 x를 찾을 수 있다. 이는 역도 사실이다. 하나의 근 x를 알면 방정식의 하나의 인수를 찾을 수 있다. 즉, $x = p$가 어떤 이차방정식의 근이, $x - p$는 이차방정식의 2개의 인수 중의 하나이다. 이차방정식의 모든 항을 한쪽 변으로 이항하고 $x - p$로 양변을 나누면, 다른 인수는 분수 형태로 표현될 것이다.

705 앞서 설명한 것을 예를 들어 설명해 보자. 이차방정식 $x^2 + 4x - 21 = 0$이 주어지면 $(3 \times 3) + (4 \times 3) - 21 = 0$이므로 $x = 3$은 방정식의 하나의 근이다. 그러므로 $x - 3$이 방정식의 하나의 인수이므로 식 $x^2 + 4x - 21$을 $x - 3$으로 나누면

$$
\begin{array}{r}
x - 3) \quad x^2 + 4x - 21 \quad (x + 7 \\
\underline{x^2 - 3x } \\
7x - 21 \\
\underline{7x - 21} \\
0
\end{array}
$$

$x+7$은 다른 인수가 된다. 그래서 이차방정식은 $(x-3) \times (x+7) = 0$ 으로 쓸 수 있다. 그러므로 이 방정식의 두 근은 $x = 3$, $x = -7$임을 쉽게 알 수 있다.

4.10. 순수 삼차방정식[63]

706 순수(pure) 삼차방정식이라 함은 미지수 x의 세제곱이 어떤 수와 같은 방정식으로 이차항이나 일차항이 없는 삼차방정식을 말한다. 즉, $x^3 = 125$. 일반적으로 $x^3 = a$, $x^3 = \dfrac{a}{b}$로 씌어진 방정식을 말한다.

707 위의 방정식의 미지수 x를 구하는 방법은 양변에 세제곱근을 취하는 것이다. 그래서 방정식 $x^3 = 125$로부터 $x = 5$를, $x^3 = a$로부터는 $x = \sqrt[3]{a}$를, 그리고 $x^3 = \dfrac{a}{b}$인 경우는 $x = \sqrt[3]{\dfrac{a}{b}}$ 혹은 $x = \dfrac{\sqrt[3]{a}}{\sqrt[3]{b}}$를 근으로 구할 수 있다. 그러므로 이러한 방정식을 풀기 위해서 주어진 수의 세제곱근을 찾는 방법을 알아야 한다.

708 앞의 방식으로는 x의 단 하나의 값만 구할 수 있다. 모든 이차방정식은 2개의 근을 갖기 때문에 삼차방정식도 하나 이상의 근을 갖는다고 생각하는 것은 당연하다. 또한 근을 구하는 데 주의를 기울여야 함은 당연하다. 만일 방정식에서 x가 여러 개의 값을 갖는다면, 이를 모두 찾아야 한다.

---

63) 역자 주 : 원문의 'the pure equation of the third degre"는 삼차방정식에서 이차항과 일차항의 계수가 모두 0인 방정식으로, 후에 나오는 'the complete equation of the third degree' 와 구별하기 위하여 '순수 삼차방정식'이란 용어를 사용한다.

709 방정식 $x^3 = 8$을 생각해 보자. 어떤 수의 세제곱이 8이 되는 모든 수를 찾아보자. 의심의 여지없이 $x = 2$는 이러한 삼차방정식을 만족한다. 앞의 절에서 설명한 대로 $x^3 - 8 = 0$은 $x - 2$로 나누어지므로 나눗셈을 하면

$$
\begin{array}{r}
x^2 + 2x + 4 \\
x - 2 \,\overline{)\, x^3 \qquad\qquad -8} \\
\underline{x^3 - 2x^2 \qquad\qquad} \\
2x^2 \qquad -8 \\
\underline{2x^2 - 4x \qquad} \\
4x - 8 \\
\underline{4x - 8} \\
0
\end{array}
$$

이므로 방정식 $x^3 - 8 = 0$은 $(x - 2) \times (x^2 + 2x + 4) = 0$으로 인수분해 된다.

710 이제 방정식 $x^3 = 8$ 혹은 $x^3 - 8 = 0$을 만족하는 모든 근을 어떻게 찾는지 생각해 보자. 위에서 두 인수의 곱으로 표현한 방정식을 풀면 근을 구할 수 있는 것은 명백한 사실이다. $x - 2 = 0$을 풀어 $x = 2$를 구하고, 두 번째 인수 $x^2 + 2x + 4 = 0$을 풀어야 한다. 이를 풀기 위하여 $x^2 = -2x - 4$로 바꾸어 x를 구하면 $x = -1 \pm \sqrt{-3}$ 이다.

711 방정식 $x^3 = 8$을 만족하는 $x = 2$뿐만 아니라 다른 두 근에 세제곱을 하면 8이 되는 것을 다음과 같이 살펴보자. $x = -1 + \sqrt{-3}$ 과 $x = -1 - \sqrt{-3}$ 을 다음과 같이 세제곱을 해 보면

$$
\begin{array}{cc}
-1 + \sqrt{-3} & \qquad -1 - \sqrt{-3} \\
\underline{-1 + \sqrt{-3}} & \qquad \underline{-1 - \sqrt{-3}}
\end{array}
$$

$$
\begin{array}{c}
1 - \sqrt{-3} \\
\underline{\sqrt{-3} - \sqrt{-3} - 3} \\
-2 - 2\sqrt{-3} \\
\underline{-1 + \sqrt{-3}} \\
2 + 2\sqrt{-3} \\
\underline{-2\sqrt{-3} + 6} \\
8
\end{array}
\qquad
\begin{array}{c}
1 + \sqrt{-3} \\
\underline{\sqrt{-3} + \sqrt{-3} - 3} \\
-2 + 2\sqrt{-3} \\
\underline{-1 - \sqrt{-3}} \\
2 - 2\sqrt{-3} \\
\underline{+2\sqrt{-3} + 6} \\
8
\end{array}
$$

제곱 · · · 세제곱

이러한 값들은 허수지만 방정식을 만족한다.

712 일반적인 $x^3 = a$의 경우, $x = \sqrt[3]{a}$는 제외하고 다른 두 근을 찾아보자.

계산을 간단히 하기 위하여 $\sqrt[3]{a} = c$라 놓으면 $a = c^3$이다. 그러면 방정식은 $x^3 - c^3 = 0$의 형태가 되어 $x - c$로 나누면 실제 계산은 다음과 같다.

$$
\begin{array}{r}
x^2 + cx + c^2 \\
x - c \,\big)\ \overline{x^3 - c^3} \\
\underline{x^3 - cx^2} \\
cx^2 - c^3 \\
\underline{cx^2 - c^2x} \\
c^2x - c^3 \\
\underline{c^2x - c^3} \\
0
\end{array}
$$

결론적으로 문제의 방정식은 $(x - c) \times (x^2 + cx + c^2) = 0$으로 인수분해되어 $x - c = 0$ 혹은 $x = c$를 만족할 뿐만 아니라 $x^2 + cx + c^2 = 0$도 만족한다. 방정식 $x^2 + cx + c^2 = 0$은 2개의 근을 갖는다. $x^2 = -cx - c^2$으로부터 $x = -\dfrac{c}{2} \pm \sqrt{\dfrac{c^2}{4} - c^2}$ 혹은 $x = \dfrac{-c \pm \sqrt{-3c^2}}{2}$을 구할 수 있다. 즉, 나머지 두 근은 $x = \dfrac{-c \pm \sqrt{-3c^2}}{2} = \dfrac{-1 \pm \sqrt{-3}}{2} \times c$라 쓸

수 있다.

713 이제 c에 $\sqrt[3]{a}$를 대입하면, $x^3 = a$ 형태의 모든 삼차방정식의 3근을 다음과 같은 방식으로 표현할 수 있다.

$$1.\ x = \sqrt[3]{a}$$
$$2.\ x = \frac{-1+\sqrt{-3}}{2} \times \sqrt[3]{a}$$
$$3.\ x = \frac{-1-\sqrt{-3}}{2} \times \sqrt[3]{a}$$

이것은 모든 세제곱근은 서로 다른 3개의 값을 갖는 것을 보여 준다. 그 중 단지 하나만이 실수근이고 다른 2개는 허근이 된다. 후에 알게 되겠지만 모든 제곱근은 2개의 근을 갖기 때문에 네제곱근은 4개의 다른 근을 갖고, 다섯 제곱근은 5개의 근을 갖는다. 그 이상도 마찬가지다.

실제로 보통 계산에서 이러한 세 값 중 둘은 허수이기 때문에 첫 번째 것만 사용한다. 다음의 예를 살펴보자.

714 [문제 1] 어떤 수의 제곱에 그 수의 4분의 1을 곱하면 432가 될 때, 그 수를 구하여라.

구하려는 수를 x라고 하자. x^2에 $\frac{1}{4}x$를 곱하면 432가 되므로 $\frac{1}{4}x^3 = 432$이다. $x^3 = 1728$로부터 $x = 12$를 구할 수 있다.

그러므로 구하려는 근은 12이다. 12에 제곱하면 144이고, 4분의 1은 3이므로 이를 곱하면 432가 된다.

715 [문제 2] 어떤 수의 네제곱을 그 수의 $\frac{1}{2}$ 로 나눈 후 $14\frac{1}{3}$ 을 더하면 합이 100이 될 때 그 수를 구하여라.

구하려는 수를 x 라고 하면 네제곱은 x^4, 이것을 $\frac{1}{2}x$ 로 나누면 $2x^3$, 다시 여기에 $14\frac{1}{4}$ 을 더하면 합이 100이다. 그러므로 $2x^3 + 14\frac{1}{4} = 100$, 양변을 $14\frac{1}{4}$ 로 빼주고, $2x^3 = \dfrac{343}{4}$, 다시 2로 나누면 $x^3 = \dfrac{343}{8}$ 이다. 이제 양변에 세제곱근을 취하면 $x = \dfrac{7}{2}$ 을 구할 수 있다.

716 [문제 3] 시골에서 주둔하는 여러 장교가 있다. 각 장교들은 장교들 수의 3배의 기마병과 20배의 보병을 지휘한다. 그리고 기마병의 한 달 월급은 장교들의 수와 같은 금액이고 보병은 그 반을 받는다. 한 달 전체 임금은 13,000플로린스[64]라면 장교들의 수는 몇 명인가?

장교들의 수를 x 라고 하면 각 장교는 기마병 $3x$, 보병 $20x$ 를 휘하에 거느리고 있다. 그러면 기마병의 전체 수는 $3x^2$ 이고 보병의 수는 $20x^2$ 이다. 또한 각 기마병은 월급으로 x 플로린스를 받고, 보병은 $\frac{1}{2}x$ 플로린스를 받으므로 매달 기마병들에게는 $3x^3$ 이, 보병들에게는 $10x^3$ 플로린스가 지급된다. 임금 총액은 $13x^3$ 이므로 $13x^3 = 13000$, $x^3 = 1000$ 이다. 양변에 세제곱근을 씌우면 $x = 10$ 이므로 장교의 수는 10명이다.

717 [문제 4] 여러 상인이 동업을 하기로 했다. 각 투자가들은 동업자 수의 100배의 금화를 투자했다. 그들은 자본을 증식시키기 위해서 중개인 을 베니스로 보내 금화 100개당 동업자 수의 2배의 이익을 얻어 모두 금화

---

64) 역자 주 : 1849년 이후에 영국에서 사용된 2실링짜리 은화이다.

2,662개고 이윤을 취했다. 동업자의 수는 몇 명인가?

동업자들의 수를 x라고 하면 각 동업자는 금화 $100x$를 투자하므로 전체 자본은 $100x^2$이다. 금화 100에 대한 이윤은 $2x$이므로 투자 자본은 모두 $2x^3$의 이윤을 가져올 것이다. 그러므로 $2x^3 = 2662, \quad x^3 = 1331,$ $x = 11$이므로 동업자의 수는 11명이다.

718 [문제 5] 어느 시골에 사는 한 소녀가 치즈 2개에 암탉 3마리 비율로 치즈와 암탉을 교환하였다. 암탉은 치즈 수의 $\dfrac{1}{2}$만큼의 달걀을 낳는다. 그리고 소녀는 시장에서 9개의 달걀을 1마리 암탉이 낳은 달걀 수만큼의 수즈[65]를 받고 팔았다. 모두 72수즈를 받았다면 얼마나 많은 치즈를 바꾸었는가?

교환한 치즈의 수를 x라고 하면 소녀가 교환해서 받은 암탉의 수는 $\dfrac{3}{2}x$이다. 1마리 암탉은 $\dfrac{1}{2}x$개의 달걀을 낳으므로 달걀의 총 개수는 $\dfrac{3}{4}x^2$이다. 달걀 9개에 $\dfrac{3}{2}x$ 수즈를 받으므로 $\dfrac{3}{4}x^2$개의 달걀값은 $\dfrac{1}{24}x^3 = 72$수즈이다.

결론적으로 $x^3 = 24 \times 72 = 8 \times 3 \times 8 \times 9 = 8 \times 8 \times 27, \quad x = 12$이므로 소녀는 치즈 12개와 암탉 18마리를 교환하였다.

---

65) 역자 주 : 수(sou)-프랑의 20분의 1에 해당하는 동전, 원래는 수(sou)로 발음되나 수(數)와 구별하기 위하여 복수로 표현하여 수즈(sous)라 쓰기로 한다.

4.11. 완전 삼차방정식[66]의 풀이

719 삼차방정식이 미지수의 세제곱항 외에 일차항, 이차항을 모두 포함하는 경우 완전(complete)하다고 한다. 이러한 방정식의 일반적인 형태는 모든 항을 한 변으로 이항하여 다음과 같이 쓴다.

$$ax^3 \pm bx^2 \pm cx \pm d = 0$$

이 절의 목적은 이러한 방정식의 근 x를 구하는 방법을 설명하는 것이다. 앞의 절에서 순수 삼차방정식이 3개의 근을 갖는 것과 같이 완전 삼차방정식도 3개의 근을 갖는다고 가정한다.

720 먼저 방정식 $x^3 - 6x^2 + 11x - 6 = 0$을 생각해 보자. 이차방정식이 두 인수의 곱으로 표현되는 것과 같이 이 방정식은 세 인수의 곱으로 표현된다고 생각해도 좋다. 이 예제의 경우는

$$(x-1) \times (x-2) \times (x-3) = 0$$

이 될 것이다. 실제로 세 인수를 곱해 보자. 먼저 $(x-1) \times (x-2)$를 하면 $x^2 - 3x + 2$이고, 이에 $(x-3)$을 곱하면 $x^3 - 6x^2 + 11x - 6$이다. 이 식을 0으로 놓으면 $x^3 - 6x^2 + 11x - 6 = 0$이 된다. 세 인수를 하나씩 0으로 놓으면 세 근을 구할 수 있다. 3가지 경우에서 $x - 1 = 0$, $x = 1$, $x - 2 = 0, x = 2$, 그리고 $x - 3 = 0$, $x = 3$의 세 근을 구할 수 있다.

또한 위의 세 근 외에 어느 다른 수도 세 인수 중 어느 것도 0으로 만들지

---

66) 역자 주 : 완전 삼차방정식(complete equation of the third degree)은 삼차방정식에서 이차항과 일차항의 계수가 0이 아닌 경우로 §706의 'pure equation of the third degree'와 구별하기 위하여 '완전'이란 용어를 사용한다.

못하기 때문에, 이러한 세 근 외에는 어떤 수도 방정식을 만족하지 못한다.

721 다른 모든 경우에도 이와 같은 방법으로 방정식의 세 인수를 찾을 수 있다면 방정식의 근은 즉시 구할 수 있다. 일반적으로 세 인수가 $x-p$, $x-q$, $x-r$이라 하자. 세 인수의 곱을 구하기 위해 먼저 첫째 인수에 둘째 인수를 곱하면 $x^2-(p+q)x+pq$이고, 다시 $x-r$을 곱하면

$$x^3-(p+q+r)x^2+(pq+pr+qr)x-pqr$$

이다. 만일 이 식이 0이면, 세 근이 나온다. 첫 번째 근은 $x-p=0$, $x=p$, 두 번째 근은 $x-q=0$, $x=q$ 그리고 세 번째 근은 $x-r=0$, $x=r$이 된다.

722 방정식 $x^3-ax^2+bx-c=0$의 계수를 찾아보자. 방정식의 세 근을 $x=p$, $x=q$, $x=r$이라 하면, 앞 절의 식과 비교하여

1. $a=p+q+r$
2. $b=pq+pr+qr$
3. $c=pqr$

임을 알 수 있다. 이로부터 방정식의 두 번째 항은 세 근의 합, 세 번째 항은 세 근 중 2개씩 곱한 항들의 합으로, 네 번째 항은 세 근의 곱으로 이루어지는 것을 알 수 있다.

이러한 사실로부터 삼차방정식에서는 세 근 외에 어떤 다른 유리수도 마지막 항을 나눌 수 없다는 것을 알 수 있다. 마지막 항은 세 근의 곱으로 이루어지기 때문에 세 근에 의해서만 나누어지기 때문이다. 이러한 이유로

시행착오를 하여 근을 찾을 때는 어떤 수로 시도를 해볼 것인지 쉽게 결정할 수 있다[67].

예를 들어 방정식 $x^3 = x^2 + 6$, $x^3 - x - 6 = 0$을 풀어 보자. 마지막 항 6의 약수들 외에는 유리수 근이 될 수 없으므로 1, 2, 3, 6을 방정식에 대입해 보자.

$$\text{만일 } x = 1 \text{이면, } 1 - 1 - 6 = -6$$
$$\text{만일 } x = 2 \text{이면, } 8 - 2 - 6 = 0$$
$$\text{만일 } x = 3 \text{이면, } 27 - 3 - 6 = 18$$
$$\text{만일 } x = 6 \text{이면, } 216 - 6 - 6 = 204$$

이므로, $x = 2$만이 주어진 방정식의 유리수 근이 된다. 이를 알면 나머지 두 근을 구하기는 쉽다. $x = 2$가 하나의 근이므로 $x - 2$는 방정식의 인수가 되고 $x - 2$로 방정식을 나누면 다른 인수를 구할 수 있다.

$$
\begin{array}{r}
x^2 + 2x + 3 \\
x - 2 \,\overline{)\; x^3 \qquad\quad - x - 6} \\
\underline{x^3 - 2x^2} \qquad\qquad \\
2x^2 - x - 6 \\
\underline{2x^2 - 4x} \qquad \\
3x - 6 \\
\underline{3x - 6} \\
0
\end{array}
$$

그러므로 인수들의 곱은 $(x - 2)(x^2 + 2x + 3)$이고, $x - 2 = 0$이거나 $x^2 + 2x + 3 = 0$을 만족할 때 곱은 0이 된다. $x^2 + 2x = -3$으로부터 이

---

67) 영문역자 주 : 방정식의 마지막 항(상수항)의 모든 약수가 근이 될 가능성이 있어 시도해 볼 만하다는 점을 통해 모든 차수의 방정식에서 만족됨을 알 수 있다. 이를 위해 §66의 표를 참고한다.

방정식의 2개의 근 $x = -1 \pm \sqrt{-2}$ 는 허근임을 알 수 있다.

723 앞서 설명한 방법은 첫 번째 항 x^3의 계수가 1이고, 다른 항의 계수는 정수인 경우에 가능하다. 그러나 이러한 경우가 아닐 때는 원하는 조건을 만족하는 방정식, 즉 앞서 설명한 실험 가능한 수를 찾을 수 있도록 형태를 바꾼 후 근을 구해야 한다.

예를 들어 방정식이 4개의 항을 갖고 $x^3 - 3x^2 + \dfrac{11}{4}x - \dfrac{3}{4} = 0$과 같이 주어졌다고 하자. $x = \dfrac{y}{2}$로 치환하면 $\dfrac{y^3}{8} - \dfrac{3y^2}{4} + \dfrac{11y}{8} - \dfrac{3}{4} = 0$이 된다. 8을 양변에 곱하면 $y^3 - 6y^2 + 11y - 6 = 0$이 되므로 앞의 예와 같은 방법으로 $y = 1$, $y = 2$, $y = 3$을 구할 수 있어 방정식의 세 근은 $x = \dfrac{1}{2}$, $x = 1$, $x = \dfrac{3}{2}$이 된다.

724 방정식의 첫 번째 항의 계수가 1이 아닌 어떤 다른 수이고 상수항이 1인 경우를 생각해 보자. 예를 들면

$$6x^3 - 11x^2 + 6x - 1 = 0$$

인 경우는 앞서 설명한 대로 먼저 양변을 6으로 나누고, $x^3 - \dfrac{11}{6}x^2 + x - \dfrac{1}{6} = 0$, $x = \dfrac{y}{6}$로 치환한다.

$$\frac{y^3}{216} - \frac{11y^2}{216} + \frac{y}{6} - \frac{1}{6} = 0$$

다시 양변을 216으로 곱하면 $y^3 - 11y^2 + 36y - 36 = 0$이 되어 36의 모든 약수가 실험의 대상이 된다. 이 경우는 약수가 많아서 풀이 과정이

장황해지므로 다른 방법으로 시도해 보자. 원래 주어진 방정식의 상수항이 1이기 때문에 $x = \dfrac{1}{z}$로 치환하면

$$\frac{6}{z^3} - \frac{11}{z^2} + \frac{6}{z} - 1 = 0$$

이다. 이제 z^3을 양변에 곱하면 $6 - 11z + 6z^2 + z^3 = 0$이 되므로 실험 대상의 수는 $z = 1,\ 2,\ 3,\ 6$이고 이로부터 $z = 1,\ 2,\ 3$이 근이 됨을 알 수 있다. 그러므로 주어진 방정식의 근은 $x = 1,\ \dfrac{1}{2},\ \dfrac{1}{3}$이다.

725 앞서 살펴본 바와 같이 3개의 양의 근을 갖기 위해서는 방정식의 항들의 부호는 플러스와 마이너스가 교대로 나와야 한다. 즉, 방정식이 $x^3 - ax^2 + bx - c = 0$과 같은 형태로 부호가 교대로 바뀔 때 3개의 양의 근이 존재한다. 만일 3개의 근이 모두 음수라면 방정식은 세 인수 $x + p,\ x + q,\ x + r$이 곱으로 표현되므로 모든 항이 양의 부호를 갖게 된다. 그러므로 방정식은 $x^3 + ax^2 + bx + c = 0$인 형태가 될 것이다.

결론적으로, 방정식의 항들이 부호를 교대로 가지면 양의 근만을, 부호가 모두 같으면 음의 근만을 갖는다. 이러한 사실은 상수항의 약수로 근을 찾을 때, 방정식에 양의 약수를 대입할지 음의 약수를 대입할지를 결정할 수 있게 해 주기 때문에 아주 중요하다.

726 앞서 설명한 것을 예를 들어 살펴보자.

방정식 $x^3 + x^2 - 34x + 56 = 0$의 경우 부호가 두 번 바뀌고 같은 부호는 한 번 다시 돌아왔다. 이로써 2개의 양의 근과 하나의 음의 근이 존재한다는 것을 알 수 있다. 이러한 근들은 56의 약수가 될 것이다. 약수는

$\pm 1,\ 2,\ 4, 7, 8, 14, 28, 56$이므로 먼저 $x = 2$를 대입하면 $8 + 4 - 68$ $+ 56 = 0$이 되어 양의 근이 된다. 인수 $x - 2$는 방정식을 나누므로 다른 2개의 근을 구하기 위해 실제로 나누어 보자.

$$x - 2\ )\quad x^3 - x^2 - 34x + 56 \quad (\ x^2 + 3x - 28$$
$$\underline{x^3 - 2x^2}$$
$$3x^2 - 34x$$
$$\underline{3x^2 - 6x}$$
$$-28x + 56$$
$$\underline{-28x + 56}$$
$$0$$

못 $x^2 + 3x - 28 = 0$을 풀면, 다른 두 근 $x = -\dfrac{3}{2} \pm \sqrt{\dfrac{9}{4} + 28}$ $= -\dfrac{3}{2} \pm \dfrac{11}{2},\ x = 4,\ x = -7$을 얻는다. 앞서 구한 $x = 2$와 함께 살펴보면 2개의 양의 근과 하나의 음의 근을 갖는 것을 확인할 수 있다. 더욱 명백할 때까지 몇 개의 예를 더 설명할 것이다.

727 [문제 1] 어떤 두 수의 차는 12이고 그 곱에 합을 곱하면 $14,560$일 때, 두 수를 구하여라.

구하려는 두 수 중 작은 것을 x라 하면 다른 수는 $x + 12$이다. 두 수의 곱은 $x^2 + 12x$이고 합은 $2x + 12$이므로 이들을 곱하면

$$2x^3 + 36x^2 + 144x = 14560$$

그리고 양변을 2로 나누면

$$x^3 + 18x^2 + 72x = 7280$$

이다. 상수항 7,280의 약수는 너무 많으므로 다 대입해 볼 수는 없다. 그래서 계수들이 모두 8의 배수이므로 $x = 2y$로 치환하면 새로운 방정식 $8y^3 + 72y^2 + 144y = 7280$을 얻는다. 다시 양변을 8로 나누면 $y^3 + 9y^2 + 18y = 910$이므로 910의 약수는 1, 2, 5, 7, 10, 13 등이 있다. 처음 세 개 1, 2, 5는 너무 작으므로 대입해 볼 필요가 없고, $y = 7$을 대입하면 $343 + 441 + 126 = 910$을 만족하므로 근이 되는 것을 알 수 있다. 그러면 주어진 방정식의 근은 $x = 14$이다. 다른 두 근을 찾기 위하여 식 $y^3 + 9y^2 + 18y - 910$을 $y - 7$로 나누자.

$$
y - 7 \ ) \ \ y^3 + 9y^2 + 18y - 910 \quad (\ y^2 + 16y + 130
$$

$$
\begin{array}{r}
y^3 - 7y^2 \\ \hline
16y^2 + 18y \\
16y^2 - 112y \\ \hline
130y - 910 \\
130y - 910 \\ \hline
0
\end{array}
$$

몫을 $y^2 + 16y + 130 = 0$이라고 놓고 풀면, $y^2 + 16y = -130$이므로 $y = -8 \pm \sqrt{-66}$은 허수 근이다. 그러므로 구하는 두 수는 $x = 14$와 $14 + 12 = 26$이 되어 그 곱은 364이고 합 40과의 곱은 14,560이 된다.

728 [문제 2] 어떤 두 수의 차는 18이고 그 합에 두 수의 세제곱의 차를 곱하면 275,184일 때 두 수를 구하여라.

구하려는 두 수 중 작은 것을 x라 하면 다른 수는 $x + 18$이다. 첫 번째 수의 세제곱은 x^3이고 두 번째 수의 세제곱은

$$
x^3 + 54x^2 + 972x + 5832
$$

이므로 세제곱들의 차는

$$54x^2 + 972x + 5832 = 54(x^2 + 18x + 108)$$

이다. 여기에 두 수의 합 $2x+18,\ 2(x+9)$를 곱하면

$$108(x^3 + 27x^2 + 270x + 972) = 275184$$

이고 다시 양변을 108로 나누면 다음과 같다.

$$x^3 + 27x^2 + 270x + 972 = 2548 \ \ 혹은$$
$$x^3 + 27x^2 + 270x = 1576 이다.$$

$1,576$의 약수는 $1,\ 2,\ 4,\ 8$ 등이다. 처음 2개는 너무 작아서 제외하고 $x=4$를 대입해 보면 방정식을 만족한다. 나머지 두 근을 구하기 위하여 $x-4$로 방정식을 나누면 몫이 $x^2 + 31x + 394$가 되어 방정식 $x^2 + 31x = -394$를 풀면

$$x = -\frac{31}{2} \pm \sqrt{\frac{961}{4} - \frac{1576}{4}}$$

으로 허근이 된다. 그러므로 구하고자 하는 두 수는 4와 $(4+18) = 22$ 이다.

729 [문제 3] 어떤 두 수의 차는 720이고 작은 수에 큰 수의 제곱근을 곱하면 $20,736$일 때 두 수를 구하여라.

구하려는 두 수 중 작은 것을 x라 하면 다른 수는 $x+720$이다.

$$x\sqrt{x+720} = 20736 = 8 \times 8 \times 4 \times 81$$

양변을 제곱하면

$$x^2(x+720) = x^3 + 720x^2 = 8^2 \times 8^2 \times 4^2 \times 81^2$$

이므로 $x = 8y$로 치환하면

$$8^3 y^3 + 720 \times 8^2 y^2 = 8^2 \times 8^2 \times 4^2 \times 81^2$$

이다. 양변을 8^3으로 나누면 $y^3 + 90y^2 = 8 \times 4^2 \times 81^2$, 식을 $y = 2z$로 치환하면 $8z^3 + 4 \times 80z^2 = 8 \times 4^2 \times 81^2$, 그리고 8로 나누면

$$z^3 + 45z^2 = 4^2 \times 81^2$$

이다. 다시 $z = 9u$로 치환하면 방정식 $9^3 u^3 + 45 \times 9^2 u^2 = 4^2 \times 9^4$이 되고, 이를 9^3으로 나누면 $u^3 + 5u^2 = 4^2 \times 9$ 혹은 $u^2(u+5) = 16 \times 9 = 144$, $u^2 = 16, u+5 = 9$인 경우에는 $u = 4$는 명백하다. $u = 4$이므로 $z = 9u = 36$, $y = 2z = 72$이고, $x = 8y = 576$이다. 두 수 중 작은 것이 576이므로 큰 수는 1296이다. 그러므로 1,296의 제곱근은 36이고, 576을 곱하면 20,736이 된다.

730 앞의 문제를 더 간단한 풀이 방법으로 살펴보자.

큰 수의 제곱근에 작은 수를 곱한 수가 주어진 수와 같아야 하므로 큰 수는 제곱수임에 틀림없다. 이러한 사실로부터 큰 수를 x^2이라 하면 다른 수는 $x^2 - 720$이므로 큰 수의 제곱근에 작은 수를 곱하면 $x^3 - 720x = 20736 = 64 \times 27 \times 12$이다.

이를 $x = 4y$라 치환하면

$$64y^3 - 720 \times 4y = 64 \times 27 \times 12 \ \text{혹은}$$
$$y^3 - 45 \times 4y = 27 \times 12$$

다시 $y = 3z$로 치환하면 $27z^3 - 135z = 27 \times 12$이고, 양변을 27로 나누면 $z^3 - 5z = 12$, $z^3 - 5z - 12 = 0$이다. 상수항 12의 약수는 1, 2, 3, 4, 6, 12이나 처음 2개는 너무 작으므로 $z = 3$을 대입하면 $27 - 15 - 12 = 0$으로 $z = 3$은 근이 된다. 그러므로 $y = 9$, $x = 36$이 되어 앞의 풀이 결과와 같이 구하려는 두 수 중 큰 수는 $x^2 = 1296$이고 작은 수는 $x^2 - 720 = 576$이다.

731 [문제 4] 어떤 두 수의 차는 12이고 이 차에 두 수의 세제곱의 합을 곱하면 102,144일 때 두 수를 구하여라.

구하려는 두 수 가운데 작은 것을 x라 하면 다른 수는 $x + 12$이다. 작은 수의 세제곱은 x^3이고 큰 수의 세제곱은 $x^3 + 36x^2 + 432x + 1728$이다.

세제곱들의 합에 차 12를 곱하면

$$12(2x^3 + 36x^2 + 432x + 1728) = 102144$$

이다. 양변을 12로 나누고 다시 2로 나누면,

$$x^3 + 18x^2 + 216x + 864 = 4256, \ \text{혹은}$$
$$x^3 + 18x^2 + 216x = 3392 = 8 \times 8 \times 53\text{이} \ \text{된다.}$$

이때 $x = 2y$로 치환하고 다시 8로 양변을 나누면

$$y^3 + 9y^2 + 54y = 8 \times 53 = 424$$

424의 약수들은 1, 2, 4, 8, 53 등이다. 1과 2는 근이 되기에 너무 작으므로 $y = 4$를 대입하면 $64 + 144 + 216 = 424$이므로 $y = 4$는 근이다. 그러므로 $x = 8$이 구하려는 작은 수이고 다른 하나는 $8 + 12 = 20$

이다.

732 [문제 5] 여러 투자자가 동업을 하기로 하여 어느 정도의 공동자금을 모았다. 각 투자자는 전체 투자자 수의 10배의 파운드를 투자했고, 그들은 투자자 수보다 6이 많은 퍼센트로 이익을 얻어 전체 이윤은 392파운드가 되었다. 참여한 투자자의 수는 몇 명인가?

구하려는 수를 x라 하자. 각 동업자는 $10x$파운드를 투자하였기 때문에 전체 투자 금액은 $10x^2$파운드가 된다. 그들은 $(x+6)$퍼센트의 이익을 보았기 때문에 전체 이윤은 $\dfrac{x^3+6x^2}{10}$파운드이고 이것은 392와 같다. 그러므로 식은 $x^3+6x^2=3920$이다. $x=2y$로 치환하고 다시 8로 양변을 나누면

$$y^3+3y^2=490$$

490의 약수는 1, 2, 5, 7, 10 등이다. 처음 3개는 방정식을 만족하기에는 너무 작으므로 $y=7$을 대입하면 $343+119=490$이다. $y=7$, 즉 $x=14$는 원하는 수가 된다. 그러므로 14명의 투자가가 참여하여 모두 140파운드를 공동자금으로 조성하였다.

733 [문제 6] 어느 회사의 상인들은 주식 8,240파운드를 공동으로 갖고 있다. 각각은 동업자 수의 40배의 파운드를 투자하였고, 그들은 동업자 수의 퍼센트로 이윤을 보았다. 이제 이윤을 분배하였더니 각 상인에게 전체 동업자 수의 10배의 파운드씩 주고 224파운드가 남았다. 상인의 수는 몇 명인가?

구하려는 수를 x라 하자. 그러면 각 상인은 $40x$파운드를 투자하였으므로 전체 투자 금액은 $40x^2$이다. 그래서 전체 주식의 양 $= 40x^2 + 8240$이다. 이것으로 x퍼센트의 이윤을 보았으므로 전체 이윤은

$$\frac{40x^3}{100} + \frac{8240x}{100} = \frac{4}{10}x^3 + \frac{824}{10}x = \frac{2}{5}x^3 + \frac{412}{5}x$$

이다. 각 상인들은 $10x$파운드를 받았으므로 전체는 $10x^2$이고 남은 금액이 224파운드이므로 $10x^2 + 224$가 전체 이윤이다. 그러므로 두 식이 같으므로

$$\frac{2}{5}x^3 + \frac{412}{5}x = 10x^2 + 224$$

양변을 5로 곱하고 다시 2로 나누면 $x^3 + 206x = 25x^2 + 560$ 혹은 $x^3 - 25x^2 + 206x - 560 = 0$으로 쓸 수 있다. 560의 약수는 1, 2, 4, 5, 7, 8, 10, 14, 16 등이다. 이때 방정식의 항들의 부호가 교대로 나오므로 세 근은 모두 양수임을 알 수 있다. 먼저 $x = 1$, $x = 2$를 대입하면 좌변은 0보다 작으므로 성립하지 않는다. $x = 4$를 대입하면 $64 + 824 = 400 + 560$이므로 또한 성립하지 않는다. $x = 7$을 대입하면 $343 + 1442 = 1225 + 560$이므로 $x = 7$은 방정식의 근이 된다. 다른 두 근을 찾기 위하여 $x - 7$로 방정식을 나누면 다음과 같다.

$$
x - 7 \enclose{longdiv}{} \quad x^3 - 25x^2 + 260x - 560 \quad (\ x^2 - 18x + 80
$$

$$
\begin{array}{r}
\underline{x^3 - 7x^2} \\
-18x^2 + 206x \\
\underline{-18x^2 + 126x} \\
80x - 560 \\
\underline{80x - 560} \\
0
\end{array}
$$

몫을 0으로 만드는 근을 찾기 위해 $x^2 - 18x + 80 = 0$, 혹은 $x^2 - 18x = -80$을 풀면 $x = 9 \pm 1$이므로 나머지 두 근은 $x = 8$, $x = 10$이다.

그러므로 이 방정식은 3개의 근을 갖는다. 첫 번째는 상인의 수가 7이고, 두 번째는 8, 세 번째는 10이다. 다음 표로 세 근 모두가 문제의 조건을 만족하는 것을 알 수 있다.

상인의 수	x	7	8	10
각 상인의 투자금액	$40x$	280	320	400
총 투자금액	$40x^2$	1,960	2,560	4,000
초기 주식	8,240	8,240	8,240	8,240
전체 주식	$40x^2 + 8240$	10,200	10,800	12,240
자금을 운용하여 얻은 동업자 수와 같은 $\frac{2}{5}x^3 + \frac{412}{5}x$ 퍼센트의 이윤		714	864	1,224
투자자 1명당 분배된 이윤	$10x$	70	80	100
투자자 전체에 나누어준 이윤의 총액	$10x^2$	490	640	1,000
이윤분배 후 남은 이윤	224	224	224	224

4.12. 카르다노의 공식 혹은 스키피오 페레오의 공식

734 앞 절의 설명에 따르면 삼차방정식의 근을 구할 때 계수에 분수가 포함되어 있으면 이를 먼저 제거하고 풀었는데, 이때 상수항의 어떤 약수도 방정식의 근이 되지 않을 수 있다. 이는 방정식이 정수해를 갖지 않을

뿐 아니라 어떤 분수 근도 존재하지 않는다는 것을 말해 준다. 이를 다음과
같이 증명할 수 있다.

정수 a, b, c에 대하여 주어진 방정식이 $x^3 - ax^2 + bx - c = 0$일 때,
예를 들어 $x = \dfrac{3}{2}$이라 가정하면 $\dfrac{27}{8} - \dfrac{9}{4}a + \dfrac{3}{2}b - c = 0$이다. 첫째 항만
이 분모가 8이고 다른 항들은 정수이거나 4나 2로 나누어지는 숫자들이
다. 그러므로 좌변이 0이 될 수 없다. 이런 사실은 다른 분수에서도 만족
된다.

즉, 양변에 8을 곱하면 $27 - 18a + 12b - 8c$이므로 $27 = 18a - 12b$
$+ 8c$에서 좌변은 홀수이나 우변은 2나 4로 나누어지므로 어떠한 정수
a, b, c에 대해서도 등식은 성립할 수 없다.

735 이러한 분수의 경우와 마찬가지로 방정식의 근이 정수도 아니고
분수도 아닌 무리수이거나 때로는 허수인 경우도 종종 생긴다. 그러므로
이들을 표현하는 방법과 영향을 미치는 근호의 부호를 결정하는 방법은
아주 중요하기 때문에 조심스럽게 설명해야 한다. 이러한 방법은 카르다노
의 공식(Cardano' Rule) 혹은 스키피오 페레오 공식(Scipio Ferreo' Rule)이
라 불리는데, 이는 2명의 사망 이후 몇 세기가 지나서 불리기 시작했다.[68]

736 이 공식을 이해하기 위하여 먼저 근이 이항식이 되는 세제곱의 성
질을 주의 깊게 생각해 보자.

---

[68] 영문역자 주 : 이 공식은 세제곱의 특별한 경우에 대한 공식으로 스키피오 페레오가 발견했으
나 후에 타르탈리아(Tartalea)와 카르다노(Cardan)가 일반화되었다. Montucla의 Hist,
Math.나 혹은 Dr Hutton의 Dictionary, article Algebra,혹은 Bonnycastle의 Introduction
to his Treatise on Algebra, vol 1. p xii-xv를 참조하라.

$a+b$를 근이라 하면 세제곱은 $a^3 + 3a^2b + 3ab^2 + b^3$이다. 이항식의 세제곱은 두 항의 세제곱들과 가운데 두 항으로는 공통인수 $3ab$에 $a+b$를 곱해서 얻어지는 $3a^2b + 3ab^2$ —이는 두 항의 곱 ab에 3배를 하여 두 항의 합에 곱한 것 — 으로 구성된다.

737 $x = a+b$라 놓고 양변을 세제곱하면 $x^3 = a^3 + b^3 + 3ab(a+b)$이다. $x = a+b$를 대입하면 $x^3 = a^3 + b^3 + 3abx$ 혹은 $x^3 = 3abx + a^3 + b^3$으로 쓸 수 있다. 이러한 방정식의 근 중 하나는 $x = a+b$이다. 그러므로 이러한 형태의 방정식의 근을 구하려 할 때 하나의 근은 이렇게 정할 수 있다.

예를 들어 $a = 2, b = 3$이라 하고 방정식 $x^3 = 18x + 35$의 경우 이미 $x = 5$는 하나의 근임을 확신할 수 있다.

738 $a^3 = p,\ b^3 = q$인 경우 $a = \sqrt[3]{p},\ b = \sqrt[3]{q}$이므로 $ab = \sqrt[3]{pq}$. $x^3 = 3x\sqrt[3]{pq} + p + q$인 형태의 방정식은 근으로 $\sqrt[3]{p} + \sqrt[3]{q}$를 갖는다.

이러한 방법으로 두 수 $\sqrt[3]{pq},\ p+q$가 결정하려는 수와 같을 수도 있게 하는 p, q를 결정할 수 있다. 이렇게 하면 앞서 말한 형태의 모든 삼차방정식을 풀 수 있다.

739 일반적으로 방정식 $x^3 = fx + g$가 주어졌다고 하자. f를 $3\sqrt[3]{pq}$와 g를 $p+q$와 비교해 보자. 즉, p, q는 $3\sqrt[3]{pq}$가 f가 되고 $g = p+q$가 되도록 결정되어야 한다. 왜냐하면 방정식의 근 중 하나는 $x = \sqrt[3]{p} + \sqrt[3]{q}$이기 때문이다.

740 그러므로 다음의 두 방정식을 풀어야 한다.

$$3\sqrt[3]{pq} = f$$
$$p + q = g$$

첫 번째 식은 $\sqrt[3]{pq} = \dfrac{f}{3}$ 혹은 $pq = \dfrac{f^3}{27} = \dfrac{1}{27}f^3$ 이고 $4pq = \dfrac{4}{27}f^3$ 이다.
이 식을 $(p+q)^2 = g^2$ 에서 빼 주면

$$(p+q)^2 - 4pq = g^2 - \frac{4}{27}f^3$$

$$p^2 + q^2 + 2pq - 4pq = g^2 - \frac{4}{27}f^3$$

$$(p-q)^2 = g^2 - \frac{4}{27}f^3$$

양변에 제곱근을 취하면 $p - q = \sqrt{g^2 - \dfrac{4}{27}f^3}$.

$p + q = g$ 이므로 위 식과 더하면 $2p = g + \sqrt{g^2 - \dfrac{4}{27}f^3}$ 이고, 빼면

$2q = g - \sqrt{g^2 - \dfrac{4}{27}f^3}$ 이다. 그러므로 $p = \dfrac{g + \sqrt{g^2 - \dfrac{4}{27}f^3}}{2}$ 이고

$q = \dfrac{g - \sqrt{g^2 - \dfrac{4}{27}f^3}}{2}$ 이다.

741 $x^3 = fx + g$ 인 형태의 삼차방정식에서 f, g가 어떤 수가 되더라
도 근 중의 하나는

$$x = \sqrt[3]{\frac{g + \sqrt{g^2 - \dfrac{4}{27}f^3}}{2}} + \sqrt[3]{\frac{g - \sqrt{g^2 - \dfrac{4}{27}f^3}}{2}}$$

이다. 즉, 제곱근의 기호뿐 아니라 세제곱근의 기호도 포함하는 무리수가 된다.

이 식을 카르다노의 공식이라 부른다.

742 보다 확실한 이해를 위하여 예를 몇 개 더 들어 보자.

$x^3 = 6x + 9$라 하자. $f = 6$이고 $g = 9$이므로 $g^2 = 81$, $f^3 = 216$, $\dfrac{4}{27} f^3 = 32$이다.

$g^2 - \dfrac{4}{27} f^3 = 49$, 그래서 $\sqrt{g^2 - \dfrac{4}{27} f^3} = 7$이다. 그러므로 주어진 방정식의 한 근은 다음과 같다.

$$x = \sqrt[3]{\dfrac{9+7}{2}} + \sqrt[3]{\dfrac{9-7}{2}} = \sqrt[3]{\dfrac{16}{2}} + \sqrt[3]{\dfrac{2}{2}}$$

$$= \sqrt[3]{8} + \sqrt[3]{1} = 2 + 1 = 3$$

743 다음 방정식 $x^3 = 3x + 2$를 풀어 보자. 이 경우 $f = 3$이고 $g = 2$이므로 $g^2 = 4$, $f^3 = 27$, 그리고 $\dfrac{4}{27} f^3 = 4$이고 $\sqrt{g^2 - \dfrac{4}{27} f^3} = 0$이다. 그러므로 주어진 방정식의 한 근은 $x = \sqrt[3]{\dfrac{2+0}{2}} + \sqrt[3]{\dfrac{2-0}{2}} = 1 + 1 = 2$이다.

744 위의 방정식에서와 같이 앞서 사용한 공식으로는 근을 구할 수 없으나 유리수 근을 갖는 경우가 종종 생긴다.

한 근이 $x = 4$인 방정식 $x^3 = 6x + 40$을 풀어 보자. 이 경우 $f = 6$이고 $g = 40$이므로 $g^2 = 1600$이고 $\dfrac{4}{27} f^3 = 32$이다.

$$\sqrt{g^2 - \frac{4}{27}f^3} = \sqrt{1568} = 28\sqrt{2} \ ^{(69)}$$ 이므로 주어진 방정식의 한 근은

$$x = \sqrt[3]{\frac{40 + 28\sqrt{2}}{2}} + \sqrt[3]{\frac{40 - 28\sqrt{2}}{2}} \quad \text{혹은}$$

$$x = \sqrt[3]{20 + 14\sqrt{2}} + \sqrt[3]{20 - 14\sqrt{2}}$$

이다. 이는 계산된 결과로는 아닌 것 같지만 실제로 $= 4$ 이다. 사실상 $2 + \sqrt{3}$ 의 세제곱은 $20 + 14\sqrt{2}$ 이고, $20 + 14\sqrt{2}$ 의 세제곱근은 $2 + \sqrt{3}$ 이다. 같은 방법으로 $\sqrt[3]{20 - 14\sqrt{2}} = 2 - \sqrt{2}$ 이다. 그러기 때문에[70] 근은 $x = 2 + \sqrt{2} + 2 - \sqrt{2} = 4$ 이다.

745 이러한 공식은 방정식의 이차항이 없는 경우에 적용되며 모든 삼차방정식에는 사용할 수 없다. 그러나 공식을 사용할 수 있도록 완전방정식의 이차항을 원하는 형태로 바꿀 수도 있다.

이를 설명하기 위해, 완전방정식 $x^3 - 6x^2 + 11x - 6 = 0$ 의 경우를 살펴보자. 이차항의 계수 6의 3분의 1을 취해서 $x - 2 = y$ 로 치환하면 $x = y + 2$ 이므로 양변을 제곱하여 $x^2 = y^2 + 4y + 4$ 에 $x = y + 2$ 를 곱하면 $x^3 = y^3 + 6y^2 + 12y + 8$ 이다.

결과적으로

$$x^3 = y^3 + 6y^2 + 12y + 8$$

---

69) 역자 주 : 영문판 번역의 오류를 수정함. 영문판에는 $\sqrt{g^2 - \frac{4}{27}f^3} = 0$ 으로 되어 있다.

70) 영문역자 주 : 제곱근에서와 마찬가지로 이러한 이항식의 세제곱근을 구하는 일반적인 공식은 존재하지 않는다. 즉 여러 수학자들에 의하여 다양한 형태의 삼차방정식의 근을 구하는 시도가 있어 왔다. 그럼에도 세제곱근을 구하는 것은 가능할 때, 방정식의 근을 표현하는 두 근호는 언제나 유리수가 된다. 그래서 여기서는 §722에서 설명한 방법으로 근을 구할 것이다.

$$-6x^2 = \quad -6y^2 - 24y - 24$$
$$11x = \quad\quad 11y + 22$$
$$-6 = \quad\quad\quad -6$$

위 식을 모두 합하면 $x^3 - 6x^2 + 11x - 6 = y^3 - y$ 이다. 그러므로 방정식 $y^3 - y = 0$은 바로 인수분해되어 $y(y^2 - 1) = y(y+1)(y-1) = 0$이 가능하므로 쉽게 근을 구할 수 있다.

각 인수가 $= 0$인 경우는

$$1 \begin{cases} y = 0 \\ x = 2 \end{cases} \qquad 2 \begin{cases} y = -1 \\ x = 1 \end{cases} \qquad 3 \begin{cases} y = 1 \\ x = 3 \end{cases}$$

의 세 근이 존재한다.

746

삼차방정식의 일반적인 형태가 $x^3 + ax^2 + bx + c = 0$과 같이 주어졌을 때 이차항을 제거해 보자.

이를 위해 이차항의 계수의 3분의 1을 x에 더하여 같은 부호로 이 합을 다른 문자, 예를 들면 y로 치환하자. 그러면 $x + \dfrac{1}{3}a = y$이고, $x = y - \dfrac{1}{3}a$. 이 식의 양변을 제곱하면

$$x^2 = y^2 - \frac{2}{3}ay + \frac{1}{9}a^2$$
$$x^3 = y^3 - ay^2 + \frac{1}{3}a^2 y - \frac{1}{27}a^3$$

결론적으로

$$x^3 = y^3 - ay^2 + \frac{1}{3}a^2 y - \frac{1}{27}a^3$$
$$ax^2 = \quad\quad ay^2 - \frac{2}{3}a^2 y + \frac{1}{9}a^3$$

$$bx = \qquad by - \frac{1}{3}ab$$
$$c = \qquad c$$

위 식을 모두 합하면 $y^3 - (\frac{1}{3}a^2 - b)y + \frac{2}{27}a^3 - \frac{1}{3}ab + c = 0$ 으로 이차항이 제거된 삼차방정식의 형태이다.

747 이러한 방식으로 변형을 하여 삼차방정식의 근을 구할 수 있다. 이제 다음과 같은 예를 살펴보자.

방정식 $x^3 - 6ax^2 + 13x - 12 = 0$ 을 풀어 보자. 먼저 이차항을 제거하기 위하여 $x - 2 = y$ 로 치환하여 $x = y + 2$ 로 바꾼 후 제곱하면 $x^2 = y^2 + 4y + 4$, 다시 $x = y + 2$ 를 곱하면

$$x^3 = y^3 + 6y^2 + 12y + 8$$

을 얻는다. 그러므로

$$x^3 = y^3 + 6y^2 + 12y + 8$$
$$-6x^2 = \quad -6y^2 - 24y - 24$$
$$13x = \qquad 13y + 26$$
$$-12 = \qquad -12$$

모두 합하면 $y^3 + y - 2 = 0$ 혹은 $y^3 = -y + 2$ 로 쓸 수 있다.

이 방정식을 §741의 식 $x^3 = fx + g$ 와 비교해 보면 $f = -1$, $g = 2$ 이므로 $g^2 = 4$, 그래서 $\frac{4}{27}f^3 = -\frac{4}{27}$, 또한 $g^2 - \frac{4}{27}f^3 = 4 + \frac{4}{27} = \frac{112}{27}$. 양변에 제곱근을 취하면 $\sqrt{g^2 - \frac{4}{27}f^3} = \sqrt{\frac{112}{27}} = \frac{4\sqrt{21}}{9}$ 이므로 결과적으로

$$y = \frac{\left(2 + \dfrac{4\sqrt{21}}{9}\right)^{\frac{1}{3}}}{2} + \frac{\left(2 - \dfrac{4\sqrt{21}}{9}\right)^{\frac{1}{3}}}{2} \quad \text{혹은}$$

$$y = \sqrt[3]{1 + \frac{2\sqrt{21}}{9}} + \sqrt[3]{1 - \frac{2\sqrt{21}}{9}} \quad \text{혹은}$$

$$y = \sqrt[3]{\frac{9 + 2\sqrt{21}}{9}} + \sqrt[3]{\frac{9 - 2\sqrt{21}}{9}} \quad \text{혹은}$$

$$y = \sqrt[3]{\frac{27 + 6\sqrt{21}}{27}} + \sqrt[3]{\frac{27 - 6\sqrt{21}}{27}} \quad \text{혹은}$$

$$y = \frac{1}{3}\sqrt[3]{27 + 6\sqrt{21}} + \frac{1}{3}\sqrt[3]{27 - 6\sqrt{21}}$$

이므로 $x = y + 2$에 y값을 대입하면 원하는 근을 구할 수 있다.

748 앞의 예제의 근은 무리수가 이중으로 들어 있다. 그러나 이항식 $27 \pm 6\sqrt{21}$ 이 실수의 세제곱일 수도 있기 때문에 바로 무리수라고 결론을 내려서는 안 된다. 다음의 수가 이런 경우에 해당된다. $\dfrac{3 + \sqrt{21}}{2}$ 의 세제곱은 $\dfrac{216 + 48\sqrt{21}}{8} = 27 + 6\sqrt{21}$ 이다. 그러므로 $27 + 6\sqrt{21}$ 의 세제곱근은 $\dfrac{3 + \sqrt{21}}{2}$ 이 되고, $27 - 6\sqrt{21}$ 의 세제곱근은 $\dfrac{3 - \sqrt{21}}{2}$ 이다. y 값으로 찾은 수는

$$y = \frac{1}{3}\left(\frac{3 + \sqrt{21}}{2}\right) + \frac{1}{3}\left(\frac{3 - \sqrt{21}}{2}\right) = \frac{1}{2} + \frac{1}{2} = 1$$

이다. $y = 1$이므로 $x = 3$은 주어진 방정식의 한 근이므로 다른 두 근을 구하기 위해 방정식을 $x - 3$으로 나누자.

$$
\begin{array}{r}
x^2 - 3x + 4 \\
x - 3 \overline{\smash{)}\; x^3 - 6x^2 + 13x - 12} \\
\underline{x^3 - 3x^2} \\
\end{array}
$$

$$
\begin{array}{r}
-3x^2 + 13x \\
-3x^2 + 9x \\
\hline
4x - 12 \\
4x - 12 \\
\hline
0
\end{array}
$$

몫 $x^2 - 3x + 4 = 0$으로 놓고 풀면, $x^2 = 3x - 4$로부터

$$
x = \frac{3}{2} \pm \sqrt{\frac{9}{4} - \frac{16}{4}} = \frac{3}{2} \pm \sqrt{-\frac{7}{4}} = \frac{3 \pm \sqrt{-7}}{2}
$$

인 2개의 허근을 구할 수 있다.

749 앞의 예제에서 살펴본 것처럼 방정식이 하나의 유리수 근을 가질 때는 뜻밖에도 이항식의 세제곱근을 구할 수 있었다. 결론적으로 앞 절의 공식은 그러한 근을 구하는 데 더욱 쉽게 적용할 수 있다. 반면에 유리수 근을 갖지 않는 경우는 카르다노의 공식 외에 다른 방식으로는 근을 구하는 것이 불가능하다. 즉, 근호 안을 간단히 할 수 없기 때문이다. 예로 방정식 $x^3 = 6x + 4$의 경우, $f = 6,\ g = 4$이므로 근은 $x = \sqrt[3]{2 + 2\sqrt{-1}} + \sqrt[3]{2 - 2\sqrt{-1}}$ 로 허수가 되어 불가능하다.

연습 문제

01. 방정식 $y^3 + 30y = 117$의 근을 구하라.

$y = 3$

02. 방정식 $y^3 - 36y = 91$의 근을 구하라.

$$y = 7$$

03. 방정식 $y^3 + 25y = 250$의 근을 구하라.

$$y = 5.05$$

04. 방정식 $y^6 - 3y^4 - 2y^2 - 8 = 0$의 근을 구하라.

$$y = 2$$

05. 방정식 $y^3 + 30y = 117$의 근을 구하라.

$$y = 1$$

06. 방정식 $x^3 - 6x = -9$의 근을 구하라.

$$x = -3$$

07. 방정식 $x^3 - 6x^2 + 10x = 8$의 근을 구하라.

$$x = 4$$

08. 방정식 $p^3 - \dfrac{193}{3}p = \dfrac{1150}{27}$의 근을 구하라.

$$p = 8\frac{1}{3}$$

09. 방정식 $x^3 - \dfrac{13}{3}x = \dfrac{70}{27}$의 근을 구하라.

$$x = -3$$

10. 방정식 $a^3 - 91a = -330$의 근을 구하라.

$$a = 5$$

11. 방정식 $y^3 - 19y = 30$의 근을 구하여라.

$$y = 5$$

4.13. 사차방정식의 풀이

750 방정식 안에서 미지수 x를 포함하는 항의 가장 높은 차수가 4일 때 이를 사차방정식이라 하고 일반적인 형태는

$$x^4 + ax^3 + bx^2 + cx + d = 0$$

으로 표기한다. 먼저 단순히 $x^4 = f$로 표기되는 순수(pure) 사차방정식[71]을 생각해 보자. 우선 양변에 네제곱근을 취하여 간단히 구할 수 있는 근 $x = \sqrt[4]{f}$ 이 있다.

751 x^4을 x^2의 제곱으로 보면, 이 계산은 제곱근을 구하는 것으로부터 시작해서 쉽게 풀어갈 수 있다. $x^2 = \sqrt{f}$ 를 구하고, 다시 양변에 제곱근을 취하면 $x = \sqrt[4]{f}$ 이 되어, 이는 단지 f의 제곱근의 제곱근 외에는 아무것도 아니다.

예를 들어 방정식 $x^4 = 2401$을 살펴보면, 바로 $x^2 = 49$이고 다시 $x = 7$을 구할 수 있다.

752 이것은 방정식의 오직 하나의 근에 불과하다. 삼차방정식이 항상 3개의 근을 갖는 것처럼 사차방정식도 4개의 근을 갖는다. 앞서 설명한 방식으로 풀면 실제로 4개의 근을 구할 수 있다. 위의 예에서도 $x^2 = 49$ 를 만족할 뿐 아니라 $x^2 = -49$도 성립하고, 또한 첫째 식에서 $x = 7$과 $x = -7$을, 두 번째 식에서는 $x = 7\sqrt{-1}$ 과 $x = -7\sqrt{-1}$ 를 구할 수 있다. 이들은 모두 $2,401$의 네제곱근이 된다. 다른 수의 경우도 마찬가지

---

71) 역자 주 : 순수 삼차방정식의 정의와 마찬가지로 본문의 표현 'pure equation of the fourth degree'을 순수 사차방정식으로 번역한다.

로 4개의 근을 구할 수 있다.

753 이러한 순수방정식 다음으로는 이차항과 상수항이 있는 $x^4 + fx^2 + g = 0$으로 표현되는 경우를 생각해 보자. 이 경우는 이차방정식 근의 공식을 사용해서 근을 구할 수 있다. 즉, $x^2 = y$라 치환하면 $y^2 + fy + g = 0$인 이차방정식이 되어 $y^2 = -fy - g$로부터

$$y = -\frac{1}{2}f \pm \sqrt{\frac{1}{4}f^2 - g} = \frac{-f \pm \sqrt{f^2 - 4g}}{2}$$

를 구하고 $x^2 = y$로 치환하였으므로, $x = \pm\sqrt{\dfrac{-f \pm \sqrt{f^2 - 4g}}{2}}$ 가 된다. 이때 2개의 $\pm$ 기호는 4개의 근이 존재함을 말한다.

754 사차방정식이 모든 차수의 항을 포함할 때는 4개의 일차식들의 곱으로 표현할 수 있다. 만일 4개의 일차식의 곱을 $(x-p) \times (x-q) \times (x-r) \times (x-s)$로 표현하면, 전개하면 그 곱은 다음과 같다.

$$x^4 - (p+q+r+s)x^3 + (pq+pr+ps+qr+qs+rs)x^2$$
$$- (pqr+pqs+prs+qrs)x + pqrs$$

위 식은 4개의 일차식 중 하나라도 0이 되는 경우를 제외하고는 0이 될 수 없다. 4가지 경우는 다음과 같다.

1. $x = p$일 때
2. $x = q$일 때
3. $x = r$일 때
4. $x = s$일 때

그리고 이들은 방정식의 4개의 근이 된다.

755 위의 곱을 주의깊게 살펴보면 삼차항은 4개의 근들의 합에 $-x^3$이 곱해졌고, 이차항은 4개의 근을 2개씩 곱한 항들의 합에 x^2이 곱해졌고, 일차항은 4개의 근을 3개씩 곱한 항들의 합에 $-x$가 곱해졌고, 그리고 상수항은 4개의 근들을 모두 곱한 수이다.

756 사차방정식의 상수항은 모든 근을 곱한 수이기 때문에, 상수항의 약수가 아닌 수를 유리수 근으로 가질 수 없다. 이러한 사실은 방정식의 유리수 근을 모든 찾는 데 도움이 된다. 왜냐하면 상수항의 약수들을 모두 x에 대입해서 방정식의 유리수 근을 찾을 수 있기 때문이다. 예를 들어 $x = p$가 이렇게 찾은 유리수 근이라면 주어진 방정식의 모든 항을 어느 한 변으로 이항한 후 $x - p$로 나누면 얻어지는 몫을 $= 0$이라 놓으면 삼차 방정식이 된다. 이러한 삼차방정식은 이미 앞 절에서 설명한 방법으로 풀면 나머지 근도 구할 수 있다.

757 사차방정식을 이러한 방법으로 풀기 위해서는 절대적으로 모든 계수가 정수로 이루어져야 하고 사차항 x^4의 계수는 1이어야 한다. 그러므로 어떤 항이 분수를 포함하고 있으면, 분수를 제거하는 일을 먼저 해야 한다. 이는 x 대신에 모든 분수의 분모를 포함하는 수로 y를 나눈 후 이를 대입함으로써 가능하다. 예를 들어 다음 방정식을 풀어 보자.

$$x^4 - \frac{1}{2}x^3 + \frac{1}{3}x^2 - \frac{3}{4}x + \frac{1}{18} = 0$$

모든 분수의 분모들은 2, 3 그리고 이러한 수들의 곱으로 이루어졌으므

로 $x = \dfrac{y}{6}$ 를 대입하면

$$\frac{y^4}{6^4} - \frac{\frac{1}{2}y^3}{6^3} + \frac{\frac{1}{3}y^2}{6^2} - \frac{\frac{3}{4}y}{6} + \frac{1}{18} = 0$$

이고 양변을 6^4 으로 곱하면

$$y^4 - 3y^3 + 12y^2 - 162y + 72 = 0$$

이다. 분수가 없는 사차방정식이 되어, 유리수 근을 구하기 위해서는 앞에서와 같이 72의 약수를 대입하여 식을 만족하는 근을 찾는다.

758 근은 양수나 음수 중 어느 것도 될 수 있기 때문에 모든 약수에 대하여 2가지 부호를 대입해 보아야 한다. 즉, 약수가 양수라면 음의 값도 근이 되는지 체크해야 한다. 그러나 다음의 사실은 이러한 수고를 덜어준다.[72] 방정식에서 부호가 플러스와 마이너스가 규칙적으로 서로 연속되면 부호의 변화 수만큼 양의 근이 존재하고, 중간에 다른 부호가 끼어들지 않고 같은 부호가 연속하는 수만큼 방정식의 음의 근이 존재한다. 그러나 연속됨이 없이 부호가 4번 바뀌는 방정식의 경우 모든 근은 양수이므로 방정식에서 상수항 약수의 음의 값을 대입해 볼 필요가 없다.

759 방정식 $x^4 + 2x^3 - 7x^2 - 8x + 12 = 0$ 의 경우 부호의 변화는 2번 일어나고 또한 2개씩 연속되므로 이 방정식은 2개의 양의 근과 2개의 음

---

72) 영문역자 주 : 이러한 규칙은 허근을 갖지 않는 모든 차수의 방정식에 적용할 수 있는 일반적인 사실이다. 프랑스어로는 데카르트가, 영문으로는 해리어트가 기술했으며, 제일 먼저 기술한 사람은 M. l'Abbé de Gua이다. 1741년 'Memories de l'Academie des Sciences des Paries'를 참고하라.

의 근을 갖는다고 확신할 수 있다. 12의 약수는 1, 2, 3, 4, 6, 12이므로
먼저 $x=+1$을 대입하면 식을 만족하므로 $x=+1$은 양의 근이다.

다음은 $x=-1$을 대입하면 $+1-2-7+8+12=21-9=12$이므로 $x=-1$은 방정식의 근이 아니다. 그리고 $x=+2$를 대입하면 방정식을 만족하여 두 번째 양의 근이 되고, $x=-2$는 방정식을 만족하지 않기 때문에 역시 근이 아니다.

$x=+3$을 대입하면 $81+54-63-24+12=60$이므로 근이 아니고 $x=-3$은 $81+54-63-24+12=0$이므로 역시 근이 된다. 마지막으로 $x=-4$를 대입하면 방정식을 만족한다. 그래서 방정식에서 4개의 유리수 근은 $x=1$, $x=2$, $x=-3$, $x=-4$이므로 규칙대로 2개의 양의 근과 2개의 음의 근을 갖는 것을 알 수 있다.

760 그러나 모든 근이 무리수이면 이러한 방법으로 근을 구할 수 없기 때문에, 이런 경우는 근을 구할 수 있는 다른 방법을 찾는 것이 필요하다. 사차방정식이 어떤 형태이든 근을 구하는 데는 2가지 다른 방법이 있다.

일반적인 경우를 설명하기 전에 몇몇 특별한 경우를 먼저 알아보면 나중에 이해하는 데 크게 도움이 될 것이다.

761 다음 식에서처럼 방정식의 모든 항의 계수가 처음 연속되던 몇몇 수가 다시 역순으로 계속되는 형태의 계수를 가질 때, 즉

$$x^4 + mx^3 + nx^2 + mx + 1 = 0$$

처럼 나타나거나, 혹은 보다 일반적인 형태로

$$x^4 + max^3 + na^2x^2 + ma^3x + a^4 = 0$$

일 때, 방정식은 항상 2개의 이차식의 곱으로 표현된다고 말할 수 있다. 그리고 이러한 사실은 쉽게 증명된다. 만일 일반적인 형태의 방정식을 이차식의 곱으로 다음과 같이

$$(x^2 + pax + a^2) \times (x^2 + qax + a^2) = 0$$

으로 표현할 때, 계수들을 앞서 말한 방식이 되도록 p, q를 결정해 보자. 이를 위해 먼저 위 식을 곱하면,

$$x^4 + (p+q)ax^3 + (pq+2)a^2x^2 + (p+q)a^3x + a^4 = 0$$

이므로

    1. $p + q = m$

    2. $pq + 2 = n$, 그러므로 $pq = n - 2$

첫 번째 식의 양변을 제곱하면 $p^2 + 2pq + q^2 = m^2$이고, 이것으로부터 두 번째 식의 4배인 $4pq = 4n - 8$을 빼면, $p^2 - 2pq + q^2 = m^2 - 4n + 8$ 이다. 양변에 제곱근을 취하면 $p - q = \sqrt{m^2 - 4n + 8}$ 이 되어 이것을 $p + q = m$에 더하면, $2p = m + \sqrt{m^2 - 4n + 8}$ 혹은 $p = \dfrac{m + \sqrt{m^2 - 4n + 8}}{2}$ 이고, 빼면 $2q = m - \sqrt{m^2 - 4n + 8}$ 혹은 $q = \dfrac{m - \sqrt{m^2 - 4n + 8}}{2}$ 이다. 이제 p, q를 찾았으니 두 이차식을 각각 0으로 놓고 x을 구해 보자. 첫 번째 이차식 $x^2 + pax + a^2 = 0$, 혹은 $x^2 = -pax - a^2$을 풀면,

$$x = -\frac{pa}{2} \pm \sqrt{\frac{p^2 a^2}{4} - a^2} \quad \text{혹은} \quad x = -\frac{pa}{2} \pm \frac{1}{2}a\sqrt{p^2 - 4}$$

이고, 두 번째 이차식을 풀면 $x = -\dfrac{qa}{2} \pm \dfrac{1}{2} a \sqrt{q^2 - 4}$ 이므로, 방정식의 4개의 근을 모두 찾을 수 있다.

762 이러한 사실을 좀 더 명확하게 하기 위해서, 다음 방정식을 풀어 보자.

$$x^4 - 4x^3 - 3x^2 - 4x + 1 = 0$$

$a = 1, m = -4, \; n = -3$이므로 $m^2 - 4n + 8 = 36$, 그리고 제곱근은 6이다. 그러므로 $p = \dfrac{-4+6}{2} = 1, q = \dfrac{-4-6}{2} = -5$이므로 방정식의 4근 중 처음 2개는 $x = -\dfrac{1}{2} \pm \dfrac{1}{2} \sqrt{-3} = \dfrac{-1 \pm \sqrt{-3}}{2}$ 이고 나머지 2개는 $x = \dfrac{5}{2} \pm \dfrac{1}{2} \sqrt{21} = \dfrac{5 \pm \sqrt{21}}{2}$ 이다. 즉,

$$1. \; x = \frac{-1 + \sqrt{-3}}{2}$$

$$2. \; x = \frac{-1 - \sqrt{-3}}{2}$$

$$3. \; x = \frac{5 + \sqrt{21}}{2}$$

$$4. \; x = \frac{5 - \sqrt{21}}{2}$$

처음 두 근은 허수이고 나머지는 $\sqrt{21}$ 은 어느 정도 정확성을 갖고 소수로 표현이 가능한 유리수 근이다. 제곱근을 풀기 위해 21을 21.00000000으로 생각하면 $\sqrt{21} = 4.5825$의 근삿값이다.

그러므로 $\sqrt{21} = 4.5825$를 대입하면 세 번째 근은 $x = 4.7912$로, 네 번째 근은 $x = 0.2087$의 근삿값으로 추정할 수 있다. 더 정확하게 근호의

값을 계산하는 것은 어렵지 않다. 네 번째 근이 $\dfrac{2}{10}$, $\dfrac{1}{5}$과 가까우므로 충분히 정확성을 갖고 방정식을 만족하는 근을 찾을 수 있다. 사실상 $x=\dfrac{1}{5}$을 대입하면 $\dfrac{1}{625}-\dfrac{4}{125}-\dfrac{3}{25}-\dfrac{4}{5}+1=\dfrac{31}{625}$이다. 물론 0 값이 나와야 하지만 그 차는 별로 크지 않다.

763 근을 구할 때 나타나는 두 번째 경우는 첫 번째 경우와 계수는 같고 그 부호가 다른 경우이다. 즉, 삼차항과 일차항의 부호가 다른 경우이다.

즉, 방정식이

$$x^4 + max^3 + na^2x^2 - ma^3x + a^4 = 0$$

이라면 근을 구하기 위해 우선 이를 이차식의 곱으로 표현하자.

$$(x^2 + pax - a^2) \times (x^2 + qax - a^2) = 0$$

좌변의 곱을 계산하면

$$x^4 + (p+q)ax^3 + (pq-2)a^2x^2 - (p+q)a^3x + a^4$$

이것은 주어진 방정식과 같으므로 $p+q=m$, $pq-2=n$, 혹은 $pq=n+2$이고 상수항은 서로 같다. §761에서와 같이 첫 번째 식을 제곱하면 $p^2+2pq+q^2=m^2$이고 두 번째 식에 4배를 하면 $4pq=4n+8$이다. 이것을 앞의 식에서 빼 주면 $p^2-2pq+q^2=m^2-4n-8$. 양변에 제곱근을 취하면 $p-q=\sqrt{m^2-4n-8}$이고, 다시 이를 식 $p+q=m$과 더하면 $p=\dfrac{m+\sqrt{m^2-4n-8}}{2}$이고, 빼면 $q=\dfrac{m-\sqrt{m^2-4n-8}}{2}$이다.

이제 p, q를 구했으니 §761에서와 같이 첫 번째 인수 $x^2+pax-a^2=0$으로부터 두 근 $x=-\dfrac{1}{2}pa \pm \dfrac{1}{2}a\sqrt{p^2+4}$를, 두 번째 인수

$x^2 + qax - a^2 = 0$으로부터 다른 두 근 $x = -\dfrac{1}{2}qa \pm \dfrac{1}{2}a\sqrt{q^2+4}$ 를 구할 수 있다.

764 방정식 $x^4 - 3\times 2x^3 + 3\times 8x + 16 = 0$을 풀어 보자. 여기서 $a = 2,\ m = -3$ 그리고 $n = 0$이므로 $\sqrt{m^2 - 4n - 8} = 1 = p - q$이다.

그래서 $p = \dfrac{-3+1}{2} = -1,\ q = \dfrac{-3-1}{2} = -2$가 되어, 처음 두 근은 $x = 1 \pm \sqrt{5}$ 이고, 다른 두 근은 $x = 2 \pm \sqrt{8}$ 이다. 그러므로 구하는 4개의 근은 다음과 같다.

$$
\begin{array}{ll}
1.\ x = 1 + \sqrt{5} \qquad & 2.\ x = 1 \pm \sqrt{5} \\[2mm]
3.\ x = 2 + \sqrt{8} \qquad & 4.\ x = 2 - \sqrt{8}
\end{array}
$$

결론적으로 방정식은 다음과 같은 4개의 일차항의 곱으로 쓸 수 있다.

$$(x - 1 - \sqrt{5}) \times (x - 1 + \sqrt{5}) \times (x - 2 - \sqrt{8}) \times (x - 2 + \sqrt{8})$$

처음 2개의 일차항의 곱은 $x^2 - 2x - 4$이고, 나머지 2개의 일차항의 곱은 $x^2 - 4x - 4$이다. 계산된 두 이차식을 곱하면 $x^4 - 6x^3 + 24x + 16$으로 주어진 방정식의 좌변과 같다.

4.14. 사차방정식의 풀이를 삼차방정식의 풀이로 축소하는 봄벨리 공식

765 카르다노 공식을 사용하여 삼차방정식의 근을 구하는 것을 이미 설명하였다. 이제 중요한 일은 사차방정식을 삼차방정식으로 차수를 줄이는 것이다. 일반적으로 삼차방정식의 도움 없이 사차방정식의 해를 구할

수는 없다. 이는 사차방정식의 근 하나를 구했을 때, 나머지는 삼차방정식
에 따라 구할 수 있기 때문이다.

그래서 더 높은 차수의 방정식의 풀이는 낮은 차수의 방정식을 풀이할
수 있다는 전제 아래 가능하다.

766 이 절에서는 수세기 전 이탈리아인 봄벨리가 이러한 목적을 위해
발표한 공식을 살펴볼 것이다.[73] 사차방정식의 일반적인 형태 $x^4 + ax^3$
$+ bx^2 + cx + d = 0$에서 $a,\ b,\ c,\ d$는 가능한 모든 수를 표현할 때, 원하
는 형태의 방정식을 얻기 위하여, 이 방정식을 $(x^2 + \dfrac{1}{2}ax + p)^2 - (qx + r)^2$
$= 0$과 같다고 가정하자. 여기서 사용한 $p,\ q,\ r$을 구하는 것이 필요하다.
새로운 방정식의 제곱을 계산하고 정리하면 다음과 같다.

$$x^4 + ax^3 + \frac{1}{4}a^2x^2 + apx + p^2$$

$$2px^2 - 2qrx - r^2$$

$$- q^2x^2$$

처음 방정식과 비교하면, 사차항과 삼차항은 주어진 방정식과 같고, 이
차항은 $\dfrac{1}{4}a^2 + 2p - q^2 = b$, 일차항은 $ap - 2qr = c$ 혹은 $2qr = ap - c$,
그리고 상수항은 $p^2 - r^2 = d$ 혹은 $r^2 = p^2 - d$이다. 그러므로 세 방정식
을 풀면 $p,\ q,\ r$의 값을 구할 수 있다.

767 이 값을 구하는 가장 쉬운 방법은 다음과 같다.

---

73) 영문역자 주 : 이 공식은 루이스 페라리(Louis Ferrari)가 발표하였다. 부당하게도 스키피오
  페라리(Scipio Ferrari)가 연구한 카르다노 공식을 Cardan의 이름을 따서 불리는 것처럼,
  봄벨리(Bombelli)의 공식으로 알려져 있다.

첫 번째 방정식에 4배를 하면 $4q^2 = a^2 + 8p - 4b$, 여기에 마지막 방정식 $r^2 = p^2 - d$를 곱하면

$$4q^2 r^2 = 8p^3 + (a^2 - 4b)p^2 - 8dp - da^2 + 4bd$$

두 번째 방정식을 제곱하면 $4q^2 r^2 = a^2 p^2 - 2acp + c^2$ 이다. 두 식에서 $4q^2 r^2$이 같으므로 우변을 같게 놓고 정리하면

$$8p^3 - 4bp^2 + (2ac - 8d)p - a^2 d + 4bd - c^2 = 0$$

인 p에 관한 삼차방정식이 되어 앞서 설명한 삼차방정식의 근을 구하는 공식들을 사용하여 근을 구할 수 있다.

768 주어진 값 a, b, c, d로 p를 구하면 다른 변수 q, r도 구할 수 있다. 즉, 첫 번째 방정식을 변형하면 $q = \sqrt{\dfrac{1}{4}a^2 + 2p - b}$ 이고, 두 번째 식은 $r = \dfrac{ap - c}{2q}$ 이므로, 3개의 p값에 대하여 각각의 q, r을 결정하면 주어진 방정식의 4개의 근은 다음과 같이 구할 수 있다.

주어진 방정식은 $(x^2 + \dfrac{1}{2}ax + p)^2 - (qx + r)^2 = 0$의 형태로 변환되고, 다시

$$(x^2 + \frac{1}{2}ax + p)^2 = (qx + r)^2$$

양변에 제곱근을 씌우면 $x^2 + \dfrac{1}{2}ax + p = qx + r$ 혹은 $x^2 + \dfrac{1}{2}ax + p = -qx - r$. 첫 번째 방정식 $x^2 = (q - \dfrac{1}{2}a)x - p + r$에서 2근을 구하고, 두 번째 방정식 $x^2 = -(q + \dfrac{1}{2}a)x - p - r$에서 다른 2개의 근을 구하게 될 것이다.

769 예를 들어 이 공식을 설명해 보자. 방정식이 다음과 같이 주어졌다.

$$x^4 - 10x^3 + 35x^2 - 50x + 24 = 0$$

§767의 끝부분에 주어진 일반적인 형태와 비교하면 $a = -10$, $b = 35$, $c = -50$, $d = 24$이다. 결과적으로 p에 관한 삼차방정식은

$$8p^3 - 140p^2 + 808p - 1540 = 0 \;\; \text{혹은}$$
$$2p^3 - 35p^2 + 202p - 385 = 0$$

상수항의 약수들은 1, 5, 7, 11 등이므로 첫 번째 약수는 방정식을 만족시키지 못하고, $p = 5$를 대입하면 $250 - 875 + 1010 - 385 = 0$을 만족하여 근이 되고, $p = 7$도 $686 - 1715 + 1414 - 385 = 0$으로 두 번째 근이 된다. 나머지 근을 구하기 위하여 방정식을 2로 나누면 $p^3 - \dfrac{35}{2}p^2 + 101p - \dfrac{385}{2} = 0$이고, 이차항의 계수 $\dfrac{35}{2}$는 세 근의 합이므로 세 번째 근은 $\dfrac{11}{2}$이다. 지금까지 구한 p값을 각각 대입하여 q, r을 구하고, 다시 각 경우에 주어진 사차방정식의 근을 구해 보자.

770 먼저 $p = 5$인 경우, 공식에 대입하면

$$q = \sqrt{\frac{1}{4}a^2 + 2p - b} = \sqrt{25 + 10 - 35} = 0$$

이고 $r = \dfrac{ap - c}{2q} = \dfrac{0}{0}$으로 구할 수 없으므로 세 번째 방정식으로부터

$$r^2 = p^2 - d = 25 - 24 = 1$$

$r = 1$이므로 이차방정식은

$$1.\ x^2 = 5x - 4 \qquad\qquad 2.\ x^2 = 5x - 6$$

이다. 첫 번째 식으로부터

$$x = \frac{5}{2} \pm \sqrt{\frac{9}{4}} \ \text{ 혹은 } \ x = \frac{5 \pm 3}{2}$$

즉, $x = 4$, $x = 1$이다. 마찬가지로 두 번째 식으로부터

$$x = \frac{5}{2} \pm \sqrt{\frac{1}{4}} = \frac{5 \pm 1}{2}$$

즉, $x = 3$, $x = 2$으로 4개의 근은 모두 구했다.

이제 $p = 7$인 경우를 생각해 보자. $q = \sqrt{24 + 14 - 35} = 2$, 그리고 $r = \dfrac{-70 + 50}{4} = -5$이므로 이차방정식은

$$1.\ x^2 = 7x - 12 \qquad\qquad 2.\ x^2 = 3x - 2$$

이다. 첫 번째 식으로부터 $x = \dfrac{7}{2} \pm \sqrt{\dfrac{1}{4}}$ 혹은 $x = \dfrac{7 \pm 1}{2}$, 그래서 $x = 4$, $x = 3$이다. 마찬가지로 두 번째 식으로부터

$$x = \frac{3}{2} \pm \sqrt{\frac{1}{4}} = \frac{3 \pm 1}{2}$$

결과적으로 $x = 2$, $x = 1$이므로, 앞의 경우와 같은 4개의 근을 구했다. 마지막으로 세 번째 $p = \dfrac{11}{2}$인 경우 $q = \sqrt{25 + 11 - 35} = 1$, 그리고 $r = \dfrac{-55 + 50}{4} = -\dfrac{5}{2}$이다. 그러므로 2개의 이차방정식은

$$1.\ x^2 = 6x - 8 \qquad\qquad 2.\ x^2 = 4x - 3$$

이다. 첫 번째 식으로부터 $x = 3 \pm \sqrt{1}$, 즉 $x = 4$, $x = 2$이고, 두 번째

식으로부터 $x = 2 \pm \sqrt{1}$, 결과적으로 $x = 3$, $x = 1$이므로 역시 4개의 똑같은 근을 구한다.

771 방정식 $x^4 - 16x - 12 = 0$을 풀어 보자.

$a = 0$, $b = 0$, $c = -16$, $d = -12$이므로 p에 관한 삼차방정식은

$$8p^3 + 96p - 256 = 0 \ \text{혹은} \ p^3 + 12p - 32 = 0$$

이다. $p = 2t$로 치환하면 3차방정식은

$$8t^3 + 24t - 32 = 0 \ \text{혹은} \ t^3 + 3t - 4 = 0$$

상수항의 약수 1, 2, 4로부터 $t = 1$이 삼차식의 근이 되므로 $p = 2$, $q = \sqrt{4} = 2$ 그리고 $r = \dfrac{16}{4} = 4$이다. 결과적으로 2개의 이차방정식은

$$x^2 = 2x + 2, \ \text{그리고} \ x^2 = -2x - 6$$

그러므로 구하는 근은 $x = 1 \pm \sqrt{3}$, 그리고 $x = -1 \pm \sqrt{-5}$ 이다.

772 이러한 풀이에 더욱 익숙해지도록 다음 예제를 풀어 보자. 방정식

$$x^4 - 6x^3 + 12x^2 - 12x + 4 = 0$$

에서, 삼차항의 계수가 -6이므로 이것의 절반인 -3을 x의 계수로 하여 $-3x$를 사용하여 앞 부분의 제곱식을 만들면

$$(x^2 - 3x + p)^2 - (qx + r)^2 = 0$$

이다. 이를 전개하면

$$x^4 - 6x^3 + (2p + 9 - q^2)x^2 - (6p + 2qr)x + p^2 - r^2 = 0$$

주어진 방정식과 비교하면 다음과 같은 세 방정식을 얻는다.

1. $2p + 9 - q^2 = 12$
2. $6p + 2qr = 12$
3. $p^2 - r^2 = 4$

첫 번째 식은 $q^2 = 2p - 3$, 두 번째 식은 $2qr = 12 - 6p$ 혹은 $qr = 6 - 3p$ 그리고 세 번째 식은 $r^2 = p^2 - 4$가 된다. r^2에 q^2을 곱하고, $p^2 - 4$에 $2p - 3$을 곱하면,

$$q^2 r^2 = 2p^3 - 3p^2 - 8p + 12$$

이다. $qr = 6 - 3p$의 양변을 제곱하여 $q^2 r^2 = 36 - 36p + 9p^2$
두 식을 풀면

$$2p^3 - 3p^2 - 8p + 12 = 36 - 36p + 9p^2 \text{ 혹은}$$
$$2p^3 - 12p^2 + 28p - 24 = 0 \text{ 혹은}$$
$$p^3 - 6p^2 + 14p - 12 = 0$$

의 삼차방정식이 된다. $p = 2$는 삼차방정식의 근이 되므로, $q^2 = 1$, 혹은 $q = 1$, 그리고 $qr - r = 0$이다. 그러므로 방정식은 $(x^2 - 3x + 2)^2 = x^2$이고, 제곱근을 풀면 $x^2 - 3x + 2 = \pm x$이다.

플러스 부호가 만족되면 $x^2 = 4x - 2$, 마이너스 부호가 만족되면 $x^2 = 2x - 2$이므로 구하려는 네 근은 $x = 2 \pm \sqrt{2}$, $x = 1 \pm \sqrt{-1}$이다.

4.15. 사차방정식의 새로운 풀이 방법

773 봄벨리 공식은 사차방정식을 삼차방정식으로 차수를 줄여서 푸는 방법이다. 여기서 소개하는 방법은 이와는 전혀 다르기 때문에 이번 절에서 따로 소개한다.[74]

774 사차방정식의 한 근이 $x = \sqrt{p} + \sqrt{q} + \sqrt{r}$ 이라 가정하자. 여기서 p, q, r은 삼차방정식 $z^3 - fz^2 + gz - h = 0$의 세 근으로 $p + q + r = f$, $pq + pr + qr = g$, $pqr = h$를 만족한다. 가정한 근 x를 제곱하면

$$x^2 = p + q + r + 2\sqrt{pq} + 2\sqrt{pr} + 2\sqrt{qr}$$

이고, $p + q + r = f$이므로

$$x^2 - f = 2\sqrt{pq} + 2\sqrt{pr} + 2\sqrt{qr}$$

이다. 다시 양변을 제곱하면,

$$x^4 - 2fx^2 + f^2 = 4pq + 4pr + 4qr + 8\sqrt{p^2qr} + 8\sqrt{pq^2r} + 8\sqrt{pqr^2}$$

이제 $4pq + 4pr + 4qr = 4g$을 대입하면

$$x^4 - 2fx^2 + f^2 - 4g = 8\sqrt{pqr}\,(\sqrt{p} + \sqrt{q} + \sqrt{r})$$

여기에 $\sqrt{p} + \sqrt{q} + \sqrt{r} = x$, $pqr = h$, 혹은 $\sqrt{pqr} = \sqrt{h}$를 대입하면, 사차방정식

---

74) 영문역자 주 : 오일러가 발표한 이 방법은 피터스버그(Petersburg)의 『Ancient Commentaries』 제16권에 수록되어 있다.

$$x^4 - 2fx^2 - 8x\sqrt{h} + f^2 - 4g = 0$$

을 얻게 되고, $x = \sqrt{p} + \sqrt{q} + \sqrt{r}$ 은 이 방정식의 한 근이 된다. 여기서 p, q, r은 삼차방정식 $z^3 - fz^2 + gz - h = 0$의 세 근이다.

775 모든 완전 사차방정식을 변형하면 x^3항이 없는 형태로 바꿀 수 있기 때문에, 앞으로 방정식에 x^3항이 없어도 이것을 사차방정식의 일반적인 형태로 생각하자. 주어진 방정식 $x^4 - ax^2 - bx - c = 0$의 근을 구하기 위하여 공식과 비교하면 f, g, h는 다음을 만족한다.

1. $2f = a$, 그래서 $f = \dfrac{1}{2}a$

2. $8\sqrt{h} = b$, 그래서 $h = \dfrac{b^2}{64}$

3. $f^2 - 4g = -c$, 혹은 $\dfrac{a^2}{4} - 4g + c = 0$, 혹은 $\dfrac{1}{4}a^2 + c = 4g$, 결과적으로 $g = \dfrac{1}{16}a^2 + \dfrac{1}{4}c$이다.

776 그러므로 방정식 $x^4 - ax^2 - bx - c = 0$으로부터 f, g, h의 값을 구하면, $f = \dfrac{1}{2}a$, $g = \dfrac{1}{16}a^2 + \dfrac{1}{4}c$, $h = \dfrac{1}{64}b^2$, 혹은 $\sqrt{h} = \dfrac{1}{8}b$이기 때문에, 공식을 사용하여 근을 얻기 위해서는 먼저 삼차방정식 $z^3 - fz^2 + gz - h = 0$을 구할 수 있다. 만일 세 근이 1. $z = p$, 2. $z = q$, 3. $z = r$이라고 가정하면, 사차방정식의 한 근은 §774에서 언급된 것과 같이 $x = \sqrt{p} + \sqrt{q} + \sqrt{r}$ 임에 틀림없다.

777 이 방법은 주어진 방정식의 한 근을 먼저 알았을 때 사용할 수 있다. 그러나 만일 제곱근 부호 $\sqrt{}$ 가 모두 양수인 경우와 마찬가지로 모두 음

수라면, 공식으로부터 모두 4개의 근이 존재함을 알 수 있다. 더군다나 부호의 가능한 변화를 모두 고려해 보면 8가지 다른 x값이 존재할 수 있다. 그러나 단지 4개만이 존재할 것이다. 세 항의 곱 $\sqrt{pqr}$ 은 $\sqrt{h} = \frac{1}{8}b$ 와 같고, 만일 $\frac{1}{8}b$가 양수이면 $\sqrt{p}$, $\sqrt{q}$, $\sqrt{r}$ 의 곱은 양수일 것이고, 그래서 다음과 같이 4가지의 가능한 경우가 될 것이다.

$$1. \quad x = \sqrt{p} + \sqrt{q} + \sqrt{r}$$
$$2. \quad x = \sqrt{p} - \sqrt{q} - \sqrt{r}$$
$$3. \quad x = -\sqrt{p} + \sqrt{q} - \sqrt{r}$$
$$4. \quad x = -\sqrt{p} - \sqrt{q} + \sqrt{r}$$

마찬가지로 $\frac{1}{8}b$가 음수이면, 역시 다음과 같이 4가지의 가능한 경우가 될 것이다.

$$1. \quad x = \sqrt{p} + \sqrt{q} - \sqrt{r}$$
$$2. \quad x = \sqrt{p} - \sqrt{q} + \sqrt{r}$$
$$3. \quad x = -\sqrt{p} + \sqrt{q} + \sqrt{r}$$
$$4. \quad x = -\sqrt{p} - \sqrt{q} - \sqrt{r}$$

다음 예제에서도 설명하겠지만, 어떤 경우에도 4개의 근이 결정된다.

778 x의 삼차항이 없는 사차방정식 $x^4 - 25x^2 + 60x - 36 = 0$을 풀어 보자. 일반식과 비교하면 $a = 25$, $b = -60$, $c = 36$이므로 f, g, h의 값을 구하면,

$$f = \frac{25}{2}a, \quad g = \frac{625}{16} + 9 = \frac{769}{16}, \quad h = \frac{225}{4}$$

이다. 그러면 삼차방정식은

$$z^3 - \frac{25}{2}z^2 + \frac{769}{16}z - \frac{225}{4} = 0$$

이다. 먼저 분수를 없애기 위해 $z = \dfrac{u}{4}$로 치환하면

$$\frac{u^3}{64} - \frac{25u^2}{32} + \frac{769u}{64} - \frac{225}{4} = 0$$

다시 분모의 최대공약수를 곱하면

$$u^3 - 50u^2 + 769u - 3600 = 0$$

이제 위 삼차방정식의 세 근을 찾아보자. 세 근은 모두 양수이고 그중 하나는 $u = 9$이다. 그러므로 방정식을 $u - 9$로 나누면 몫으로 새로운 이차 방정식 $u^2 - 41u + 400 = 0$, 혹은 $u^2 = 41u - 400$을 구한다. 이를 풀면

$$u = \frac{41}{2} \pm \sqrt{\frac{1681}{4} - \frac{1600}{4}} = \frac{41 \pm 9}{2}$$

이다. 그러므로 세 근은 $u = 9$, $u = 16$, 그리고 $u = 25$이다.

$z = \dfrac{u}{4}$이므로

1. $z = \dfrac{9}{4}$

2. $z = 4$

3. $z = \dfrac{25}{4}$

그러므로 $p,\ q,\ r$의 값은 $p = \dfrac{9}{4}$, $q = 4$, $r = \dfrac{25}{4}$이다.

만일 $\sqrt{pqr}=\sqrt{h}=-\dfrac{15}{2}$이면 이 값$=\dfrac{1}{8}b$는 음수이므로 근 $\sqrt{p}$, $\sqrt{q}$, $\sqrt{r}$ 의 부호는 모두 음수이거나 단지 하나만이 음수이다. 결론적으로 $\sqrt{p}=\dfrac{3}{2}$, $\sqrt{q}=2$, $\sqrt{r}=\dfrac{5}{2}$ 로부터 주어진 방정식의 네 근은 다음과 같다.

$$1.\ x=\frac{3}{2}+2-\frac{5}{2}=1$$
$$2.\ x=\frac{3}{2}-2+\frac{5}{2}=2$$
$$3.\ x=-\frac{3}{2}+2+\frac{5}{2}=3$$
$$4.\ x=-\frac{3}{2}-2-\frac{5}{2}=-6$$

이러한 4개의 근으로 4개의 인수를 찾아 곱하면,

$$(x-1)\times(x-2)\times(x-3)\times(x+6)=0$$

처음 두 식을 곱하면 x^2-3x+2 이고, 뒤의 두 식을 곱하면 $x^2+3x-18$ 이다. 다시 두 식을 곱하면 주어진 사차방정식 $x^4-25x^2+60x-36=0$ 이 된다.

779 이제 x의 삼차항이 들어 있는 사차방정식에서 삼차항을 없애는 방법에 대하여 설명할 것이다. 다음과 같은 공식이 주어진다.[75]

일반적인 사차방정식을 $y^4+ay^3+by^2+cy+d=0$ 이라 하자. 삼차항의 계수의 $\dfrac{1}{4}$, $\dfrac{1}{4}a$를 취하여 y에 더한 후 x라 놓자. 즉, $y+\dfrac{1}{4}a=x$, 그러면 $y=x-\dfrac{1}{4}a$의 양변을 제곱하면 $y^2=x^2-\dfrac{1}{2}ax+\dfrac{1}{16}a^2$ 이고 다시 세제곱을 하면

---

75) 영문역자 주: 이 공식은 Maclaurin의 『Algebra』, Part II, ch 3.에 나온다.

$$y^3 = x^3 - \frac{3}{4}ax^2 + \frac{3}{16}a^2x - \frac{1}{64}a^3$$

이며, 결국 y^4을 계산하여 다음과 같이 쓸 수 있다.

$$
\begin{aligned}
y^4 \;&=\; x^4 - ax^3 + \frac{3}{8}a^2x^2 - \frac{1}{16}a^3x + \frac{1}{256}a^4 \\
ay^3 \;&=\; \qquad\; x^3 - \frac{3}{4}a^2x^2 + \frac{3}{16}a^3x - \frac{1}{64}a^4 \\
by^2 \;&=\; \qquad\qquad\quad bx^2 - \frac{1}{2}abx + \frac{1}{16}a^2b \\
cy \;&=\; \qquad\qquad\qquad\qquad\quad cx - \frac{1}{4}ac \\
d \;&=\; \qquad\qquad\qquad\qquad\qquad\qquad\; d
\end{aligned}
$$

이들을 더하면

$$
\left.
\begin{aligned}
&x^4 + 0 - \frac{3}{8}a^2x^2 + \frac{1}{8}a^3x - \frac{3}{256}a^4 \\
&\qquad\quad bx^2 - \frac{1}{2}abx + \frac{1}{16}a^2b \\
&\qquad\qquad\qquad cx - \frac{1}{4}ac \\
&\qquad\qquad\qquad\qquad\qquad d
\end{aligned}
\right\} = 0
$$

이다. 이로써 x의 삼차항이 제거된 방정식을 얻게 되어 앞서 설명한 4개의 근을 구하는 공식을 사용할 수 있다. 그리고 x의 값을 구한 후 이를 $y = x - \frac{1}{4}a$에 대입하면 y를 쉽게 찾을 수 있다.

780 이제껏 설명한 대수방정식의 근을 구하는 풀이 과정은 무척 길다. 5차방정식의 근을 구하기 위해 고통스런 시도나 더 높은 차수의 방정식의 근을 구하기 위하여 더 낮은 차수로 줄이기 위한 모든 시도는 성공하지 못하였다. 그래서 사차보다 높은 차수의 방정식의 근을 구하는 일반적인

공식은 알려지지 않았다.

단지 몇 가지 특별한 경우의 풀이만이 알려져 있다. 이는 유리수 근을 갖는 경우이다. 상수항의 약수가 언제나 근이 되어야만 한다는 사실 때문에 나눗셈으로 쉽게 근을 구할 수 있다. 연산은 삼차, 사차방정식에서 설명한 것과 같다.

781 유리수 근을 갖지 않는 방정식에는 봄벨리의 공식을 당연히 사용할 것이다. 방정식 $y^4 - 8y^3 + 14y^2 + 4y - 8 = 0$이 주어지면, 먼저 y의 삼차항을 제거해야 한다. y에서 삼차항의 계수의 $\dfrac{1}{4}$을 빼준 후 x로 치환하면 $y - 2 = x$이다. $x + 2 = y$의 양변을 제곱하면 $x^2 + 4x + 4 = y^2$이고, 같은 방법으로 y^3, y^4도 구하면,

$$
\begin{aligned}
y^4 = \quad & x^4 + 8x^3 + 24x^2 + 32x + 16 \\
-8y^3 = \quad & -8x^3 - 48x^2 - 96x - 64 \\
14y^2 = \quad & 14x^2 + 56x + 56 \\
4y = \quad & 4x + 8 \\
-8 = \quad & -8 \\
\hline
& x^4 + 0 - 10x^2 - 4x + 8 = 0
\end{aligned}
$$

이 방정식을 일반식과 비교하면 $a = 10$, $b = 4$, $c = -8$이고 $f = 5$, $g = \dfrac{17}{4}$, $h = \dfrac{1}{4}$이므로 $\sqrt{h} = \dfrac{1}{2}$이다. 곱 $\sqrt{pqr}$은 양수가 될 것이다. 그래서 삼차방정식은 $z^3 - 5z^2 + \dfrac{17}{4}z - \dfrac{1}{4} = 0$이므로 §774에서 설명한 것처럼 다음과 같이 이 방정식의 세 근 p, q, r을 구할 수 있다.

782 방정식의 분수를 제거하기 위해 $z = \dfrac{u}{2}$로 치환한 후 양변에 8을 곱하면, $u^3 - 10u^2 + 17u - 2 = 0$이므로 모든 근은 양수이다. 또한 상수

항의 약수가 1, 2이므로 먼저 $u=1$을 대입하면 $1-10+17-2=6$이므로 근이 아니고, $u=2$를 대입하면 $8-40+34-2=0$이므로 근이 된다. 다른 2개의 근을 구하기 위해 $u-2$로 방정식을 나누면 몫은 $u^2-8u+1=0$이므로 $u^2=8u-1$, $u=4\pm\sqrt{15}$ 이다. $z=\dfrac{u}{2}$에 대입하면 삼차방정식의 세 근은 다음과 같다.

$$1.\ z=p=1$$

$$2.\ z=q=\frac{4+\sqrt{15}}{2}$$

$$3.\ z=r=\frac{4-\sqrt{15}}{2}$$

783 앞에서 결정된 $p,\ q,\ r$값에 제곱근을 취하면,

$$\sqrt{p}=1,\quad \sqrt{q}=\frac{\sqrt{8+2\sqrt{15}}}{2},\ \text{그리고}\quad \sqrt{r}=\frac{\sqrt{8-2\sqrt{15}}}{2}$$

이다. §675와 §676에서 살펴본 것처럼, $\sqrt{a^2-b}=c$일 때 $a\pm\sqrt{b}$의 제곱근은 $\sqrt{a\pm\sqrt{b}}=\sqrt{\dfrac{a+c}{2}}\pm\sqrt{\dfrac{a-c}{2}}$ 로 쓸 수 있다. 앞의 경우는 $a=8,\quad \sqrt{b}=2\sqrt{15},\quad b=60\quad$ 그리고 $\quad c=\sqrt{a^2-b}=2$이므로 $\sqrt{8+2\sqrt{15}}=\sqrt{5}+\sqrt{3}$, $\sqrt{8-2\sqrt{15}}=\sqrt{5}-\sqrt{3}$ 이다. 그러므로 $\sqrt{p}=1,\quad \sqrt{q}=\dfrac{\sqrt{5}+\sqrt{3}}{2}$, 그리고 $\sqrt{r}=\dfrac{\sqrt{5}-\sqrt{3}}{2}$ 이 된다. 이 세 값의 곱이 양수이므로 x는 다음의 4가지 경우가 된다.

$$1.\ x=\sqrt{p}+\sqrt{q}+\sqrt{r}=1+\frac{\sqrt{5}+\sqrt{3}-\sqrt{5}-\sqrt{3}}{2}=1+\sqrt{5}$$

$$2.\ x=\sqrt{p}-\sqrt{q}-\sqrt{r}=1+\frac{-\sqrt{5}-\sqrt{3}-\sqrt{5}+\sqrt{3}}{2}=1-\sqrt{5}$$

3. $x = -\sqrt{p} + \sqrt{q} - \sqrt{r} = -1 + \dfrac{\sqrt{5} + \sqrt{3} - \sqrt{5} + \sqrt{3}}{2} = -1 + \sqrt{3}$

4. $x = -\sqrt{p} - \sqrt{q} + \sqrt{r} = -1 + \dfrac{-\sqrt{5} - \sqrt{3} + \sqrt{5} - \sqrt{3}}{2} = -1 - \sqrt{3}$

마지막으로, $y = x + 2$에 위의 값들을 대입하면 주어진 사차방정식의 네 근을 구할 수 있다.

$$1.\ y = 3 + \sqrt{5} \qquad 2.\ y = 3 - \sqrt{5}$$
$$3.\ y = 1 + \sqrt{3} \qquad 4.\ y = 1 - \sqrt{3}$$

연습 문제

01. 방정식 $z^4 - 4z^3 - 8z + 32 = 0$의 근을 모두 구하여라.

$$4,\quad 2,\quad -1 + \sqrt{-3},\quad -1 - \sqrt{-3}$$

02. 방정식 $y^4 - 4y^3 - 3y^2 - 4y + 1 = 0$의 근을 모두 구하여라.

$$\dfrac{-1 \pm \sqrt{-3}}{2},\quad \dfrac{5 \pm \sqrt{21}}{2}$$

03. 방정식 $x^4 - 3x^2 - 4x = 3$의 근을 모두 구하여라.

$$\dfrac{1 \pm \sqrt{13}}{2},\quad \dfrac{-1 \pm \sqrt{-1}}{2}$$

4.16. 근삿값을 이용한 방정식의 풀이

784 방정식의 근이 유리수가 아니면, 근을 근호로 표현하거나, 사차보다 높은 차수의 방정식의 경우처럼 심지어 근호로도 표현할 수 없을 때는 근의 근삿값을 얻는 것으로 만족해야 한다. 즉, 참값과의 오차가 점점 작아져서 무시할 정도가 될 때까지 참값에 점점 가까워지도록 하는 방법으로 근삿값을 찾는다. 이러한 방법에는 여러 가지가 있는데 여기서는 주요 방법들을 설명한다.

785 첫 번째 방법은 1개의 근을 비교적 정확하게 짐작하고 시작한다. 예를 들어 한 근이 4를 초과하고 5 미만인 것을 안다고 하자. 이런 경우 근의 값을 $4 + p$라고 하면 p가 분수인 것은 분명하다. 이제 p는 분수이고 1보다 작기 때문에 p의 제곱, 세제곱, 그리고 더 높은 지수의 모든 거듭제곱은 1보다 훨씬 작아진다. 근삿값만 구하면 되므로 이 거듭제곱들을 계산에서 무시하도록 한다. 이를 이용하여 분수 p의 값을 정함으로써 근 $4 + p$의 좀 더 정확한 값을 얻는다. 이 과정을 되풀이하여 좀 더 정확한 값을 구하고, 원하는 만큼 참값에 가까워질 때까지 계속한다.

786 이 방법을 먼저 쉬운 예를 들어 설명한다. 방정식 $x^2 = 20$의 근을 근사적으로 얻는 문제를 보자. 여기서 x는 4보다 크고 5보다 작다는 것을 알 수 있다. 따라서 $x = 4 + p$로 두면 $x^2 = 16 + 8p + p^2 = 20$이다. p^2은 매우 작을 것이므로 무시하면 방정식은 $16 + 8p = 20$, 혹은 $8p = 4$가 된다. 그러면 $p = \dfrac{1}{2}$이 되고 $x = 4\dfrac{1}{2}$로서 참 근에 더 가까워진다. 따라서 이제 $x = 4\dfrac{1}{2} + p'$이라고 하면 p'은 이전보다 훨씬 더 작은 분수를 나타내는 게 분명하므로 p'^2는 더욱 쉽게 무시해도 될 작은 양이 될 것이다.

그러면 $x^2 = 20\frac{1}{4} + 9\,p' = 20$, 혹은 $9\,p' = -\frac{1}{4}$ 을 얻고 결과적으로 $p' = -\frac{1}{36}$ 이 되어 $x = 4\frac{1}{2} - \frac{1}{36} = 4\frac{17}{36}$ 을 얻는다.

그리고 만약 좀 더 참값에 가까운 값을 얻고 싶으면 $x = 4\frac{17}{36} + p''$ 으로 두어서 $x^2 = 20\frac{1}{1296} + 8\frac{34}{36}\,p'' = 20$, 즉 $8\frac{34}{36}\,p'' = -\frac{1}{1296}$ 혹은 $322\,p'' = -\frac{36}{1296} = -\frac{1}{36}$,

$$p'' = -\frac{1}{36 \times 322} = -\frac{1}{11592}$$

로부터 참값에 훨씬 더 가까운 $x = 4\frac{17}{36} - \frac{1}{11592} = 4\frac{4473}{11592}$ 를 얻고 이때 오차는 무시할 만하다.

787 이제 여기서 논한 것을 일반화하기 위해 $x^2 = a$ 라는 방정식이 주어졌다고 하고 x 가 n 보다 크고 $n + 1$ 보다 작다는 것을 알고 있다고 하자. $x = n + p$ 로 두면 p 는 1보다 작은 분수이고 p^2 은 매우 작은 수로서 무시할 만할 것이다. 따라서 $x^2 = n^2 + 2np = a$, 혹은 $2np = a - n^2$, 그리하여 $p = \frac{a - n^2}{2n}$ 이 되고, 결과적으로 $x = n + \frac{a - n^2}{2n} = \frac{n^2 + a}{2n}$ 를 얻는다.

이제 n 을 참값에 가까워지도록 근사시켜 얻은 새로운 값 $\frac{n^2 + a}{2n}$ 를 n 에 대입하면 참값에 더 가까운 새로운 값을 얻을 것이고 다시 이것을 대입하여 더 가까운 값을 얻는 과정을 만족할 때까지 되풀이한다.

예를 들면 $x^2 = 2$ 즉, 2의 제곱근을 구하려고 한다고 하자. 이미 알고 있는, 충분히 근에 가까운 값을 n 으로 표시하면 좀 더 가까운 값은 $\frac{n^2 + 2}{2n}$ 이다. 그러므로

$$
1. \ n = 1 \text{을 대입하여 } x = \frac{3}{2} \text{을 얻고,}
$$

$$
2. \ n = \frac{3}{2} \text{을 대입하여 } x = \frac{17}{12} \text{을 얻고,}
$$

$$
3. \ n = \frac{17}{12} \text{을 대입하여 } x = \frac{577}{408} \text{을 얻는다.}
$$

이 마지막 값은 $\sqrt{2}$ 에 매우 가까우며 그 제곱은 $\dfrac{332929}{166464}$ 로서 2보다 $\dfrac{1}{166464}$ 더 클 뿐이다.

788 같은 방법으로 세제곱근, 네제곱근 등등을 구할 수 있다.

삼차방정식 $x^3 = a$가 주어졌다고 하자. 혹은 $\sqrt[3]{a}$ 를 구해 보자. 이것이 거의 n에 가까운 값임을 안다면 $x = n + p$로 둔다. p^2과 p^3을 무시하면 $x^3 = n^3 + 3n^2 p = a$가 되어 $3n^2 p = a - n^3$, 즉, $p = \dfrac{a - n^3}{3n^2}$ 이 된다. 따라서 $x = \dfrac{2n^3 + a}{3n^2}$ 이다. 그러므로 만약 n이 $\sqrt[3]{a}$ 에 가깝다면, 지금 구한 값은 훨씬 더 가까울 것이다. 그러나 더 정확한 값을 얻기 위해 이 값을 다시 n에 대입하고, 이 과정을 되풀이한다.

예를 들어 $x^3 = 2$이고 $\sqrt[3]{2}$ 을 구하려고 한다고 하자. 여기서 만약 n이 구하려는 값에 가깝다면 $\dfrac{2n^3 + 2}{3n^2}$ 는 훨씬 더 가까울 것이다. 그러므로 다음과 같이 해 보자.

$$
1. \ n = 1 \text{로 두면 } x = \frac{4}{3} \text{를 얻고,}
$$

$$
2. \ n = \frac{4}{3} \text{으로 두면 } x = \frac{91}{72} \text{을 얻고,}
$$

$$
3. \ n = \frac{91}{72} \text{로 두면 } x = \frac{162130896}{128634294} \text{을 얻는다.}
$$

789 이 근사 방법은 모든 방정식의 근을 얻는 데 사용할 수 있다.

이것을 보이기 위해 일반적인 삼차방정식 $x^3 + ax^2 + bx + c = 0$의 근

중 하나가 n에 가깝다고 하자. $x = n - p$로 두면 p는 1보다 작은 분수로서 이 문자의 거듭제곱 중 지수가 1보다 큰 것은 무시한다. 그러면 $x^2 = n^2 - 2np$, 그리고 $x^3 = n^3 - 3n^2 p$가 되어 다음 방정식을 얻는다.

$$n^3 - 3n^2 p + an^2 - 2anp + bn - bp + c = 0$$

혹은

$$n^3 + an^2 + bn + c = 3n^2 p + 2anp + bp = (3n^2 + 2an + b)p$$

이다.

따라서 $p = \dfrac{n^3 + an^2 b + n - c}{3n^2 + 2an + b}$ 이 되어,

$$x = n - \left(\frac{n^3 + an^2 + bn + c}{3n^2 + 2an + b} \right) = \frac{2n^3 + an^2 - c}{3n^2 + 2an + b}$$

을 얻는다. 처음 값보다 훨씬 정확한 이 값을 n에 대입하면 좀 더 정확한 새로운 값을 얻을 것이다.

790 이 연산을 적용해 보기 위해 $x^3 + 2x^2 + 3x - 50 = 0$ 즉, $a = 2$, $b = 3$, $c = -50$이라고 하자. n이 1개의 근에 가깝다고 하면 $x = \dfrac{2n^3 + 2n^2 + 50}{3n^2 + 4n + 3}$은 좀 더 참값에 가까울 것이다.

이제 $x = 3$이 참값에서 멀지 않다고 하면 $n = 3$으로 두어 $x = \dfrac{62}{21}$를 얻는다. 이 값을 다시 n에 대입하면 좀 더 정확한 값을 얻게 될 것이다.

791 삼차보다 더 높은 차수의 방정식으로는 다음 예만 보기로 한다.

$x^5 = 6x + 10$, 혹은 $x^5 - 6x - 10 = 0$이라고 하면 1은 너무 작고 2는 너무 크다는 것을 금방 알 수 있다. 이제 $x = n$이 참값에서 멀지 않은 값이라고 하고, $x = n + p$로 두자. 그러면 $x^5 = n^5 + 5n^4p$을 얻는다. 따라서

$$n^5 + 5n^4p = 6n + 6p + 10$$

혹은

$$p(5n^4 - 6) = 6n + 10 - n^5$$

그러므로 $p = \dfrac{6n + 10 - n^5}{5n^4 - 6}$이고, $x = \dfrac{4n^5 + 10}{5n^4 - 6}$이다. 만약 $n = 1$이라고 하면 $x = \dfrac{14}{-1} = -14$가 되어 이 값은 적용할 수 없다. 이런 일이 일어난 것은 근삿값 n을 너무 작게 잡았기 때문이다. 따라서 $n = 2$로 두면 $x = \dfrac{138}{74} = \dfrac{69}{37}$로서 참값에 훨씬 가깝다. $\dfrac{69}{37}$를 n에 대입하면 근 x의 훨씬 더 정확한 값을 얻게 된다.

792 이는 방정식의 근을 근사적으로 얻는 가장 보편적인 방법이다. 그리고 모든 경우에 다 적용할 수 있다.

그러나 계산이 쉬워서 주목받을 만한 다른 방법을 하나 더 설명한다. 이 방법은 기본적으로 각 방정식에 대해 수열 $a, b, c\cdots$를 찾는 것이다. 이 수열은 각 항을 바로 앞의 항으로 나눈 것이 방정식의 근에 점점 더 가까워지게 한 것으로서 수열의 길이가 길어질수록 더 정확해진다.

p, q, r, s, t 등의 항을 얻었다고 하면 $\dfrac{q}{p}$가 근 x의 근삿값으로서 어느 정도의 정확도를 지닌다. 다시 말하면, 거의 $\dfrac{q}{p} = x$라고 할 수 있다. 또한, 거의 $\dfrac{r}{q} = x$이고 두 값을 곱하면 $\dfrac{r}{p} = x^2$이다. 또한, $\dfrac{s}{r} = x$여서

$\dfrac{s}{p} = x^3$을 얻고, $\dfrac{t}{x} = x$ 이기 때문에 $\dfrac{t}{p} = x^4$ 등등을 얻는다.

793 이 방법을 좀 더 잘 설명하기 위해 이차방정식 $x^2 = x + 1$을 보자. 위의 수열에서 $p,\ q,\ r,\ s,\ t$ 등을 찾았다고 하자. $\dfrac{q}{p} = x$ 이고 $\dfrac{r}{p} = x^2$ 이므로 방정식은 $\dfrac{r}{p} = \dfrac{q}{p} + 1$, 혹은 $q + p = r$ 이 된다. 같은 방법으로 $s = r + q$와 $t = s + r$을 얻어 이 수열의 각 항은 앞의 두 항의 합이라는 결론을 내릴 수 있다. 처음 두 항을 임의로 선택하면, 예를 들어 0과 1이라고 하면 수열은, 0, 1, 1, 2, 3, 5, 8, 13, 21, 34, 55, 89, 144 등이 된다. 각 항을 바로 앞의 항으로 나누면 x의 근삿값을 얻는데 뒤로 갈수록 참값에 훨씬 더 가까워진다. 사실 오차는 처음에는 아주 크지만 갈수록 작아진다. 이와 같은 x의 근삿값들의 수열은 항상 참값으로 다가간다.

$$x = \frac{1}{0},\ \frac{1}{1},\ \frac{2}{1},\ \frac{3}{2},\ \frac{5}{3},\ \frac{8}{5},\ \frac{13}{8},\ \frac{21}{13},\ \frac{34}{21},\ \frac{55}{34},\ \frac{89}{55},\ \frac{144}{89}$$

예를 들어 만약 $x = \dfrac{21}{13}$ 로 두면 $\dfrac{441}{169} = \dfrac{21}{13} + 1 = \dfrac{442}{169}$ 로서 오차는 $\dfrac{1}{169}$ 이다. 그 뒤에 오는 항들은 모두 오차가 이보다 작다.

794 방정식 $x^2 = 2x + 1$을 생각해 보자. 항상 $x = \dfrac{q}{p}$ 이고 $x^2 = \dfrac{r}{p}$ 이 되므로 $\dfrac{r}{p} = \dfrac{2q}{p} + 1$, 혹은 $r = 2q + p$가 되어 각 항의 2배를 그 앞의 항에 더하면 그다음의 항을 얻게 된다고 추론할 수 있다. 그러므로 만약 0과 1로부터 시작하면 다음 수열을 얻는다.

$$0,\ 1,\ 2,\ 5,\ 12,\ 29,\ 70,\ 169,\ 408, \cdots$$

그러므로 x 값은 다음 분수들로 상당히 정확하게 표현된다.

$$x = \frac{1}{0}, \ \frac{2}{1}, \ \frac{5}{2}, \ \frac{12}{5}, \ \frac{29}{12}, \ \frac{70}{29}, \ \frac{169}{70}, \ \frac{408}{169}, \ \cdots$$

이는 갈수록 참값 $x = 1 + \sqrt{2}$ 에 가까워진다. 이 분수들로부터 1을 빼서 얻은 다음 분수들은 뒤로 갈수록 $\sqrt{2}$ 에 더 가까워진다.

$$x = \frac{1}{0}, \ \frac{1}{1}, \ \frac{3}{2}, \ \frac{7}{5}, \ \frac{17}{12}, \ \frac{41}{29}, \ \frac{90}{70}, \ \frac{239}{169}, \ \cdots$$

예를 들어, $\frac{99}{70}$ 의 제곱은 $\frac{9801}{4900}$ 로서 2와의 차이는 $\frac{1}{4900}$ 밖에 안 된다.

795 이 방법도 차수가 높은 방정식에 적용하는 데 문제가 없다. 예를 들어 삼차방정식 $x^3 = x^2 + 2x + 1$을 생각하자. $x = \dfrac{q}{p}$, $x^2 = \dfrac{r}{p}$, 그리고 $x^3 = \dfrac{s}{p}$ 로부터 $s = r + 2q + p$가 되어 3개의 항 p, q, r이 다음 항 s를 결정한다. 시작하는 항들을 임의로 선택하면 다음과 같은 수열을 얻는다.

$$0, \ 0, \ 1, \ 1, \ 3, \ 5, \ 13, \ 28, \ 60, \ 129, \ \cdots$$

이로부터 x의 근삿값인 다음 분수들을 얻는다.

$$x = \frac{0}{0}, \ \frac{1}{0}, \ \frac{1}{1}, \ \frac{3}{1}, \ \frac{6}{3}, \ \frac{13}{6}, \ \frac{28}{13}, \ \frac{60}{28}, \ \frac{129}{60}, \ \cdots$$

이 값들 중 앞의 것들은 참값에서 멀다. 그러나 방정식에 $\frac{60}{28}$ 이나 $\frac{15}{7}$ 를 x에 대입하면

$$\frac{3375}{343} = \frac{225}{49} + \frac{30}{7} + 1 = \frac{3388}{343}$$

이 되는데 이때 오차는 $\frac{13}{343}$ 밖에 안 된다.

796 그러나 모든 방정식이 다 이 방법을 적용할 수 있는 성질을 갖고 있는 것은 아니다. 특히 두 번째 항이 등장하지 않을 때 쓸 수 없다. 예를 들면 $x^2 = 2$에서 만약 $x = \dfrac{q}{p}$이고 $x^2 = \dfrac{r}{p}$로 두면, $\dfrac{r}{p} = 2$, 혹은 $r = 2p$, 즉 $r = 0q + 2p$가 되어 수열은 다음과 같다.

$$1, 1, 2, 2, 4, 4, 8, 8, 16, 16, 32, 32, \cdots$$

이로부터 아무런 결론을 이끌어 낼 수 없다. 각 항을 그 앞의 항으로 나누면 항상 $x = 1$이거나 $x = 2$를 얻는다. 이 문제를 해결하려면 $x = y - 1$로 둔다. 이렇게 하면 $y^2 - 2y + 1 = 2$를 얻고, $y = \dfrac{q}{p}$, $y^2 = \dfrac{r}{p}$로 두면 앞에서 얻은 것들과 같은 근삿값을 얻는다.

797 방정식 $x^3 = 2$도 마찬가지다. 이 방법으로는 $\sqrt[3]{2}$의 값을 표현해 주는 수열을 얻지 못한다. 그러나 $x = y - 1$로 두면 $y^3 - 3y^2 + 3y - 1 = 2$, 혹은 $y^3 = 3y^2 - 3y + 3$을 얻고 $y = \dfrac{q}{p}$, $y^2 = \dfrac{r}{p}$, $y^3 = \dfrac{s}{p}$로부터 $s = 3r - 3q + 3q$를 얻어 3개의 항이 주어지면 그다음의 항이 결정되는 것을 볼 수 있다.

처음 세 항을 0, 0, 1로 두면 다음 수열을 얻는다.

$$0, 0, 1, 3, 6, 12, 27, 63, 144, 324, \cdots$$

이 수열의 마지막 두 항으로부터 $y = \dfrac{324}{144}$와 $x = \dfrac{5}{4}$를 얻는다. 이 분수는 2의 세제곱근에 충분히 가깝다. 왜냐하면 $\dfrac{5}{4}$의 세제곱은 $\dfrac{125}{64}$이고 $2 = \dfrac{128}{64}$이기 때문이다.

798 이 방법에 관해 좀 더 관찰할 것이 있다. 방정식이 유리수 근을 가질 때 이 유리수 근이 나오도록 수열의 시작 부분을 선택하면, 수열의 각 항을 그 앞의 항으로 나눈 것은 모두 이 근이 된다는 것이다. 이것을 보이는 예로 방정식 $x^2 = x + 2$를 보자. $x = 2$가 하나의 근이다. 수열에 대해 다음 공식 $r = p + 2p$를 얻고 처음 두 항을 1과 2로 두면 수열 1, 2, 4, 8, 16, 32, 64, …를 얻는데 이것은 기하수열(등비수열)로 공비 $= 2$이다. 같은 성질을 삼차방정식 $x^3 = x^2 + 3x + 9$에서도 볼 수 있다. 이 방정식의 하나의 근은 $x = 3$이다. 처음 항을 1, 3, 9로 시작하면 공식 $s = 3 + 3q + 3p$로부터 수열 1, 3, 9, 27, 81, 243, …을 얻는다. 이것도 기하수열이다.

799 그러나 만약 수열의 시작 부분이 근보다 크면 근에 대한 근삿값을 전혀 얻을 수 없다. 왜냐하면 방정식의 근이 1개보다 많을 때 이 수열로부터 얻는 근삿값은 가장 큰 근에 대한 것이기 때문이다. 그리고 더 작은 근을 구하기 위해 처음 항들을 잘 선택하지 않는 한 작은 근은 구할 수 없다. 다음 예에서 이런 점을 살펴볼 것이다.

방정식 $x^2 = 4x - 3$이 주어졌다고 하자. 그 두 근은 $x = 1$과 $x = 3$이다. 수열에 대한 공식은 $r = 4q - 3p$이고 만약 1과 1을 처음 두 항으로 하면 수열 1, 1, 1, 1, 1, 1, 1, 1, 1, …을 얻는다. 그러나 앞의 항을 1과 3으로 하면 수열은 1, 3, 9, 27, 81, 243, 729, …이 되어 모든 항이 정확하게 근 3을 나타낸다. 마지막으로 다른 숫자로 이 수열을 시작하면 작은 근이 그로부터 바로 나오지 않는 한 그 수열은 계속 큰 근 3에 대한 근삿값으로 다가가는 것을 다음 수열들에서 볼 수 있다.

각 수열의 시작 부분이 다음과 같을 때

$$0,\ 1,\ \ 4,\ \ 13,\ \ \ \ 40,\ \ \ 121,\ \ \ \ 364,\ \cdots$$

$$1,\ 2,\ \ 5,\ \ 14,\ \ \ \ 41,\ \ \ 122,\ \ \ \ 365,\ \cdots$$

$$2,\ 3,\ \ 6,\ \ 15,\ \ \ \ 42,\ \ \ 123,\ \ \ \ 366,\ \ \ 1095,\ \cdots$$

$$2,\ 1,-2,-11,-118,-362,-1091,-3278,\ \cdots$$

각 수열에서 마지막 항을 그 앞의 항으로 나눈 것은 항상 근 3에 가깝고 작은 근으로 다가가지는 않는다.

800 이 방법을 무한차수의 방정식에도 적용할 수 있다. 다음이 하나의 예가 될 것이다.

$$x^{\infty} = x^{\infty - 1} + x^{\infty - 3} + x^{\infty - 4} + \ \cdots$$

이 방정식에 대한 수열은 각 항이 그 앞에 오는 모든 항의 합으로 나타날 것이다. 즉,

$$1,\ 1,\ 2,\ 4,\ 8,\ 16,\ 32,\ 64,\ 128,\cdots$$

이고 이것으로 이 방정식의 큰 근은 정확하게 $x = 2$임을 볼 수 있다. 이는 다음과 같은 방법으로도 알 수 있다. 양변을 x^{∞}로 나누면

$$1 = \frac{1}{x} + \frac{1}{x^2} + \frac{1}{x^3} + \frac{1}{x^4} + \ \cdots$$

으로 기하급수이고 그 합은 $= \dfrac{1}{x-1}$로서 $1 = \dfrac{1}{x-1}$이 되어 양변에 $x - 1$을 곱하면 $x - 1 = 1$을 얻고 따라서 $x = 2$가 된다.

801 방정식의 근을 근사적으로 구하는 방법들은 이 밖에도 여러 가지 있으나 모두 너무 지루하거나 혹은 충분히 일반적이지 못하다. 다른 모든

방법보다 가장 선호되는 방법은 제일 먼저 설명한 것으로 그 방법은 모든
종류의 방정식에 적용되어 성공적으로 근을 구할 수 있게 하나, 다른 방법
들은 종종 방정식이 특정한 형태를 갖추지 않으면 쓸 수 없으며 이에 관한
증거를 여러 예를 통해 살펴보았다.

연습 문제

01. $x^3 + 2x^2 - 23x - 70 = 0$ 일 때 x 를 구하여라.

$$x = 5.1340$$

02. $x^3 - 15x^2 + 63x - 50 = 0$ 일 때 x 를 구하여라.

$$x = 1.028039$$

03. $x^4 - 3x^2 - 75x = 10000$ 일 때 x 를 구하여라.

$$x = 10.3615$$

04. $x^5 + 2x^4 + 3x^3 + 4x^2 + 5x = 54321$ 일 때 x 를 구하여라.

$$x = 8.4144$$

05. $120x^3 + 3657x^2 - 38059x = 8007115$ 일 때 x 를 구하여라.

$$x = 34.6532$$

레온하르트 오일러의 대수학 원론

펴낸날	초판 1쇄 2010년 12월 27일
	초판 6쇄 2024년 5월 16일

지은이	레온하르트 오일러
옮긴이	김성숙 김성옥 김주영 박창균 신경희 정경순
펴낸이	심만수
펴낸곳	(주)살림출판사
출판등록	1989년 11월 1일 제9-210호

주소	경기도 파주시 광인사길 30
전화	031-955-1350 팩스 031-624-1356
홈페이지	http://www.sallimbooks.com
이메일	book@sallimbooks.com

ISBN   978-89-522-1540-6   03410